STARMUS
天穹乐音

50 Years of Man in Space

人类飞向太空50年

［美］尼尔·阿姆斯特朗 等 著   林岚 译

谨以此书献给太空时代的两位先驱

尼尔·阿姆斯特朗（1930—2012) 和尤里·加加林(1934—1968)

前言 史蒂芬·霍金

主编 加里克·伊色雷列&布莱恩·梅

执行编辑 大卫·艾歇尔

前言

史蒂芬·霍金

史蒂芬·霍金（出生于1942年）是英国剑桥大学理论宇宙学研究中心主任，同时也是多年的剑桥大学卢卡斯数学教授，艾萨克·牛顿曾经担任过此教席。霍金是宇宙及其历史和演化的世界顶尖的思想家之一，又是畅销书《时间简史》《果壳中的宇宙》和《霍金讲演录》的作者。

1963年他被诊断出患有运动神经元疾病，被认为只余下两年的生命。尽管这样，他持续了一段令人难以置信的职业生涯，触及人类思想的极限，被认为是继阿尔伯特·爱因斯坦之后最辉煌的理论物理学家之一。

STARMUS是一个科学家的节日，2011年首次由天体物理学家加里克·伊色雷列倡议并得到全球科学家们的响应和确认。每年这一天，许多天文学家、宇航员、宇宙学家、物理学家、生物学家、哲学家、音乐家、艺术家等各类跨学科的学者们共聚一堂，分享探索宇宙奥秘的乐趣，探讨宇宙的创生和现状以及我们如何进一步探测并利用它。

对于宇宙学家和物理学家而言，自从第一届STARMUS以来，研究有了两项令人惊喜的发展。首先是在大型强子对撞机上发现质量约为125GeV的希格斯玻色子。这一发现完备了粒子物理的标准模型，而该模型几乎可以描述整个物理学。希格斯势拥有一些令人担忧的潜在特性。在超过1千亿GeV能量下，它可能成为亚稳态。这可能意味着，宇宙会发生灾难性的真空衰变，一个真空"泡"会以光速进行扩张。这种情况在任何时候都可能会发生，而我们却无法看到它的到来。幸运的是，估计的衰减时间要比宇宙年龄还要长。

如果希格斯势是亚稳态的，那么它就对宇宙演化是一个重要的制约，并且采用了宇宙中含有的重子比反重子更多的事实。希格斯势是否成为亚稳态，关键取决于希格斯子和顶夸克的质量的值，而且还需要假设当能量超过1千亿GeV时没有出现超越标准模型的新物理理论。所有这些都是不确定的，都需要进一步的科学实证。

然而检验这些假设不能只靠粒子物理实验。能够达到1千亿GeV的粒子加速器，其尺度会比地球还大。在目前的经济形势和技术条件下，人们还没有能力建造这样大的加速器。还存在另一种可能性——极早期宇宙中可能含有能量很高的粒子。我们不能从电磁辐射中观测到它，因为宇宙在诞生之后35万年内一直是不透明的。不过引力波可以从宇宙最早的时刻自由地传播到我们这里，因此可以带给我们一些宇宙创生之初的独特景象。

人们普遍认为，极早期宇宙经历了一段称作暴胀的指数式膨胀时期。将近40年前，盖瑞·吉朋斯和我证明了一个指数膨胀的宇宙会有一个等效温度。这一温度等于膨胀率H除以2π。这类似于我在早此两年前发现的黑洞温度，这个温度和宇宙视界相关联，与黑洞视界不相关联。

从该温度引起的热起伏会造成两种早期宇宙扰动：标量扰动（它相当于密度变化）和张量扰动（它对应于引力波）。标量扰动引起微波背景在最后散射面上的温度变化。这些已于1993年首次被COBE卫星观测到，并在后来被WMAP和普朗克卫星更详细地观测到。该观测和预言一致，并为暴胀理论提供了实验验证。

张量扰动更加难以检测，因为它们较弱，并且它们不直接影响微波背景的温度，只影响其偏振。2014年3月，BICEP2小组宣布，他们已经发现了张量扰动，其幅度是标量扰动的20%。这远高于任何人的预期。然而，他们后来承认，他们的信号可能是由灰尘引起的，灰尘也能极化微波背景。观测张量扰动的一些其他尝试正在进行中。我们希望，有人会在2014年9月第二届STARMUS之前报告其结果。

我与帕里米特研究所所长尼尔·图罗克打赌，认为张量扰动至少是标量扰动的5%。如果我赢了，我可以得到一瓶加拿大香槟以及200加元！

史蒂芬·霍金。来源：菲利普·迈诺特

序言

布莱恩·梅和加里克·伊色雷列

布莱恩·梅和加里克·伊色雷列

2011年6月，一群杰出的航天员和科学家（包括两位诺贝尔奖获得者）聚集在特内里费岛，参加首届STARMUS。他们的目的是评价太空时代最初50年所取得的成功，并讨论将来太空活动的关键问题。

距离尤里·加加林首次史诗般地进入太空，也是人类首次超越地球大气层的飞行，已经过去50年了。在这50年间，天文学和空间科学都发生了翻天覆地的变化。12名宇航员在月球上留下足迹，并且国际空间站还为我们人类在太空提供了固定的居所。我们的手机依靠在太空中飞行的通信系统而工作。机器人探测器已经探索了太阳系的所有行星，正在公转的太空望远镜也已经观测到宇宙最遥远的太空深处。我们听到了宇宙大爆炸的微弱的微波回声，它让我们再也不能认为宇宙是恒稳不变的了。几乎每天都有新的星球被人类发现，其中一些甚至是类地行星。外空生物科学也由早期的推测逐渐演变为着手对外星生命的可能家园的搜索。

在科学谱系的另一端，生物学家已经成功获得人类基因组的序列，并正寻求在理解生命本身的起源上不断推进。天文学家和生物学家第一次联手找到切实可行的方法，从而在这个基础上一起奋斗，把迄今尚被限制在地球上的生物科学推向新的前沿。

节日中演讲者的华丽阵容中包括阿波罗宇航员尼尔·阿姆斯特朗、巴兹·奥尔德林、吉姆·洛弗尔、比尔·安德斯、查理·杜克；俄罗斯宇航员阿列克谢·列奥诺夫（首位太空行走者）、维克多·戈尔巴特科；生物学家理查德·道金斯和诺贝尔奖获得者杰克·绍斯塔克，天体物理学家基普·索恩（2017年诺贝尔物理学奖获得者）、米歇尔·迈耶、吉尔·塔特，诺贝尔奖获得者宇宙学家乔治·斯穆特，罗伯特·威廉姆斯（国际天文联合会主席），萨米·索兰奇，《自然》杂志主编莱斯利·塞奇和航天员兼天体物理学家克劳德·尼科里埃尔。

演讲者们被要求深入浅出地对那些非专业但是聪明的求知欲强烈的观众讲演，那些有幸亲历此景的听众都在评论中对所有演讲的成功赞美不已。

在2014年9月第二届STARMUS举行之前，我们把2011年的极富洞见的演讲稿编辑成书，实在正逢其时，这些演讲来自于我们毕生难遇的最高成就者的心灵，它们为我们的使命和未来呈现一系列精彩的远景。令人痛惜的是，有史以来最伟大的先驱者之一，尼尔·阿姆斯特朗在2012年离开了我们，因此我们把本书同时敬献给他和尤里·加加林。我们向你们两位致敬！

布莱恩·梅和加里克·伊色雷列

吉姆·洛弗尔在2011 STARMUS欢迎阿列克谢·列奥诺夫　　　阿列克谢·列奥诺夫和巴兹·奥尔德林　　　尼尔·阿姆斯特朗和阿列克谢·列奥诺夫

尼尔·阿姆斯特朗和阿列克谢·列奥诺夫在2011STARMUS

引言

大卫·艾歇尔（《天文学杂志（Astronomy Magazine）》主编）

起初，地球是一个险象丛生的地方。早期的地球沐浴在年轻太阳的寒光里并淹没在液态水的环境中，它是石质的，被内太阳系的大量小天体、小行星、彗星狂轰滥炸。紧随着这个所谓的疯狂轰炸期之后；也就是距今大约38亿年前后，我们年轻的行星开始稳定下来。

然后某个时刻终于来临。原子在地球的辽阔海洋中的某处开始发生它们的反应，因为这正是原子的本能。在富含氢和氧的环境中，也许最初在深海底热液排出的区域邻近，电荷作用把它们按特定排列组合在一起，结合成氨基酸和蛋白质，并最终形成核糖核酸。从那开始，生物不断向复杂的高级形态进化。起初年轻的行星环境极其恶劣，但在经过10亿年的岁月的积淀后，终于孕育出生命。

生命，从至少34亿年前出现以来，已经完全改变了地球，并使其走上一条新的演化之路。但这并非快速发生。地球上的生命在最初的15亿年，不过是原核生物，那是缺乏细胞核的原始微生物。氧气在地球大气层积聚导致了翻天覆地的变化。在最后的5亿年，地球的气候及其生物种群发生剧变。最后，进化出了哺乳动物，而人类登场只不过是最近约500万年的事。与我们亲缘关系最接近的祖先在过去的200万年中不断进化，并在大致10万年前导致了智人的出现。我们就是这么来的。

但是直到1961年，人类、地球和我们头顶上的太空之间的关系才迎来一个不可思议的时刻。直到这神奇的一年，人类已经开发出了能让我们飞离地球进入太空的先进技术。1961年4月12日，苏联宇航员尤里·加加林和他的东方号飞船完成了地球轨道的绕行。他的成功是人类追求科学、技术和生命意义的一个惊人的里程碑。

政治冷战时期全球都被竞争和焦虑所笼罩，而西方世界更是陷入恐慌。不过事实却是，整个人类获得了非凡的成果，许多其他里程碑式的成就在天空期内连续出现。1961年5月25日，约翰·肯尼迪总统在美国发表了著名的演讲，激励美国人在60年代成功登上月球。

加加林历史性飞行的五十年后，人类走到了一起，庆祝这一伟大事件的五十年纪念。亚美尼亚出生的天文学家加里克·伊色雷列，他的朋友英国音乐家兼天文学家布莱恩·梅和俄罗斯宇航员阿列克谢·列奥诺夫创意发起的STARMUS于2011年6月22—25日在位于非洲西北海岸的加那利群岛举行。伊色雷列是加那利群岛特内里费岛天体物理学研究所（IAC）的天体物理学家，他用光谱学研究银河系化学演化、太阳型恒星、带有行星的以及大质量的恒星。他还做致密双星的研究，包括X射线双星和中子星与黑洞系统。梅是著名的皇后摇滚乐队的吉他手、歌唱家兼作曲家。他在乐队初创时离开天文研究，大约35年后他重返校园完成他的博士学位，研究黄道面上太阳系尘埃粒子。他也许是历史上最著名的天文学博士之一。列奥诺夫在太空探索领域当然是一位传奇人物。

这次独特的会议汇集了世界上许多最伟大的宇航员、探险家、天文学家、宇宙学家、行星科学家、生物学家和音乐家，一周中除了讲座，还享受天文台的观测和绝妙的摇滚乐。在时空上让如此多的探索者聚会在一起是空前的。STARMUS与会者名单读起来就像天文学和科学的名人录，他们的演讲集结成了这一部独特的著作。

　　本次活动不仅由一系列星光璀璨的讲演主导，还有在拉帕尔马和特内里费的天文台观测探索，其中包括世界上最大的光学望远镜，坐落在拉帕尔马的10.4米直径的大型加那利望远镜。它还举行了天文摄影展示和竞赛、太空艺术展、纪录片、明星派对以及布莱恩·梅、埃德加·弗罗塞和坦吉林·吉姆主演的音乐会。

　　这部独特的书收录了2011年STARMUS会议的演讲，这是一本太空和天文爱好者们绝无仅有的宝贵资源。在历史上还从未举行过这类活动。我们对太空和天文学有兴趣的所有人都深深感谢加里克·伊色雷列组织了本次活动。同时也感激布莱恩·梅提供的巨大帮助和完成会议的慷慨资助。

　　加里克和布莱恩的能力和干劲一直激励着我。至于布莱恩，在一定意义上，我几乎忍不住以为他是两个人。在和我进行关于科学以及相关主题交流时，他才华横溢；我还能非常清楚地回想起，非常年轻的我看到他在舞台上的样子，那时他还是一名少年，他、弗莱迪、罗杰和约翰变革了摇滚世界，并深深地激励了我。现在我结识了他，并且了解这位成熟老练而善良人物的方方面面，这是多么神奇！

　　正如每个人随着年龄增长都会发现的，过去的许多伟大事件在时间空间上离开我们的距离实际上比我们以为的要近得多。我的祖上在俄亥俄州代顿市居住了很多年。我的父亲约翰现在93岁，是退休多年的有机化学家，他在那个位于俄亥俄州西南部的城市中拉斯金路上的一栋房子中长大。和艾歇尔家隔两栋房子，是伊凡涅特·赖特·米勒的房子。在20世纪30年代，每过一段时间，一辆装着超大保险杠和电石气灯的黑色大轿车就会开到街上，而伊凡涅特的叔叔奥维尔·赖特就会下车，进到房子里，访问他的侄女。那个时候，威尔伯已经去世了，而奥维尔也老了——秃顶，头发灰白，并留着八字胡子。

　　我父亲在青少年时经常和这位著名的邻居客人说话。米勒夫人意识到我父亲热衷集邮，让他取走一些藏在阁楼的寄给奥维尔·赖特的信封和邮票。我父亲至今还四处提到这些。这里不仅和航天飞行的早期，甚至和动力航天器飞行的发明都有关联。

　　有时候，我们来不及欣赏这闪电般的进展，未来的航天飞行会把我们带到哪里？我们对太阳系、银河系、宇宙中亿万个星系的认识将是怎样的？那些影响我们生活方方面面的技术在未来将如何迅速演化？我们又如何了解和悉知无比宝贵地球家园中的自身以及其他生命形式的未来？

目录

STARMUS : 50 YEARS OF MAN IN SPACE

布莱恩·梅

阿列克谢·列奥诺夫

第一卷

太空使命

五十年前，人类首次发射进入低地球轨道，打破人类只生活在我们地球家园表面的极限。然而，人类出现在太空的意义应是什么？它的极限是什么？它的责任又是什么？

第一个在月球上行走的人，尼尔·阿姆斯特朗，递交了一个陈述我们行星状况的报告，它介绍了有关于人类以及我们与太空和地球的关系。

在加里克·伊色雷列对巴兹·奥尔德林的一次采访中，涉及进入太空的过去50年的进展并对未来前景做出展望。

第一个进行太空行走的阿列克谢·列奥诺夫，描述了他绕行于地球轨道上的兴奋心情、太空探测时代的黎明以及国家与太空探测者之间的政治关系。

布莱恩·梅，世界著名的音乐家和天体物理学家，诘问道，在把我们的生活方式扩散到全宇宙之前，是否应该更好地保护我们的地球家园和居住其中的生物。

巴兹·奥尔德林

尼尔·阿姆斯特朗

尼尔·阿姆斯特朗。他的英雄气概和谦逊精神是
整个人类的榜样。来源：NASA

参加STARMUS 2011的朋友们。阿列克谢·列奥诺夫、维
克多·戈尔巴特科、尼尔·阿姆斯特朗、吉姆·洛弗尔

尼尔·阿姆斯特朗

对STARMUS 和地球未来的深思

尼尔·阿姆斯特朗在1969年7月成为第一个在月球表面行走的人，他因此名扬全球。

尼尔·阿姆斯特朗在 STARMUS

阿姆斯特朗（1930—2012）出生于俄亥俄州的瓦帕科内塔附近，在他青少年时期，他不停地在这个七叶树州（俄亥俄州别称）搬家，那时他强烈地爱上了飞行。他在普度大学获得学生飞行证书并学习航空工程。朝鲜战争期间他作为海军飞行员间断了学业。战后，他重返校园并完成学业，在南加利福尼亚大学获得硕士学位。

1955年阿姆斯特朗在加利福尼亚爱德华空军基地成为试飞员。七年后他进入第二组航天员候选人，并作为指挥官完成了在1966年3月发射的双子星8号飞行任务。1967年参加阿波罗项目训练，一年后在一次飞行训练时从飞行器里弹出，险些遇难。

阿姆斯特朗被选为阿波罗11号的指挥官，与伙伴巴兹·奥尔德林和迈克尔·柯林斯一起参加1969年7月这次改写太空探索历史的任务，而这次任务，正如他们说的，已经载入史册。

阿波罗任务之后，阿姆斯特朗成为辛辛那提大学的航空工程学教授，之后在他退休前又投身于商业活动，并因讨厌媒体而过着简朴且有点隐居的生活而成为传奇。令人悲伤的是，2012年8月25日阿姆斯特朗因手术并发症而去世，终年82岁。

54年前，一个不太著名但特别重要的研究项目启动。它被称为国际地球物理学年（IGY）。66个国家的科学家相聚在一起，不是分析天空，而是分析地球：海洋学、气象学、太阳活动、地球磁学和宇宙辐射。甚至在IGY之前，科学家们已经开始发展高性能的用于军事的太空火箭。科学家们——尤其是苏联和美国的，很快意识到，如果能够利用这样的一枚火箭把携带科学仪器的人造物体推送到围绕地球的轨道上，那么这样的卫星就具有精确测量的能力，或许能够解释地球奥秘或至少能从中获得一些启发。

苏联和美国的科学家都提出了他们发展人造卫星的意图。但在那个时代他们并没有意识到，他们已经开始了一个新的竞争——即后来众所周知的太空竞赛。太空竞赛之所以可能，那是因为两种技术的出现：液体推进火箭和数字电子计算机。这两种技术几乎是同步到来的。20世纪的工程进步不仅可能把小物体发射进入围绕地球轨道，而且也同样可能把人放到围绕地球的轨道上。

火箭性能被大大地改善，以至于它可以把人加速到足够的速度，以逃离地球的引力。在整个人类历史上，总共只有24个人达到这个称为"逃逸速度"的速度，它大约是高性能来福枪子弹速度的10倍。

这些成功，以及其中所蕴含的可能性，使我们开始探访太阳系每个角落。也许21世纪技术能将宇宙飞船速度提高100倍。这样一个巨大的速度意味着，我们也许可以在一个合理的时间内到达非常遥远的地方。但简单的计算表明，以这样的速度飞行，飞往离我们最近的恒星——半人马座阿尔法星，几乎需要65代人的时间。这促使C.S.刘易斯断定，假定其他宇宙社会存在的话，由于上帝的隔离控制，与他们互动非常困难。太空真是非常广袤。

在STARMUS期间，布莱恩·梅博士在他发人深省的论说中恰当地诘问道："我们应该去吗？"他选取了人类10个最受垢病的品质后问道："我们真的应该将人类的短处蔓延到整个太阳系？"这是一个反问，当然我们不会。他把我们的地球家园视为如此美好、亲切并完美安置的居处。这当然是我们的普遍看法。

不过，我曾经有幸在大气圈外俯瞰地球，并向下见到在离我很远处飞驰的流星。我看到黑夜中的雷雨的暴烈，犹如被凶猛的闪电照亮的巨大蘑菇。我也曾看到过庞大的飓风。如果我是从一个邻近织女星的行星趋近地球的太空飞船的船长，并且看到地球的这些景色，我的设备警告我可能的地震、海啸和自然母亲的其他狂暴。我完全可以说："不，这个星球太危险，这个星球不适合我。史波克先生，曲速5前进。"

梅博士同时也回顾了我们如何对待地球的其他物种,而事实上,记载并不一致。这是因为在野外，生命很少能做到安详离世。只有人类会努力保护其中的某些生命，并保留濒危物种。

我们卓越的挑战是改善人类物种。我们希望，我们的孙辈在我们这个年纪可以回顾说："20世纪是一个推进并改善技术的世纪，而21世纪是一个推进并改善人类品格的世纪。"那才能使我们作为人类有资格，从地球出发并把人类的存在扩展到地球之外。不要带着我们的劣迹而是奉上我们的美德，并愿意快乐地分享。

我不是一个天文学家，但我喜欢天文学，并想分享一些我读过的并觉得很迷人的书。地球上只有相对很少一部分人研究过天文学，但我们都知道，太阳使地球温暖，而潮汐与月球在天空的位置相关。最好的作物种植时间和人类的很多迷信习俗与月球有关。但太阳和月球以外的天体的位置和运动似乎与大多数地球人的生活无关。

所以一些人好奇天文学对人类及日常生活有什么作用，这一点都不用奇怪。我用一个简单的例子来回答他们。在望远镜发明前，正是丹麦人第谷·布拉赫首先对恒星和行星位置进行了重要的相当精确的测量。这些测量导致他的年轻助手约翰尼斯·开普勒推出三个重要的行星运动定律。开普勒定律被艾萨克·牛顿利用来发现牛顿运动定律，该定律的应用范围如此广泛，正如我们知道的，工业革命及其对我们所知的生活品质的根本性改变应主要归功于它。天文学有时能够也确实会对社会活动产生重大影响。

天文学家认为，他们正开始理解恒星的生命循环：诞生、成长和死亡。这样生命循环的不可避免的后果是我们太阳的最终死亡，这颗恒星现在正是成年，或许还不到中年。随着它最终死亡（此后50亿~100亿年）而终结的是地球上的所有生命，这些几乎完全依赖于太阳核反应产生的能量的生命。

幸运的是，我们不用担忧太阳的死亡。在它死亡之前很久，它将膨胀为红巨星，烤干地球的海洋，炙烤甚至吞咽我们行星的整个残骸。但是我们也不需要担心我们自己也被淹没在红巨星中，因为极长时期之前，另一个天文学效应就已经变得

尼尔·阿姆斯特朗在阿波罗11号任务前的著名的正式肖像。来源：NASA

非常明显。

　　地球旋转正在变缓。海洋潮汐的摩擦力被认为是拉长我们日长的主要原因。极其微小，但最终日将被拉长到周、周将变成月，并最终会变成年的长度。那时地球将一面锁定朝向太阳，就像月球的一面固定地朝向地球一样。朝向太阳的一面将会烤焦，而相反的一面将会冻僵，两者都不利于居住，人们将迁移到它们的边缘。地相的锁定绝非一个近期的问题。甚至百万代时间也不能觉察到它的来临。

　　我们可以猜测从地球移民的一百种理由：导致人类灭亡的大气层的变化、人口过剩、辐射增加和其他一些场景（核能浩劫、疾病以及和彗星或小行星碰撞）。根据一个被广泛接受的假说，上一次大灾变碰撞发生在六千六百万年前，地球上包括恐龙等大量生命遭到灭绝。

　　业余地质学家会记得，因南北磁极的对调，地球的磁极化方向不时改变。这在过去的60万年来还没发生过，但是有证据暗示不久的将来另一次翻转可能来临。这样的事件影响如何，我们甚至连最模糊的想法都还没有。

　　我不预言世界末日，也不相信我们应该过度担忧这样的大灾难，但这的确提醒我们，我们现在知道的这一事实的重要性，即人类的家园不必被限制于地球上。我们周围的宇宙是我们的挑战，也许还是我们的命运。正如大约公元前500年赫拉克利特说："如果你不期望它，你将找不到它，因为不期望的东西很难找到。"尽管如此，总会有意想不到的事情发生。谁能预见到什么发现、什么发明以及什么事件将标志未来变化？

　　我们对我们周围的宇宙的知识比半个世纪之前多千百倍。我们可以预期人类的知识是持续增加的，哪怕没有突破。未来人类可能真的会离开地球，往太空移民，既可能移到天然的星球，也可能移到人造的栖息地。我们将发射探测器去了解我们太阳系外的恒星。我们有充分的证据表明，其他的恒星也有行星家族伴随。

　　人类对生命，以及对我们也许不是在宇宙中仅有的理性生物的可能性的迷恋已经取代对黄金的长期迷恋。但如果我们不仅是要生存，而且还要占优势，我们就必须持续地提高。我们必须最终超越差异，而真正成为团结的大家庭。我们视我们的传统和原则为伟大的荣耀，并且是辩证地看待它们：它们使我们强大，但是也禁锢我们。基于我们在地球上的表现，我们还没有资格繁衍到并控制宇宙中更大的空间。我们不清楚是否来得及发展成可以控制自己最终命运的物种。

　　然而我们仍然很有希望，而且我们也别无选择。无疑，我们的本能将促使我们去尝试。回忆起两千年前关于这个相同话题，即大约公元前400年，柏拉图说道："我们必须采纳最好的无可辩驳的人类原则，并着手实施之，犹如驾一叶扁舟进行生命之旅的冒险。"这正是我们要遵循的至理名言。

　　正如尤里西斯，我们每一个生命都是一次小奥德赛，访问新地方，观察新事物，理解新观念以及一切中最大的未知——明天。对于我们中的每一位，它应该是，也能够是一次激动人心的航行。勇敢前进！

尼尔·阿姆斯特朗和他在1960年和1962年间驾驶的X-15火箭飞机，该飞机在高达207500英尺（约63246米）之上速度几乎达到每小时4000英里（约6437.4千米/时）。来源：NASA

巴兹·奥尔德林——我们时代的偶像。来源：NASA

巴兹·奥尔德林

从月球到火星：加里克·伊色雷列在STARMUS对巴兹·奥尔德林的采访

巴兹·奥尔德林是一个令人印象深刻的人，他已经81岁，他一头白发、满脸笑容，你仍然可以清楚感到他是个硬汉、战斗机飞行员以及世界文化的英雄。他的父亲是埃德温·尤金·奥尔德林，他于1930年1月20日出生于新泽西州的格伦岭。他的一位妹妹把"brother"错发音成"Buzz"，他就这样获得了巴兹这个绰号，而他的家庭就接受了这个缩短的名字。

奥尔德林是一个偶像，他是第二个行走月球的人，著名的阿波罗11号团队的有名望的英雄，是世界级的名人，他以迪斯尼的"巴兹光年"电影人物掀起的流行文化共振波及全球。他的职业生涯可以追溯到青少年时代。他以年级第三名的成绩毕业于美国陆军军官学校。在进入美国空军学院之前，他在麻省理工学院获得航空学科学博士。

1963年，尽管以前从未做过试飞员，奥尔德林还是被选入第三组航天员候选人。他成了著名的双子星飞行员，1966年他在双子星12号飞行任务中，即最后的载人双子星飞行中行走太空。随后在1969年7月，他理所当然作为阿波罗11号成员，随同尼尔·阿姆斯特朗行走月球，完成了历史性飞行。

巴兹·奥尔德林在STARMUS

奥尔德林在1972年从NASA退休，从此一直活跃在很多领域，主要是促进太空探索并在最近支持载人火星任务。在STARMUS，奥尔德林提供了一个引人入胜的采访，其中涉及他自己的经历和未来全球对于太空探索将做出的努力。

问：欢迎来到特内里费，欢迎来到STARMUS，奥尔德林先生，把你这位受尊敬的20世纪英雄请来不胜荣幸。今天我们庆祝人类太空首次飞行50周年，这是一个重要的日子，是人类文明重要的一年。正如俄罗斯火箭先驱康斯坦丁·齐奥尔科夫斯基所说的，我们"正在离开摇篮"，而现在我们已经迈开了第一步，开始走路了。事实上，现在我们正在跑步。鉴于我们进入了太空探索，你认为最初50年太空探索的主要成就是什么？

巴兹·奥尔德林和加里克·伊色雷列在STARMUS

巴兹·奥尔德林：嗯，我只是想以正确的角度看这个问题。我看到美国之所以能够达到现在的成就，是从斯普特尼克人造卫星和尤里·加加林的最初飞行开始的。从莱特兄弟首次飞行到首次登上月球用了66年。从尤里·加加林的飞行和肯尼迪总统提出去月球的挑战至今，已经50年，这两个事件都发生在1961年。

如果我们从登陆月球再过66年，就进入2035年。那是我对登上火星的合理估计。自从斯普特尼克到莱卡犬到拍摄月球的另一侧，事情进展得非常迅速，所有这一切归功于三位先驱：康斯坦丁·齐奥尔科夫斯基、赫尔曼·奥伯特和罗伯特·戈达德。

我从未见到过齐奥尔科夫斯基。在月球背面有一个以他名字命名的美丽环形山。我在奥伯特的90岁生日时在德国见过奥伯特。他是沃纳·冯·布劳恩的

我作为双子星12号的飞行员做第一次太空飞行时，创造了5小时太空行走的世界纪录，以每小时17000英里（约27358.8千米/时）的速度，每90分钟环绕地球一周。当在我们密封舱外飘荡时，看着下面的地球是一幅多么壮丽的景象！来源：NASA

莱特兄弟飞行后仅仅66年，尼尔和我就踏到月球上，实现了千百万人的梦想。来源：NASA

老师。而美国人罗伯特·戈达德，是我父亲在克拉克大学的物理教授，而我父亲发起一些行动，通过查尔斯·林德伯格到海瑞·古根海姆，使戈达德能持续他的研究。

所以在我的家族有一些有趣的交接。我的母亲出生在莱特兄弟首次飞行的那一年。而仅仅是偶然——纯粹偶然——我母亲的娘家的姓是Moon，m-o-o-n。但她的成长过程毫无异常。我的外祖母被我的妹妹和两个表姐妹当成月亮妈妈。这很正常——完全正常！莱特兄弟的飞机创造了一个技术的飞跃，而随后第一次世界大战就爆发了。

战后，飞行员忙于为政府发展航空邮政从一个城市飞行到另一个城市，证明驾驶和飞机两者的可靠性。然后，私人航线开始载客，这是非常大的一步！我认为这提供了有关我们现状的一个经验，并且政府的地球低轨任务由私人飞行所取代。这个步骤使政府得以继续从地球轨道到其他地点——彗星、小行星、绕月，而最重要的是到火星的卫星和火星表面的先驱探索。

那是政府的领域。这些目标对于私营部门不可行，它太过消耗资源了，并且没有收益。但让私营部门进入低地球轨道，可以获得回报。他们可以把政府的航天员送到空间站。他们最终可以给私人提供昂贵的太空旅行，并且这个价格会随着科技发展变得越来越合理。

因此我认为，我们正处于一个令人非常激动的时期。用经济学的语言，我们正在利用过去50年的科技成果。世界的经济看起来有点暗淡沮丧，但我们可以希望，在未来10年内资金会有所改善。这需要政府提供资金。私人企业无法向飞向火星或建设大空间站的大项目提供资金。

许多这样的一些大项目没有足够的回报。就回报而言，去月球的回报是非常不确定的。生意在何处？也许我们之中很多介意这点的人会说，生意在于太空旅行的燃料问题，从月球上获得的水和冰，但还有很长的路要走。我们要鼓励那些愿意花钱买燃料的人。

当我的训练完成，我作为喷气战斗机飞行员被派往朝鲜战场。来源：巴兹·奥尔德林

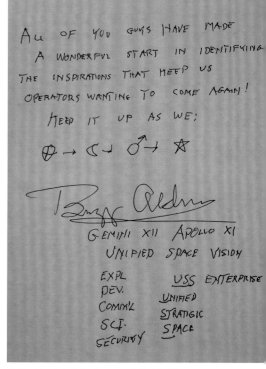

来自巴兹·奥尔德林对STARMUS的最美好的祝愿

问：现在由于州和联邦资金下降，天文学领域正面临着严峻的局势。你经常听到天文台的主管和天文学家说，为了筹集资金，我们必须向前来参观望远镜和观测天空的来访者收费。这些资金当然有帮助，但它不能为10米或40米的大型望远镜提供资金。所以我们确实需要大量资金。

奥尔德林：嗯，我记得向公众展示宇宙的天象厅通常附有大量激光显示的运动和多彩的星星，这无疑很吸引公众。他们随后就了解了恒星、恒星和星系的运动、行星和航天员。所以我们真的对太空项目也得这么做，因为在早期，水星号、双子星号和阿波罗任务非常紧凑地接连进行。但是，当我们开始旅行到非常远时，我们一年就只能完成一两个，而不是六个或八个主要任务。

问：你是我们这一代的英雄，1960年代、1970年代和1980年代的英雄。我们中的许多人伴随科幻电影《2001：太空漫游》、你的名字以及加加林和阿列克谢·列奥诺夫的名字长大的。1990年代和2000年代的新一代的年轻人情形就改变了。所以我们现在看到很少人对太空旅行和天文学感兴趣，而新偶像是好莱坞明星。

奥尔德林：是的，英雄始终存在。或许不是传统类型的那种从恶魔那里营救少女的英雄，少女陷入困境，英雄骑在马背上救走少女，带她们离开。现在的英雄有些不同。现在我们有篮球手和棒球手，宁愿用通俗来取代高雅。

问：有人认为，为了促进航天工业的进步和太空探测，我们需要第二次冷战。你赞成吗？我们需要一个对抗吗？而这回是在中国和美国之间？

奥尔德林：当然，第二次世界大战期间我很年轻，还是青少年。这些冲突发生得多么迅速，令我震惊，从欧洲1939年卷入战争，美国1941年参与，直至1945年中期欧洲战争结束，以及太平洋战争在1945年末结束。这一系列是相当紧凑地发生的，不过随后由此

登月舱和指令舱在月球轨道会合。"如果太空是我们下一个新前沿，那么我愿意做贡献，飞往那里。我进入麻省理工学院航天学项目，并于1962年通过《载人轨道会合的视线导航》获得博士学位"。来源：NASA

产生的冷战延续了几十年之久。当斯普特尼克和最初的太空飞行发生时，我正在德国驾驶超音速飞机，紧急戒备时在5分钟内就能启运核弹去轰炸波兰、捷克和苏联的一些部分。

50年前我从战争环境进入高级研究生教育。当尤里·加加林在飞行时我已经在做博士论文了，是关于将航天器送入轨道的论文。我毕生做过的一个最明智的决定是，离开在冲突时相互拦截的飞机，而进入在轨道上的相互会合的卫星。这里存在极大的相似性。当然，这里计算机提供了巨大的帮助。

问：关于加加林飞行，你的记忆是什么？当电视和报纸铺天盖地在谈加加林太空飞行时，你的反应是什么？你能回忆起当时的心情吗？

奥尔德林：我知道我们有一个开始于1959年的美国航天员项目，我在一份杂志上读到挑选七名水星计划的航天员，全是测试飞行员。我的职业生涯并不是一个试飞员，我觉得自己没有资格。结果，1962年我申请了第二批航天员，虽然我不合格，但我想让NASA知道我正在麻省理工学院学习。幸运的是，这个要求在1963年发生了变化，我被选为第三组的14名航天员之一。

问：你是从报纸上知道加加林的太空飞行的吗？你记得吗？你把他的飞行与冷战联系在一起吗？

奥尔德林：是的，真是巧合。1961年4月12日加加林的飞行日期，是我父亲的生日，我刚好在麻省理工学院，这使我很高兴。因为这是预料中的，该飞行并不让我十分震撼。为什么美国挑选了七名水星航天员？因为我们当然预料到那个发射人造卫星上天的国家，利用狗在太空做实验，拍摄月球的另一边的照片。

当然，苏联已经相当领先于美国，也许他们会刚好在4月艾伦·谢泼德的亚轨道飞行之前围绕地球飞行。随后约翰·格伦终于在1962年2月围绕地球飞行，几乎在加加林之后10个月。

所以存在明显的领先。但是那时事件发生迅速，远比今天更甚。今天活动的步伐被延伸得这么长。正因为如此，焦急的公众希望看到事情立即发生。我们看到了当时新的和不同的东西加速出现。然后我们赶紧抢先飞向月球，我们开始使用航天飞机，非常昂贵的飞船，它们可以反复使用。然后建空间站花费了更长的时间，而且比预期昂贵得多。所以发展也因此慢了下来。制造商预期，航天飞机每年将飞行40次或50次。但它最多一年飞9次，而且通常是5次或6次。

问：你听到过关于苏联的登月项目吗？

奥尔德林：当然，列奥诺夫本应是加加林和弗拉基米尔·科马罗夫在内的机组指挥官。它从未实现，也许因为工程师谢尔盖·科罗廖夫死了，加加林死了，科马罗夫死了，所有要使它实现的人都在一年内死亡。这对苏联是一个很大的打击。

问：是在1966年吗？

奥尔德林：在1966年和1967年。这两年非常重要，也非常不顺。所以那真正杀伤苏联的实力。不过，列奥诺夫仍然活着。

问：是的，列奥诺夫还在这里。他很像你，精力充沛。你认为下一个大的去火星的飞行项目会在今后的20年或30年发生吗？你估计这个大飞行何时实现？

奥尔德林：是的，两年前我开始汇编一个我认为我们需要做的事情的列表，主要从太空飞船的角度来看。我们需要能去极其遥远地方的飞船，这就需要推进力。宇航员在一到两年时间里受到太空辐射并只能在狭窄的空间里活动。我们需要设备、生命支持，在远离地球时我们仅有很少的可靠支持——氧气、水、营养、食物以及辐射防护。

当我们开始探险，有很多事情需要研究。但是我们需要的宇宙飞船，必须用空间站进行测试并制造一个样机，然后开始飞行。而我认为我们需要两艘宇宙飞船，一个大的和一个小的，不从地面发射，只是被带到太空。

问：在我们真正去火星之前，我们必须在那里组装一个基地吗？

奥尔德林：哦，是的，我认为先在月球上做同样的事是合逻辑的。让国际社会参与，我们应该在月球上某个地方创建一个基地，同时也要创建一个被NASA称为"国际月球研究园"的前哨基地。毫无疑问那应该建立，不过首先在地球上，例如在夏威夷岛上，先建一个。这给了我们一个进行练习的地方。

然后我们可以在月球上进行。在火星上建造这样的地方之前，我们需要在夏威夷再次试验。协调任务的控制器将位于得克萨斯州休斯敦美国宇航局任务控制中心，同时也在莫斯科，还有中国，以及参与探险的其他地方。但对于火星任务控制器将放在月球上，这是一个很大很大的差别。

问：我们知道俄罗斯对生命维持经验丰富，因为和平号空间站在轨道上很多年了。是否不用国家间的合作可以做这样的一个项目？

奥尔德林：合作已经开始了。当美国很多人正在关注重返月球，其他地方正在发生什么？在加拿大，他们研究机器人登陆月球或火星。在俄罗斯，他们计划并很快要发射"福布斯-格朗特"号，计划从火星的一颗卫星上取样后返回。他们和中国、法国合作。所以谁最早去火星？不是美国。它是俄罗斯和中国，加拿大参与一些。

问：非常感谢你能接受采访。你能再为我们的STARMUS的参与者说几句话吗？

奥尔德林：哥白尼、开普勒和牛顿是我们在太空所做一切的先驱，他们破译了行星和恒星在星系中的运动。当然这些是从伽利略的望远镜首次观测木星的卫星——围绕木星公转的四大卫星——开始。它启发了太阳而非地球是太阳系中心的观念。也让人们认识到地球是一个球体，而不是平的。我们在很短时间内已经走过了漫长的道路。

我们成功了！鹰已经登陆了！很多人认为这是不可能的。甚至在科学界，一些人认为着陆时我们会下沉，被月亮尘埃层深深地包围。但我们并没有这样。来源：NASA

1965年3月18日列奥诺夫在太空。来源：NASA

阿列克谢·列奥诺夫

打开太空大门

阿列克谢·伊万诺维奇·列奥诺夫是历史上最伟大的宇航员之一，1965年3月18日，他成为在太空轨道上行走的第一人，树立了一个伟大的里程碑。1934年3月30日，他出生于苏联克麦罗沃州利斯特维扬卡镇，列奥诺夫很早就对飞行着迷，1960年他被选为第一个宇航员组的20个成员之一。

起初列奥诺夫被安排到"东方11号"的太空行走任务，这个任务被取消，取而代之的是他和指挥官帕维尔·贝尔亚耶夫执行"上升-2号"任务，其中包括历史性的太空行走。这个大胆行动的延续时间达12分9秒，列奥诺夫系着连接飞船的伸展约5米长的保险绳，随着围绕地球公转的飞船行走。然而，在低地球轨道的真空，列奥诺夫的太空服膨胀，使他难以返回飞船，只能打开阀门减压，使他得以挤回密封舱里。

列奥诺夫被挑选去指挥苏维埃联盟任务，它将要环绕月球，而且他还被挑选出作为登陆月球的第一名航天员，但两个任务都被取消了。1975年他指挥阿波罗-联盟的苏联部分，那是美苏之间的首次联合任务。从1976年至1982年他是宇航训练中心的宇航员主管兼副主任，1991年退休。

列奥诺夫是一位卓有建树的天文艺术家，他同伟大的科幻作家阿瑟·C.克拉克建立了深厚的友谊，他还撰写了几部与太空活动相关的著作。

每个人都有他或她自己的故事。我的故事从我踏进太空的第一步开始。我希望自己被作为太空行走的第一人而名垂青史。当时我有99%的概率再也不能回返，并成为地球的第一颗人体卫星。我很害怕。

那是1965年。我处于完全的黑暗中——绝对的黑暗中，没有灯光，也没有手电筒。此外，我没处站立。我只能依靠我的手，我的一只手拿着摄像机，这样我只有一只手支撑自己。在这种条件下，我设法要把自己旋回密封舱，我穿着一件无法随意在里面移动的太空衣。我不知道我如何才能成功。但不知何故，我做到了；我一定要成功。我意识到，如果我的脚先进太空船我就不能把自己拖进去，那就糟了。

我开始计时——我生命中的30分钟。你瞧，在这个世界上，没有人能帮助我。如果有上帝，他将帮助我，但是没有其他人可以。帕夏·帕维尔·贝尔亚耶夫能拖我进去，但只有在我自己努力之后才行。

所以我决定，我必须把任何事情都报告到地球。伟大的工程师谢尔盖·科罗廖夫告诉过我："我要知道你何时唱完。"这是男人的谈话，非常直截了当，那时我要唱歌！我什么都没说！没有对任何人！我将压力减少到进入氮沸腾范围。我几乎到了这种状态，那就是你的脚肿胀起来像橡胶手套，你的眼睛下沉，你的头变得大到塞不进太空服里去——成了一个完全无法动弹的人。

这就是我当时的情形，不知道怎么办，我不想对地球上任何人说话。想

阿列克谢·列奥诺夫在STARMUS

1962年贝尔亚耶夫、阿列克谢·列奥诺夫和科罗廖夫在"上升-2号"飞行后。来源：阿列克谢·列奥诺夫

1978年，阿瑟·C.克拉克与列奥诺夫。来源：阿列克谢·列奥诺夫

想我当时正在告诉世界，我有麻烦了！这是一个开放的频道——每个人都在听！这个人怎么了？他不能返回太空船！这步骤看起来多么简单——只要进入飞船！

这就是为什么我保持静默不言。我两次减少压力。这时情况变得严重。我看了看我自己，我的眼睛没下沉，但它们即将这样。我应该走得更远，承担更大风险吗？这是个非常艰难的决定。时间在时钟滴答滴答中溜走。我还没有做过这种类型行动的任何训练。

接着，我做了决定。我拿起我的摄像机。昨天，我在克拉斯诺戈尔斯克做了讲演，说他们欠了我的人情。回溯1962年，他们给我一个摄像机，它记录了我做的每件事，然后我把摄像机还给了他们。这是我冒着生命危险去做的，当时我可以不用它，用我的双手会更安全。但是我想到所有为我研制摄像机的人，一整个工厂的人。我回去怎么能对他们说我把它弃而不用了呢？于是我用左手抓住飞船，把摄像机放在我的右手里，把自己推入飞船。火箭设计师鲍里斯·切托克后来对我说，我把飞船就像是一件外套一样往自己这边拉过来。所有一切仅在几秒钟内发生。

那完全是一个新的方法，我是在现场自己试出来的。当局几乎因此要把我开除出党。当然，严厉的惩罚还在等待着我：我没有遵守指示。首先我没有报告情况。其次，我因一个未知的和未经试验的方法改变了整个过程。这是一个严重的技术错误。但当我平静而清楚地向谢尔盖·科罗廖夫及其他人解释完这一切，大家都悄然无声地等待科罗廖夫宣布他的判定。他说道："事实是，阿列克谢是正确的。"此刻，大家齐声鼓掌。那就是——我是正确的！

我一生中最有趣的插曲，是和斯坦利·库布里克根据阿瑟·克拉克的名著《2001：太空漫游》改编的电影有关。1968年维也纳会议期间，这部电影首映。作者克拉克和导演库布里克双双出席首映。电影确实令人印象极其深刻，其非凡的摄影技巧和巨幅的图像令人至今难忘。声音是立体声的，听起来就像是发生在那里，就在大厅里。那是首次利用立体声。

电影开始于一个史前人的形象，他在剥猎物—— 一只死貘的皮。那人用一根巨大的骨头敲打貘的头，然后把骨头抛向空中。骨头反弹，快速旋转，改变成一个庞大的空间站。这一切都在维也纳华尔兹旋律中发生。华尔兹创建了一个场景，它代表着连接史前和现代的桥梁。

伴随着宇航员们在外太空工作场景的声音仅仅只是他们沉重的呼吸。似乎没有音乐；没有其他声音，而事实上却有一些音乐，但因为沉重的呼吸声而几乎感觉不到了。

后来，克拉克对所有在场的人说："我要告诉你们一个秘密。我们无法解决应该对航天员在太空工作场景使用什么声音的问题。然后我得到了阿列克谢·列奥诺夫在外太空工作的实际录音，结果这正是原来我们想要的。"

从那时起，我们就一直是好朋友。之后，他使用一个从我的专辑图册《升上太空》的插图设计出他的小说《天堂的喷泉》。他对我不像对航天员，却像对不同心态的人。他是一个异常有趣的人。当他写《2010：太空漫游2》时，他让我评论这部书。这是打算为杂志《面对青少年的技术》作的评论。我写了半页，尽管从未读完这部小说。

在他完成了《2010：太空漫游2》之前，我遇见了他，而他说："你知道，我有一个秘密想告诉你。你认为在我小说中的超级太空飞船名叫什么？""我不知道，阿瑟。"我说。"他被称作阿列克谢·列奥诺夫！你对此想说什么吗？"我说："好的，作为飞船我会尽力的。"他听到此话大吃一惊。他期待了我的任何反应，但绝想不到是这个。

1975年，列奥诺夫与汤姆·斯塔福德将军。来源：阿列克谢·列奥诺夫在小说中，克拉克展示了对苏联航天员极大的喜爱。最后最高当局传唤我，要求解释："你怎么能给那本书写评论？你知道'阿列克谢·列奥诺夫'飞船上的机组人员吗？""那又怎样？"我说。"他们的指挥官是奥尔洛瓦！"他们说。"谁是奥尔洛瓦？"我问。他们说："她是一个持不同政见者。整个机组人员都是持不同政见者：特尔诺夫斯基和所有其他人。"我接着说："我有一个问题。你把持不同政见者的名单给我看过吗？我以为奥尔洛瓦是柳芭芙·奥尔洛瓦，苏联著名女演员。我认为她是小说中的人物。"

然后我说："看，小说中有这么多人爱戴我们的国家和我们的航天员。"克拉克没有把美国人写得很好啊。故事是在"阿列克谢·列奥诺夫"飞船展开的。而当我打开第一页，献词写道："献给两位伟大的人物：宇航员阿列克谢·列奥诺夫和艺术家安德列·萨哈罗夫。"

这部小说发表在《青年技术》上。然后当局停止出版，并解雇了瓦斯雅·扎哈尔琴科主编。大约过去了十年，我们可以再次出版这部小说了，并且在同一个杂志上发表。我们没有对小说作任何改变。没有人会知道这些人物是否是持不同政见者。重要的是写出了这部小说。

我见过阿瑟·C. 克拉克多次。在他的80岁生日之际，我们为他在英格兰组织了庆典，以表示敬意。他不知道我会出席。他坐在舞台上。一个图像出现在屏幕上：一个在外太空的人，他正在看着屏幕。就在那一刻，我从屏幕后面走出来，停在舞台前面。灯亮了，他看到了我。他说："你是怎么从那里到这里来的？"我说："正如在电影《沙漠的白色太阳》中——你取了一个镜头，你打电话给我，所以我来了。"他惊呆了。

在他的90岁生日，我在斯里兰卡再次与他在一起。我们献上精彩的表演祝贺他。斯里兰卡那里的人们仍然非常喜欢他。他们一直爱戴他：不幸的是，他现在不能再和我们在一起了。但他给我们留下了他的图书馆和他的研究中心，虽然那儿已被洪水损坏过了。这就是我与阿瑟·C.克拉克友谊的故事。

我和美国航天员的友谊甚至开始于阿波罗-联盟使命之前。1971年，联盟11号航天员格奥尔基·多布罗沃斯基、弗拉季斯拉夫·沃尔科夫和维克多·帕察耶夫在执行任务时遇难。他们是我们的后备人员：最初的宇航员是我、瓦列利·库巴索夫和彼得·科洛金。但由于库巴索夫在开始之前11小时生病，决定由他们替代其他船员的使命。他们的死亡是个灾难，美国当局深入地讨论了这个问题。他们禁止航天员参加葬礼，但汤姆·斯塔福德独自承担全部责任，葬礼上担任一名护柩者。

同样的令人悲伤的是，1970年帕夏·帕维尔·贝尔亚耶夫死于另一次行动。空军总司令帕维·斯捷番诺维奇·库图佐夫打电话给我，说："你知道，这位美国将军，汤姆·斯塔福德已经来到。请陪伴并照顾他。"我回答说："我甚至不会讲这种语言。""没关系，"他说，"你们俩都是飞行员，你会搞定的。"就这样，在这三天的仪式过程中，我和汤姆·斯塔福德在一起，然后我们互相熟悉了。

其实在这之前的1965年，雅典会议上，苏联宇航员会见了美国航天员。帕夏·贝尔亚耶夫和我代表苏联，而戈登·库珀、皮特·康拉德（后来死于一场摩托车事故）和戴克·斯莱顿代表美国。

戴克·斯莱顿是一个退伍老兵。他飞过B-25轰炸机，参加过轰炸柏林行动。他是一个真正的男子汉；对我们非常信任。他担任飞行操作指导，但不飞行。他有心脏问

1975年"阿波罗-联盟"航天员，戴克·斯莱顿、列奥诺夫、汤姆·斯塔福德、瓦列利·库巴索夫和万斯·布朗德在科罗廖夫的半身像旁。来源：阿列克谢·列奥诺夫

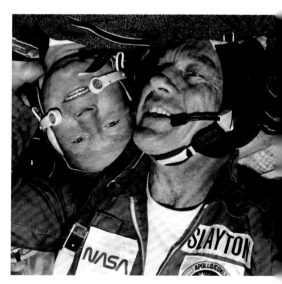

唐纳德·K. 戴克·斯莱顿在联盟号飞船拥抱宇航员列奥诺夫。来源：NASA

题。但他不停地训练，最后在1975年，他作为指挥官参与了"阿波罗-联盟"对接测试飞行。戴克·斯莱顿是一个非常善解人意的人。

"阿波罗-联盟"测试计划的船员包括汤姆·斯塔福德、戴克·斯莱顿和一个很有经验的航天员万斯·布朗德（我们习惯叫他万尼亚·布朗德）。我刚从洛杉矶回来，就打电话给万尼亚，说："嗨，万尼亚！"他说："你好，莱沙。"接着还有我和瓦列利·库巴索夫。就像我说过的，这是一个好团队。

"阿波罗-联盟"的船员是国际合作的典范，我们甚至还有共同的孩子。我帮汤姆·斯塔福德从俄罗斯孤儿院收养了两个男孩。他们现在长大了，在攻读大学学位，还飞行。我们一年至少见面两次，不是我去美国就是他来这里。

当苏联和美国的关系非常紧张时，汤姆·斯塔福德在美国国会发表演讲道："我们需要与苏联合作。我相信这一点。"当我们的和平号空间站有问题时，他说这仅仅是技术问题，可以很容易地解决，空间站能正确运行。他以这种方式使我们免受批评。

不过让我们暂时回到第一次在雅典会面的情形。康拉德、库珀和斯莱顿一个俄文单词也不懂。我们俄国人好一些，我们能说"all right"。我们在那里停留了大约4小时。我们喝了一瓶威士忌、一瓶白兰地，然后又喝点别的东西。我不知道我们如何交谈。但当我们走出房间时，我们对彼此说："看，他们是容易相处的家伙！我们可以和他们一起飞翔！"历史学家把这次相遇当成机组人员高交际能力的典范。甚至很难想象在这五人之间如何谈话，但他们经过5小时后有了完美的相互理解。

1965年，帕夏·贝尔亚耶夫、我与沃纳·冯·布劳恩及他的妻子伊娃坐在同一张桌子上。我们有一个翻译(由于他们是贵宾)，有机会讨论很多不同的问题。有趣的是，他谈到科罗廖夫："我不熟悉他，"他说，"但实践证明，他是一个非凡的领导者。我不能在你们的环境做到那样。我不是像科罗廖夫那样好的领导。"科罗廖夫是对的，他退出研究V-1，而转换到研究R-1，后者是"Semyorka"洲际导弹的一个新型号，直到今天仍在运行。

他及时意识到V-2不适合重要的工作。它可以被视为一种中程导弹。科罗廖夫招募了一群不同领域的专家组成了一个非常庞大的团队。这有助于创建Semyorka洲际导弹，它至今仍在使用。"我在德国的时候，我从来没有听说过他。"冯·布劳恩说，"虽然我们以并行的方式研究。"后来，我在亨茨维尔遇到冯·布劳恩。他再次说到科罗廖夫是一位非凡的领袖。他没有说"工程师"，因为很显然科罗廖夫胜过他。当然，在工程方面沃纳·冯·布劳恩比科罗廖夫强。

1961年，科罗廖夫开始研究N-1火箭。他想使它比土星号系列更好，因为土星五号在驾驶舱使用低压引擎，效率不很高，但可靠并安全。科罗廖夫决定在驾驶舱内用高压引擎。要摆脱高频波动需要做很多工作，所以工程师们立即丢弃这个选项。当然，土星五号完成了所有它预定的任务，它的最后一个模型是"阿波罗-联盟"两级类型的。那是阿波罗的最后任务，也是我最后的任务。

如果苏联和美国之间在20世纪60年代就开始合作又会怎样呢？我们可以取得更好的结果。罗杰·查菲和艾德·怀特是第一个美国任务成员，怀特是首位执行太空行走的美国人。格斯·格里森、查菲和怀特，阿波罗1号的这些船员死于可怕的发射台大火。早在1961年我们就有过这种经历，瓦伦汀·邦达连科在测试室因火灾而死亡。他是在一个与阿波罗1号相同参数的密封舱里。邦达连科死后，我们决定停止使用富氧环境，用正常环境取而代之。然而，美国继续还在这个方向工作，他们三个航天员由于相同原因而死亡。

俄罗斯的登月计划也很早就开始了。1962年，当局决定为执行月球任务建造航天器。它被称为Sever，意为"北方"，然后更名为L-1、L-2和L-3。1964年党和政府发布了一个由尼基塔·赫鲁晓夫签署的关于飞往月球、绕月飞行、月球漫步以及胜利返回地球的任务文件。

第一阶段是围绕月球飞行。根据前三个任务的结果，他们将选择宇航员登上月球。苏联人已经想到了L-3工艺，这是专为一名航天员设计的。使用它是有风险的，但其质量特性不允许更多人。工程师随后创建了质子火箭去执行这个任务。他们考虑的选项是利用导弹和航天器结合以到达月球表面。与此同时，工程师们也开始建造N-1火箭。这是一个1800吨的庞然大物，30个引擎总共4500吨推力。他们是库兹涅佐夫引擎，每个引擎推力是150吨。

当时，格鲁什科引擎具有600吨推力，它使用了一种高挥发性的、易燃的燃料混合物，帕夫洛维奇常说："我们不准备使用这些肮脏的马达。"我认为他反对的不是燃料的质量，而是导弹建造者的品性——后者曾经把他告密给克格勃。结果是，他被判处10年苦役。

所以第一步是绕月球飞行。我在航天员训练中心被任命为月球项目主任。在普通的训练完成后，选出了两个航天员队：我和奥列格·马卡罗夫一组，瓦列里·比耶科夫斯基和尼古拉·鲁卡维什尼科夫另一组。

我们开始工作。做什么呢？第一，我们要参加飞行器装配和电气试验。第二，我们要研究出导航系统。第三，我们要熟悉逃逸速度下手动驾驶系统。飞船被安装在离心机上。在现实条件下，根据船员进行的实地测量，我们找到了自己在太空中的位置并排好协调其飞行的发射程序。这是在一个离心机上做的。我在14g地球重力负载下大约做到196次离心旋转，而飞行器在逃逸速度下运行，并且被淹没两次。

1964年尤里·加加林和列奥诺夫在宇航员训练中心。来源：阿列克谢·列奥诺夫

1965年莫斯科游行。帕维尔·贝尔亚耶夫和阿列克谢·列奥诺夫。来源：阿列克谢·列奥诺夫

宇航员尤里·加加林和阿列克谢·列奥诺夫。来源：阿列克谢·列奥诺夫

除此之外，我也在到达月球表面的系统上工作。我们没有模拟器装置。我毕业于测试飞行员学校，获得驾驶直升机学位——否则我就没有操作直升机的权限。我们设计了直升机无引擎降落的程序，这类似于降落到月球表面。

我进行了9次这样的登陆，它们是非常困难和危险的。然后当局停止该项目，因为它随时会以悲剧而告终。6个飞行器被发射去做绕月飞行，它们都返回到地球。其中两个发生问题。第一个，一台飞行器上天体测量传感器不工作了。我们设法解决这个问题。第二个，在第五个飞行器飞行时损坏了防热盾，也失去了降落伞绳，飞行器以25米/秒的速度从4000米上空撞向地球。当然，它整个解体了，但足够神奇的是，光学设备没受损坏。后来，我们从那个暗盒印出非常不错的月亮图像。

最后一个太空探测器(第六个)环绕月球，下落在起点的600米之内。随着时间飞逝，越发明显的是，绕行月球需要政治的决心。我们对此完全有能力，但是我们政府荒谬的谨慎让我们被迫停下。如果科罗廖夫一直活着，我相信我们将会首先绕行月球，比美国阿波罗8号的使命早6个月。他们知道并害怕这些，但我们没能在美国人之前抵达月球。

N-1火箭引起了大问题：事实上，它从来没飞起来过。第一个事故发生在飞行后80秒。这和建造方案有关。其他事故接着发生，起因于引擎问题。共有4次发射和4个事故。他们应该采用工程师弗拉基米尔·切洛梅提出的方案，采用4枚UR-500火箭。

但是故事并没有结束。尤里·加加林和我给中央政治局写了一封信，要求他们接受我们的项目建议。我们的无人驾驶月球车已经漫步于月球，所以我们的政府放心了，自言自语道，他们能够处理这些事情。我们的观点如下：俄国人还没有决定完全停止项目，所以我们应该从月球开始，尽管事实是美国人已经做到了。

但是，唉，他们不同意我们的意见。多年以后他们说："我们应该接受航天员建议，他们比我们聪明。"就是这么回事。至于月球，我们可以在没有任何其他国家的帮助下自己飞到那里。我们有足够的经验来实现这个称作Luna的项目。我们只需要政府的决心，仅此而已。这还没完。我们现在有两个强大的被称作Energia的火箭，它比土星V号更强大。Energia完成了两次辉煌的飞行。有一次它将200吨物体送入轨道。第二次它把俄罗斯航天飞机风暴号送入轨道。

未来一代应该关注拥有好的政府。这就是我对于未来前景的想法：首先，斯沃博德尼航天器发射场的位置选择是正确的。鉴于目前形势，我们应该计算还愿意付费多久，以持续使用哈萨克斯坦的拜科努尔发射场；鉴于我们现在每年支付1.17亿美元，而且尽管如此，我们在那里还不允许做很多改变。

目前，哈萨克斯坦是由一个最聪明的人，努尔苏丹·纳扎尔巴耶夫领导。但是我们不知道将来是谁。一切皆有可能。也许他们会开始寻找一个更有利可图的选择。事情很简单。吉尔吉斯把玛纳斯交通中心卖给美国。拜科努尔可以以同样方式卖给任何国家。或者在任何情况下，他们都可修改合同有关租金的条款。

在俄罗斯，乌里扬诺夫斯克东方港机场在所有参数上都是最好的。那里的气候绝对好。这是一个人们可以很舒适生活的地方，而且整个地区必须根据度假村建筑学的原则设计，这样人们可以在那里安居下来。建筑必须以一种完全不同的方式，按美国人的方式构建它们：他们对土地免费或补贴，然后人们去建造自己的房子。他们住在那里并使用它，这样如果愿意，他们就可以待下来。

没有人愿意生活在拜科努尔。这是一个由政府建造的监狱。如果你看看科罗廖夫度过一生的小屋，他一年中有九个月住在那里——你会看到这是一个芬兰小屋，它花费500~1000卢布。如果你走进里面，你将看到一个浴缸和生锈的抽水马桶。这是一个非同寻常的人的住处，里面居然没有空调。拜科努尔的工程师，弗拉基米尔·涅斯特罗夫被授予奖状，但是我会惩罚他，送他去监狱。这些工程师擅长设计广场，但不愿意想到在这些极端天气条件下要住在五层楼混凝土建筑中的人是什么感受。这是多么丢脸!

为了发展未来的太空探索，整个系统必须立即恢复。必须建立学校以指导年轻的专家。没有他们，我们不能创造任何有价值的东西。你可以画任何你希望的东西，可以有许多想法，但是没有一样能被实现。有一所大学，但只在Energia研究中心，存在专家的问题和建设的问题。今年我要与一个小组访问东方港，看他们在做什么。建设部长告诉我，他们无所事事。我问他："住宿呢？"他说："飞机场建设完后有五层楼的建筑物留在那里——我们将使用它们。"

我能做的一切就是保持乐观。

阿列克谢和尼尔在拉帕尔玛岛的STARMUS 2011

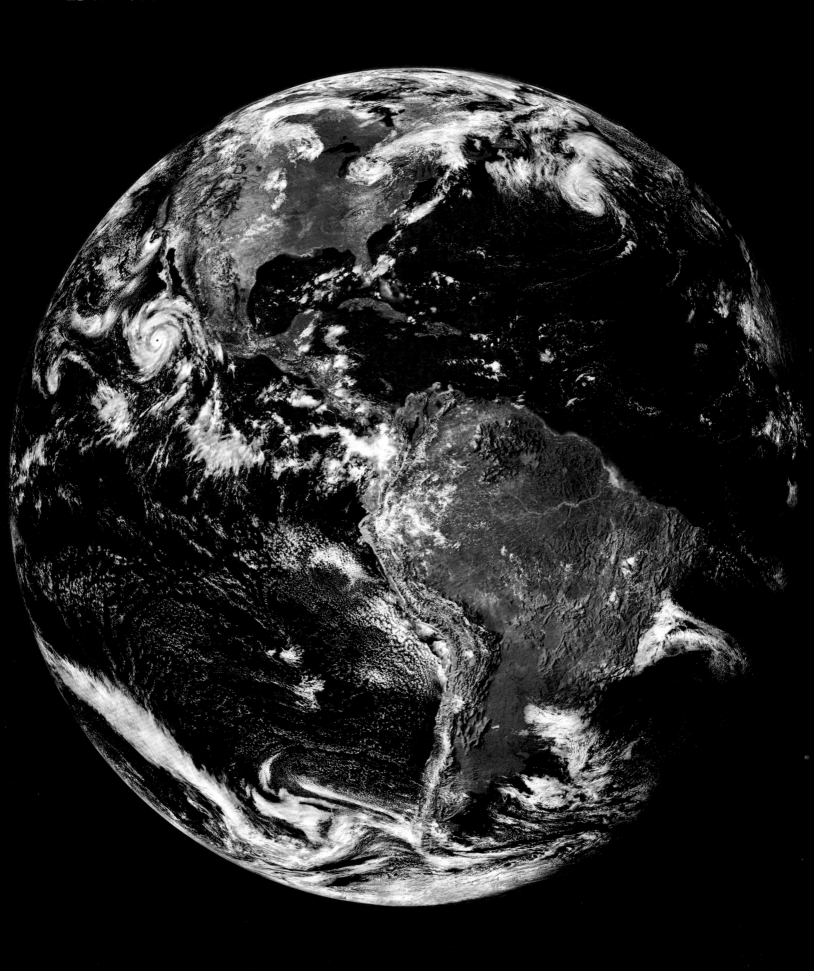

蓝色"大理石"。来源：NASA

布莱恩·梅

我们去太空做什么?

布莱恩·梅作为现代最著名最成功的乐队之一——皇后摇滚乐队的吉他手、歌手和作曲家而名扬世界。从1970年开始,梅和歌手费雷迪·默丘里、鼓手罗杰·泰勒以及贝斯手约翰·迪肯的不可思议的成功重写了摇滚乐历史。为人熟悉的、撞击人心灵的有:《将你震撼》《波西米亚狂想曲》《我们是冠军》《杀手女王》《收音机嘎嘎》,以及另外许多歌曲。1991年这个乐队因歌手费雷迪·默丘里的去世以极其纯粹的形式告终。但至今乐队还坚持参加一些活动。

大多数"皇后"歌迷还知道梅是天文学家。布莱恩·哈罗德·梅于1947年7月19日出生于伦敦,在他青少年时期因阅读帕特里克·穆尔的书而产生了对天文学的强烈兴趣,同时还对音乐有了强烈兴趣,迷恋于动物和动物保护,还有立体摄影。他在帝国理工大学学习数学和物理,天文学将成为他的职业生涯,也就在他接近完成关于《太阳系的黄道带尘埃》的博士论文时,皇后乐队走红了。

大约35年后,梅在帕特里克·穆尔及他的天文学家朋友加里克·伊色雷列的支持下重新完成他的高级课程,并于2008年得到博士学位。之后,他除了参加诸多的音乐、摄影和动物权利保护等活动外,还完成了两本天文学著作。

布莱恩·梅在STARMUS

由于我既涉足音乐,又涉足天文,或许被认为是STARMUS的理想撰稿人。但在这个团队中我感到非常惭愧。我作为一个天文学家,是帝国大学的天体物理博士,研究行星际尘埃的运动。而我成为音乐家已有40年,并作为皇后摇滚乐队成员和独立艺术家遍访世界。作为天文学家,我可以非常容易地有深度且满怀信心地谈及行星际物质的运动。作为音乐家,我可以权威地对你们谈在温布利体育馆10000瓦声响弹奏A和弦是怎样的感受。

但今天我选择谈的话题,也是加里克让我演说的——我知道这是从认识他后许多年已经谈到过很多次的话题——是我不能够自信地对付的话题。我有些不安,因为我不是该领域的专家。不过还因为面对着我们踏上过月球和太空的才华横溢的特邀嘉宾群体,我深深担忧,也许我的贡献是负面的,几乎不讨喜的。我必须说的一些是猜测性的,我希望我们的航天员之后能够直截了当地告诉我哪些部分是异想天开。

我今天站在大家面前,我的讲话既不是作为一个音乐家,也不是作为一个科学家,而是作为一个人。

我的讲话将是完全非技术性的。我认为我有不寻常的观点,虽然可能不比我们这里的受人尊敬的特邀航天员们更不寻常,但是因为我已经从纯粹艺术和纯粹科学的极端环境中了解了这个世界,我已领略了这个世界的方方面面。

我已经完全地陶醉于这次会议的话题。我感到着迷、激动和震惊,由于所有演讲者都回答了这么多关于我们对于生活其中的宇宙的所知的许多问题。

1986年,温布利体育馆等待女王的来临。
来源:版权皇后制作有限公司

令我惊喜万分的是，遇见航天员并从他们那里得知，他们如何分享他们的关切……他们如何关爱这地球、动物和人类，没有被分崩离析的人类。

我今天在这里的任务是仅仅提出一个问题。那是我不想回答的问题，但是我希望在聚会的人员中激起一些讨论——在这里的大多数人不仅是站在时代潮流的顶峰，而且对世界大范围有影响力。

我的问题是：我们去太空做什么？

在这个看似简单的询问中含有更多的含义。表面上看来，这是一个关于人类在探索环绕着我们地球以外的太空时的所作所为的纯事实问题。这个问题在很大程度上已经在这个伟大也是非常激动人心的会议上被回答了。

但是我的探询延伸到更深的问题，我们进一步探索宇宙的真实动机是什么，终极的问题是我们行动的动机是否无愧于人类在整个宇宙范围内的形象。换而言之，或直截了当地说：既然征服宇宙的大门已被才华横溢的天文学家、工程师和勇敢的探索者们打开了，而其余的人类是否已经准备好，或确实值得让他们去穿越这个大门？

然而，如果我们大量地穿越，我们要把什么带进太空？

这是如何开始的呢？非常神奇的是，人类首次冒险到环绕我们蓝色星球赋予生命

1962年9月，约翰·F.肯尼迪到达卡纳维拉角。来源：NASA

的大气薄层之外不过是半个世纪以前的事。20世纪50~60年代我们看到两个强大的国家——美国和苏联，处于所谓互相冷战的状态。双方都注入资金和人力建造空间火箭，把人类送入太空。其第一步非常类似于儒勒·凡尔纳的抛掷物，把一个小太空舱发射到附近空间，然后让它遵循自然抛物线轨迹，以自由落体方式返回地球。确定人可以在金属容器（第一个载人的运载工具）里接近真空的微小空间中存活，甚至穿着最早的太空服走出太空舱。我们尊贵的嘉宾阿列克谢·列奥诺夫用个人勇气证实了这个。

所以，人类可以进行太空旅行在现在是非常明确的。

接着发生了太空竞争。第一波是争取做一个把脚踏上月球的最早的国家。为了什么？是探索精神，还是发现精神，或纯粹人类的好奇？是的，这些都是的。我们知道站在美国和俄罗斯背后的两个人沃纳·冯·布劳恩、谢尔盖·科罗廖夫就曾经终身梦想登陆月球。但如果人类的好奇是唯一动机，为什么两个国家不合作？那是多么美妙啊，架一座桥梁，手拉手从事这样一项高尚的事业。但当然没有这么做，为什么？因为整个奋斗的潜台词是军事的，正如40年前冯·布劳恩在德国发明了V2火箭去轰炸伦敦。（在俄罗斯，科罗廖夫也正在做同样的事。）工作在这个项目上的航天员、工程师、天文学家都在共享这个梦。不过那又为何要投入数以亿计的资金去使这梦想成真？

嗯，我认为我们不可避免地认为这其中有各种完全不同的原因。征服月球看起来不仅赋予首先到达那里的国家以超级间谍的能力和武装力量，而且气派、冒险、勇猛以及显示出的强大的军事实力无疑会使所有国家屈服。事实上，隐藏在两个国家努力背后的势力，正是军国主义。我必须强调，我不认为这是军队的想法。不，我指的是政客必须通过武装力量来实现的军事野心，后者通常太了解政客的逻辑漏洞。

我们都知道登月竞争是以美国取胜而告终。但从那以后，人们想知道，对其动机，即国力发生了什么。是的，后来更多人登月；共有12名航天员在月球上行走过。但现在50年过去了，那个时代这么巨大的冲力迄今，在半个世纪后的今天，并没转化为殖民月球，难道不是不可思议的吗？

在那50年间人们见证了专业技术千百倍的增长，比如电脑技术、网络诞生。为什么太空探索的科技停滞不前？巴兹·奥尔德林在他的演讲中告诉我们，在首次登月成功后，目标变得很不清晰，很难获得对持续探测的支持。是的，那一定是这样的。人们不禁认为，当下的政治人物从继续向前推进太空探索中看不到任何即刻的好处。他们把眼光转向其他方向。而他们对此也很坦诚。

约翰·肯尼迪说人类探索宇宙的雄心是追求纯粹的知识，但是"星球大战"这个词被创造来描绘1980年罗纳德·里根总统发起发展无人操纵空间武器的野心，即所谓的战略防御主动权。与此伴随的是强大的土星火箭不再咆哮，以及月球被长期冷落。

我只能猜想，我在研究黄道带尘埃课题中，为了进一步研究它的运动需要大约1万英镑的申请最近被否决，而与此相比，大约3亿3千万美元被分配给NASA用抛射体撞击坦普尔1彗星，请不要告诉我这个决定与军事无关。我不怀疑完成了这一壮举的科学家的真诚。不过向这个世界证明，美国可以射中1亿英里（约1.61亿千米）以外的目标，对政客们该是何等的快乐。大量资金分配给太空探索的首要动机显然依旧与军事和政治权力紧密相关。

如果真是如此，我们能对此快乐吗？这是正确的动机吗？这就是我们要进入太空的原因？通过哪扇门？走向未来？我们需要带去军事野心？还有经济野心吗？政治、经济和军事似乎总是共谋的。我们要把经商时的贪婪和自私带进宇宙？我们一从月球太空

谢尔盖·科罗廖夫在滑翔机"科克特贝尔"的驾驶舱中。来源：NASA

沃纳·冯·布劳恩。来源：NASA

夜晚的地球。来源：NASA

船下来，当满眼都是麦当劳标志、肯德基炸鸡、古驰、欧莱雅、对冲基金、保险经纪人时，我们会感到快乐吗？

然而，我们还能把其他什么带进太空？嗯，或许继续我们当前的行为，是吗？

我们需要新陆地，是吗？地球是否已经太小，容纳不下我们？是吗？我们看到美丽的地球——这个唯一的完美的并适合我们和所有生物需要的地球被我们弄得如此伤痕累累了吗？正如理查德·道金斯提醒过我们的，在进化路径的顶峰的每种生物都值得和我们一起分享地球。

从远处遥望我们的星球，它看起来是如此的安静、清洁、温柔、一尘不染。它与其动植物，和独立涌现的生命间的微妙平衡一道经过数百万年的进化。但这个天堂、伊甸园，无法向我们哭诉它在人类变得极其强大的仅仅数百年间遭受到的伤害。现在我们已经很难想象，在地球被道路、混凝土和快餐连锁店覆盖的仅仅300年之前的面貌。

那真是生机勃勃。据说，库克船长首次停泊在塞舌尔岛时，海里的海龟众多，你甚至可以一直踏着龟背上岸。

据说，当横跨美国的第一条铁路铺下最后一根铁轨时，你可以从一个海岸抵达另一海岸，而没有一刻看不到野牛。

我们甚至不知从哪里开始评估我们对地球发生过的影响。加里克·伊色雷列不无讽刺地跟我说过，我们生产了如此多的光污染，以至于大部分人不能再从住处看到星空——所以，也许我们必须进入太空去看星星！

现在已经有成千上万的飞船碎片绕着地球嗖嗖穿行，用过的火箭碎片、废弃的运送工具、大块的机器、流浪的螺丝和螺母——当你冒险进入太空，如果它们以每小时17000英里（约27358.8千米/时）的速度砸到你身上，那就绝非好玩。

同时，让我们严肃地看待我们身边引起的混乱、来自人类的污染和它对地球的影响。

两天前，就在这个房间里，巴兹·奥尔德林说登陆火星将有利于人类。我们将在火星上学会维护和回收。它将教我们成为更好的人。我不禁要问，是否我们可能在征服火星之前就学习维护和回收，成为更好的人？几乎不需要指出我们以往对待地球的每个细节；仅仅200年间，我们就使得如此多的陆地动物灭绝，我们还将笃定同样对待生活在海洋里的生物。

我们中资深的、有30年潜水经历的人焦虑地发现，海洋在我们有生之年变得多么贫瘠。我们看到地球的大部分植被是如何被剥光的，那可是我们空气净化所依赖的世界之肺啊！我们将大量的污染送进大气，以至于不知是否正是我们自己引起了全球气候变化。

这难道就是我们要带入太空的那些行为习惯吗？

当前生活在地球上的每一个动物种类，都是进化的杰作，似乎逻辑上都与我们人类拥有相同的体面的生死存亡的权利。但不知何故，在繁衍我们种族的热潮中，我们头脑中的观念是，人类成了唯一重要物种。所以，我们现在心安理得地认为，以促进我们后代的名义，任何地球上的动物的牺牲都是正当的。假设我们就在明天找到我们如此兴致勃勃地寻找的智慧生命，我们将如何款待它？

就在此刻，数以亿计的动物——有知觉的生物——被限制在糟糕可怕的条件下，许多只作为食品生产而被繁殖。牛、猪、鸡、火鸡可怕地从基因角度任人摆布到这种程度，甚至体重使它们都站立不起来。一生持续疼痛的动物，只能遭遇猝死和夭折，它们受虐待的身体被包装送上超市架上。如果你想知道细节，请读一读乔纳森·萨佛兰·福尔写的《吃动物》。

这就是我们要带入太空的？

就在此刻，数以亿计的哺乳动物，有感觉、有认知的生物被限制在可怜的条件下，被剥夺任何感觉经验，遭受以科学研究、药物研究、制造化妆品和许多站不住脚的借口的虐待。我曾在英国的哈德文信托公司做过事。该公司已经证明，通过取代用于药物研究的所有动物，取消无谓的、不相干的、不确定的实验，医学可以加速发展，因为无论如何动物与人类对许多药物的反应不同。最悲剧的是，一种叫作反应停的药物经过动物实验以为对人类同样安全，这个治疗孕妇恶心的药方，导致一整代悲惨的多种先天畸形宝宝的诞生。

这就是我们要带入太空的？

就在此刻，鸟类被关在很小的笼子里，在它基本不能飞的条件下才被释放到英国旷野上，它们会被人类以体育的名义用枪打下来。就在此刻，骑在马背上的一群人会对他们在乡村所作所为撒谎，声称一群饥饿的狗，"偶然"发现一只狐狸，撕破其肢体。是的，他们把这种现在在英国已经是非法的活动猎狐，称作"体育"。他们声称以体育的名义残害野生动物是"人权"，尽管这个观念于2009年在欧洲法院已被严厉地摒弃。

这就是我们要带入太空的？

就在此刻，在政府帮助安置的支持下，那些集约农业导致了牲畜疾病的扩散，并随后感染周围的野生动物，他们强烈呼吁屠宰染上疾病的野生动物。英国政府最近宣布决定淘汰一些本地獾。尽管事实上，科学实验已经证明，杀掉獾甚至不会对他们要达到的目的有任何帮助，即控制牛结核病在牲畜中的传播。

这种对动物福祉的忽视就是我们要带入太空的？

就假设我们非常幸运在外太空找到动物生命，我们也将这样对待他们？

这就是我们如何对待地球上的另外的物种的态度。那么我们又是如何对待我们自己的同类？

阿姆斯特朗和奥尔德林把一块有价值的匾放在月球上，本周我们看到了它的一张照片，上面写着"我们代表全人类为和平而来"。我时刻坚信，这个想法出自他们的内心和头脑。但是可曾记得，许多年前当我们爱好和平的清教徒父辈开启的另一扇通往另一个新世界的门时，我们做了什么？我们做的无非是大量清除北美土著印第安人，连同他们赖以维生的水牛。我们奴役非洲人，因为我们认为他们不如我们那么需要自由和尊严。这是可耻的历史。

奴隶制在大约150年前才由威廉·威伯福斯的努力而被废除。是的，我们都知道贩卖人口还在流行。年轻劳动力被输入所有西方国家，而被禁锢在与外界世界不接触的条件下。儿童被诱拐用于堕落的娱乐行业，这在所谓的文明社会很流行。儿童被强迫在有毒垃圾中工作，搜寻最终将他们毒死的化学品，然而更坏的是，奴役他们的人使他们遭受性侵害以换取采集最好的有毒废物。我们为领土、为政治权力发动战争，我们称我们自己是维和人员，我们却同时用我们的武力对贫困国家发动战争，而且经常保护道德破产的政权。我们扮演上帝的角色，企图改变国家的领导来满足自己的经济需要。

我们虐待自己的同类与我们虐待动物的记录旗鼓相当。

那么，什么是我们要带入太空的？难道是所有这一切？

如果我们允许人们大量进入太空，谁能阻止一个国家在月球建立军事基地？或在很不易监控的小行星上建立军事基地？以及利用它制造下一个广岛？接下来的破坏行为是以维和的名义承诺或推广我们称之为民主的政治？也许接下来纽约、莫斯科、伦敦将成为下一个广岛。征服太空会突然导致极为严重的后果。

我们都知道哥本哈根会议的故事，是奥本海默和他的同事痛苦地迟疑不决，是否将制造原子弹的秘密给予他们的政府。我们知道结果是什么。将核弹从世界的政客那里拿回已经太晚了。不过，审视通往太空之门或许不太晚，不是将其关闭，至少要立下一些规定，阻止人的火暴脾气，阻止人的攻击性行为扩散到至今尚未被触及的宇宙。

让科学家、艺术家和具有理解力和同情心的人们，建立道德立场，掌握未来太空探索的缰绳，制定法律来制约对于地球外空间的探索，这是可能的吗？有可能让那些已经危害了地球家园的人，在外头行为得体吗？

也许这个门暂时需要开得稍小一点，把注意力投向在这个星球上数以百万计的饥饿的，或那些患了可以治疗的疾病而付不起医药费的人的身上。许多人质疑，在还有一个孩子遭受不必要的死亡，在还有人因信仰而感到痛苦，还有动物因我们获得快乐而受到折磨之际，是否还应该哪怕再点燃一个火箭。

这是一项无望的事业吗？我们是否可以得出结论，大量的人实在不值得离开这个蓝色的小世界，他们的所作所为仅是愚蠢地毁灭这个世界？

如果这里有任何一点消极，我感到抱歉。

事实上，我为是否应做这次演讲感到痛苦，没有人比我更喜欢求知。我热爱科学的

1986年，布莱恩在温布利体育馆舞台。来源：版权皇后制作有限公司

纯粹之美，它充实我的生活，就如同我热爱音乐的单纯之美，它滋养我的灵魂。我也曾经是个梦想成为航天员的男孩。丹迪埃是我的英雄，一个拥有荣誉、拥有勇气、能伸张正义的虚构人物，就如同在这些神奇的日子里和我们共享这个节日的当代宇航员。我们已经从其中的每个人那里都听到他们的决心，表示宇宙的未来一定将被每个国家共享。昨天晚上坐在我的房间里，我不想成为一个怀疑人类将会成功的人。

但是所有这一切存在非常积极的一面。此刻是诘问这个问题的机会。这可能是人类的一个新的开始，这个房间的许多人可以改变未来。如果你们，如果我们不提出这个问题，并采取某些行动，以确保我们得到正确的回答，还会有谁呢？

好，我最后再询问这个问题，如果我们真的敞开大门，作为有良心的科学家、艺术家和人类，我们能否找到一种方法，只传播我们文明的、体面的、高尚的部分？

要同情和怜悯，不要残忍。

要慷慨宽宏，不要贪婪。

要合作，不要冲突。

要和平，不要战争，所有生物共享自然的神奇礼物。

生命的神奇礼物。

在某种意义上，此刻我们都是新哥本哈根的参会者。

谢谢。

布莱恩和塔格林·杰姆在2011STARMUS 音乐会上

查理·杜克

吉姆·洛弗尔

第二卷

太空英雄

维克多·戈尔巴特科

人类最初的太空探险者们所面临的是迷茫的前景、技术的挑战和不可预见的危险。那些早期太空计划和任务克服逆境的故事，就像人类历史上其他一些珍贵的事件一样，激励我们至今。

早期的苏联宇航员维克多·戈尔巴特科将讲述他与同事，如尤里·加加林和阿列克谢·列奥诺夫早期的苏联航天任务，以及随后的联盟号飞船的飞行。

比尔·安德斯会回忆乘坐太空飞船绕月飞行时经历的第一次令他震惊的时刻，他在参与阿波罗8号的过程中，因拍摄著名的"地出"照片和朗诵《创世记》而被载入史册。

吉姆·洛弗尔讲述了在阿波罗13号上，当氧气罐爆炸，危及飞行任务和航天员生命的扣人心弦的紧急时刻的故事，让我们回想起太空探索和推动新技术前沿需要的非凡勇气和伴随的危险。

阿波罗号的宇航员查理·杜克将会描述在月球上行走和驾驶的感受，在一个陌生的世界收集样本进行研究的情景。

比尔·安德斯

联盟24号航天员：尤里·格拉佐大和维克多·戈尔巴特
科。来源：苏联空间项目

维克多·戈尔巴特科

是超人还是航天员？

维克多·瓦西里耶维奇·戈尔巴特科于1934年12月3日出生于苏联的克拉斯诺·可莱，他是苏联的太空计划中最卓越的航天员之一，也是一名苏联空军飞行员。1960年，戈尔巴特科被选为航天员，和尤里·加加林、阿列克谢·列奥诺夫一起开始接受训练。

他在阿尔玛兹轨道空间站工作(又称为礼炮5号，是民用掩护下的军事空间站)。戈尔巴特科为了苏联登月计划而受训，是联盟2号的候补机组人员，而这个项目最终被取消。1968年，他毕业于空军工程学院。1969年他作为研究工程师参加联盟7号飞行，后来担任联盟24号(1977)和联盟37号/联盟36号(1980)任务的指挥官。他还曾是上升–2号和联盟5、21、23和31号的备份机组人员。戈尔巴特科担任过体育部副部长，后来在俄罗斯空军工程学院任教。自1993年起，他一直担任莫斯科的AA和AL公司的总经理。

维克多·戈尔巴特科在STARMUS

我曾在我们苏维埃共和国的如此美丽的阳光明媚的摩尔多瓦工作。我们在营地里：主机场正在维修，所以我们建立了备用机场。我们在那里导航。出乎意料的是，我正准备飞行时，军团指挥官对我说："去见政治指导员。"我去找他，心想："我做什么了？"

进房间时我受到了欢迎。屋里除了政治指导员，还有特殊部门的代表。他们递给了我一张纸。我签字，承诺一切都是政府的秘密，保证绝不背叛它。当我签署好文件，他们命令："现在去见团部医生。"

我走进去，看到我们的医学手册。我们的医生和费多罗夫中校，一个来自莫斯科的代表，站在那里。之后，他成为医院部门的领导人。在医院里，他只为那些现任的和已经被选中的航天员工作。

他们开始跟我说话。不是政治指导员，而是医生问我："你的计划如何？是怎样的？什么时候？如何？你打算飞行到怎样的高度？"我回答："什么高度？在飞机飞行的海拔高度，大约20千米。"他们开始谈论更高的高度。"100千米怎么样？"我感到好奇，"那不是人造卫星（的高度）吗？""是的。我们推荐你。你已经被推荐了。我们给你承担任务的机会。我们将送你去莫斯科。但是你可以思考——不需要立即回答。如果你愿意，你可以先去看你的妻子。"

我的妻子在家，离机场约200千米。我想和她谈谈。但不提及太空，仅仅提到"试飞员"。之后，我也许想了大约1分钟，脱口而出："我同意!"所以大家都明白了，而家里人则一头雾水。

第一批航天员分队的组建成员都来自战斗机飞行员。第一艘飞船是单座的。可以在着陆之前救助降落。事实上，从战斗机飞行员中选取航天员是一个很好的选择。因为它结合了导航、指挥、驾驶、机务等所有与宇航相关的职业，这就是选用战斗机飞行员的原因。

由战斗部队司令部的推荐以及和我们共事的医生同意来选取第一批航天

联盟24号航天员在训练中。

来源：维克多·戈尔巴特科

员分队。我们中的几人被送往莫斯科航空医院以通过深入测试。第一批航天员分队需要通过12倍重力加速度（12g）条件下的旋转离心机的测试。只有我们组是第一批航天员分队。这里没有15~20g测试。顺便说一下，安纳托里·卡尔塔晓夫被推荐进入前六名，但在12g测试期间背上的毛细血管破裂而被取消资格，他的落选仅仅因为这一原因。

因此没有人被送去做12g过载测试。这是一个正确的决定，因为在超过载时会发生总崩溃。通常我们会进行承受8g。顺便说一下，所有的东方号都是以弹道式下降，这也就是为什么过载可以不超过8g的原因。超过20g的过载是当运载工具被分解时发生(瓦西里·纳扎勒夫和奥列格·马卡罗夫正在飞船上)。船员遭受20g的条件发生在受操纵下降时，发生的原因是因为飞船前后颠倒了。那时超载增加到20g。

在那些日子里，保密程度极高！例如，当我们进入茹科夫斯基空军工程学院，而在组成一年级时，有两人已经飞行过——尤里·加加林和盖尔曼·季托夫。我们是作为普通学生进入学院，而那里有许多我们没有看到和听到过的。

第一航天员分队被拍了很多照片，但在大众媒体露面的只是那些已经飞行过的人员。相比之下，我们更关注打网球和篮球。但有时你会在照片和电影之中看到你自己!随着阿波罗—联盟计划被推进，许多事情才被发表并公开。然后是国际宇宙项目。随着它的推进，第一批和第二批航天员照片也被发表了。

在我的第二次太空飞行时我负责拍照，当时我们正在阿尔玛兹空间站。为了保密，它被称为礼炮5号，但实际上这是阿尔玛兹3号。这是一个军事空间站。基本上，阿尔玛兹项目是负责侦察任务。我们只是执行计划，从地球轨道上拍摄很多需要的照片。当然，我们只有当天气很好的时候才拍摄，因为通过无人机拍摄的照片也在积累。我们拍摄基地、机场、在海上的轮船的照片。这一切都与军事有关系，但也有平民的镜头。

图片的质量很高。我们拥有被称为阿加特的装置。它有一个1米的屏幕，分辨率也有1米左右。但它占据了一半的空间站！我们与尤里·格拉科夫关系很融洽。20世纪60年代保密对我们来说是非常熟悉的工作。以至于娲娅·加加林都不知道尤里将要上太空。那时，我担任莫斯科的中央管理职位。

我早上出去时，打开收音机。我有两个孩子。妻子这时会问："你为什么打开收音机？"收音机会弄醒孩子。所以我总是会早早出门。她说："我直到后来才想到这是为什么——当他们宣布飞行成功的时候。"直到电台播音员提到加加林的飞行为止。六年的准备一直处于保密中。

我们会接受技术教育，但那是中等的。每个人都有专业飞行的文凭。后来一些人会接受工程师的教育。起初，我们并没有足够的教育水平。仍然需要大量的工程知识，这就是为什么工程师会加入进来。

在茹科夫斯基空军工程学院时，收获很大。当时只有一个我们的航天员分队和一个瓦伦提娜·捷列什科娃为首的妇女分队。知道我们有什么文凭吗？飞行员-工程师-航天员。只有我们有这样的文凭：第一个航天员分队和妇女分队。我们于1961年入学，并于1968年离开。但是我们没有如普通大学生那样的正常的学期。我们学习一个学期，然后通过考试，然后假期，然后又有一个新学期。

谢尔盖·科罗廖夫曾与每一个航天员一起工作过。当然他会参与飞行计划，但不做具体准备。他没有参加，但他出席了前六次的考试。考试直接在飞船上举行。尤里·加加林是第一个通过了驾驶东方号考试的。

联盟24号航天员在训练中。

来源：维克多·戈尔巴特科

我们的一个学期当中学时大约750小时。从9月开始，而结束则要看我们自己，不一定在1月。有可能在4月，5月甚至是在6月才通过。当学期结束，我们就开始休假。

其他的学生不知道我们是干什么的。但当加加林、季托夫等人出现时，你就会明白情况。然而，我们会在一起上课。当然其他学生会慢慢猜到我们是做什么的。再后来我们就有了一个单独的小班，并单独听讲座。一切都是分开的。需要做实验工作时，我们就从希卡洛夫斯卡亚去莫斯科的学院。

那些没有飞行任务的人在学院期间是不允许出国的。但是加加林和季托夫被获准了！后来，慢慢地，其他人也能够出国了。我第一次出国是1969年到1970年去朝鲜。

当然，最令人印象深刻的时刻是加加林的飞行。我是在初选的六个人当中，我也希望能够参与飞行。飞行这件事本身给我深刻的幸福印象。我们所有人都做好了在外层太空飞行的准备：帕维尔·贝尔亚耶夫、阿列克谢·列奥诺夫、叶夫根尼·赫鲁诺夫和我。但医生将我排除在了飞行名单之外！

维克多·戈尔巴特科、尼尔·阿姆斯特朗和阿列克谢·列奥诺夫

在我的心电图里有一个小异常，原因还没有搞清。医生认为是心肌炎。首先是，我在飞行前大约两个月时被取消参与准备任务。接着，他们让我放假，然后是其他的，等等。但我拒绝了一些。我不想错失我在学院的课程。

我开始经常性地滑雪，虽然我来自南方。滑雪并不是为了去桑拿！体能训练是关键。当列奥诺夫和帕维尔执行飞行任务时，我正在医院进行康复训练和在听关于他们的节目。我为他们终于上了太空而感到高兴。当我在莫斯科，在列宁山修养时，他们已经完成了飞行。最后一个晚上我的检查结果出来了，一切健康。我证明了我是健康的，诊断是错误的。那个小异常是扁桃体引起的，它们被切除后一切又恢复正常了。

然而，第一次和第三次飞行是不同的。最大的区别是：加加林之前，我们对太空飞行是没有任何经验的。而在我前面有两次飞行，他们告诉了我很多。但是你依然必须自己去体验！

即使是这样的时刻！当你收到出发命令，第一感觉是冲击性的。你感觉好像在上升的火箭当中，而椅子早就被移走悬挂在空中。这就是你的所有感觉！

随后，当我们在轨道上，位于地球的阴影里时，那时我们刚离开了明暗交界——地球看起来已经变暗了，但轨道上依然阳光明媚。在明暗交界的时刻你会看到很多尘埃，这些尘埃微粒在光束中，就像靠近飞船的星星！不禁让你认为这是美好的欢迎问候！星星围绕着你！虽然你知道，真正的星星是如此的遥远。

当你俯视地球，大洋、大陆、大海飞快地掠过，你改变了"地球是巨大的"这一观念。它并不那么大，因为你可以在89分钟里绕整个地球飞一圈。你能飞过整个世界！太难忘了！

通常我们认为，从轨道上看，最美丽的景色是日出日落，以及你所见到的地球上的一切事物。这时候，在极少数人到达过的地方，你会觉得被巨大的幸福所笼罩。

比尔·安德斯的著名照片"地出"。来源：NASA

比尔·安德斯

美国早期的空间计划

威廉·艾里森·安德斯于1933年10月17日出生于香港,他的父亲是美国海军军官,他很早就从事飞行。他在南加州长大,并被航空吸引,在1955年毕业于美国空军学院,同时还从位于俄亥俄州的代顿市的美国空军理工学院获得了核工程学硕士学位。

安德斯早年在冷战时期作为战斗机飞行员翱翔蓝天。1963年他被美国国家航空航天局选为了第三批航天员,并在1966年被选为"双子星11号"任务的后备队员。两年后的1968年12月21日,他在第一次月球轨道任务阿波罗8号中担任登月舱飞行员,同行的是指挥官弗兰克·博尔曼和指令舱飞行员吉姆·洛弗尔。

作为这一历史使命的一部分,安德斯在月球轨道上拍摄了著名的"地出"彩色照片,并参与全球直播的著名的《创世记》朗诵。

从1969年到1973年,安德斯担任国家航空航天委员会行政秘书。他参与了各种商业活动,还担任过美国核管理委员会主席,而现在为美国空军预备役退休少将。

比尔·安德斯在STARMUS

为了理解月球计划的来历,了解阿波罗计划的背景很重要。早在20世纪50年代,苏联和美国就陷入相当残酷的冷战。双方都不信任对方,都拥有核武器并都时刻准备着部署它们。我们有一个被称为"确保相互毁灭"的针对双方的战略——这丝毫不值得宽慰。至少在美国我们都会挖防空洞,而如果苏联做同样的事,我也不会惊讶,因为有着如此正当的理由。

我的早期空军职业生涯是追逐俄罗斯入侵冰岛领空的轰炸机,我们将其戏称为"熊和野牛"。可能我的一些航天员同事也做过同样的事。冰岛之后,我驾驶过现代高速超音速拦截机——信不信由你——这架飞机上有三个核弹头火箭,因此我们不仅可以一次击落一架飞机,还可能击落整个轰炸机队。

要是在过去,如果一个初级空军飞行机长在旧金山上空在翼下带着这些东西飞行,会让我觉得匪夷所思,但那时候可是冷战时期。那时候美国有一个真正的偏执狂。约瑟夫·麦卡锡作了如下的国会评论。他暗示所有人,甚至哪怕只是加入了工会,就是一个共产主义者,而共产主义者在美国历史上被认为是危险分子。那时候存在一个忧虑:艾森豪威尔(以及后来他的继任者)担心所谓的"导弹差距"。如果你拥有核武器,并想要发射到哪里就发射到哪里,一种方法是用导弹,而美国在这方面(导弹定向)远远落后于苏联。

苏联人造卫星引起了我们对这个问题的极大关注。我认为这方面也是苏联——现在的俄罗斯——没有得到足够肯定的成就。的确,它让所有人都吃惊,这也成为我们制订自己计划的一个巨大诱因,不过这个小科学仪器,重量只有85千克,不是很大,并且以今天俄罗斯和美国的标准来看都不是特别复杂精密——但这是一个重大成就。它对美国是一个重大的冲击。

四年后尤里·加加林的飞行对此更是火上浇油,那是在人类前进历史上充满意义的真正一步。

水星计划中围绕地球公转的微小单人飞船，那时被称作"胶囊"。在卡纳维拉尔角的机库里，在它们被吊起来并与一枚运载火箭配套之前，对它们进行核查。抗热瓦片覆盖其尾部。来源：NASA

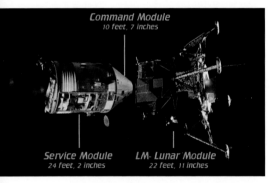

阿波罗11号指令舱连接着服务舱和登月舱。来源：NASA

双子星7号的航天员弗兰克·博尔曼和吉姆·洛弗尔看到的瓦利·斯奇拉和汤姆·斯塔福德的双子星6-A号飞船。来源：NASA

我们今天在这里是为尤里太空飞行五十周年举行一个迟到的纪念仪式。尤里获得了极为瞩目的关注。他是苏联的英雄，但我也要向当时的苏联和它的伙伴们能够完成这个了不起的壮举表示敬意，这是人类探索宇宙的重要一步。尤里被一个非常可靠的火箭送上天。他在地球轨道上飞行了108分钟，并成功返回，剩下的描述都早已载入史册了。

在我们国家，火箭总是爆炸——它们有这样的坏习惯。我开玩笑对现在的朋友阿列克谢·列奥诺夫说，我们的德国人不如他们的德国人启动得好。沃纳·冯·布劳恩长期为此作补救。这是我国载人航天面临相当严峻的问题的时期。

1961年，航天问题促使肯尼迪总统发起美国要在60年代的十年中登上月球的挑战。当他这样宣布时，很多人惊呆了。许多人认为这是不可能的。我们中的一些人对这个任务能否成功抱有疑虑。尽管如此，阿波罗计划就这样开始了，在这十年之内登陆月球的挑战也就这样开始了。

我们的工程师和太空领导们制定了工作步骤。我要用图示向你们展示这个步骤。这一张图上有用阿特拉斯火箭发射的一个单人水星飞船，而它们即将证明人类确实可以在太空中生活和工作。苏联项目的主治医生，奥列格·加律科曾用动物进行实验，证实了这一点。当然，尤里也证明了它。在太空生活、工作并存活，在过去很多理论认为这是不可能实现的。

在那之后我们发射了阿波罗的先驱，双人的双子星飞船，来检验我们的月球轨道会合技术，证明我们可以在一个航天器上加入另一个航天器并对接。这幅图显示了登月舱连接着指令舱和服务舱。这个小三角形像冰淇淋杯一样的部分是返回部分，即服务舱，同时又是一个引擎，帮助我们在月球轨道减速，也在返回途中负责加速。这个部分就是吉姆·洛弗尔在阿波罗13号遇到的小问题发生的地方，双子星由泰坦火箭发射，是一个洲际弹道导弹，而土星五号是个重新设计过的运载火箭，为此我们必须把大部分功劳归于沃纳·冯·布劳恩和他的团队，是他们使阿波罗计划的各种概念变得可行。

这是一幅水星飞船图：这个空间对于一个人来讲都算是很紧凑的了。而双子星比水星更拥挤。吉姆·洛弗尔必须与弗兰克·博尔曼在这个小空间中共处两周。你们没订了婚再回来吗，吉姆？但我们不会问的！

阿列克谢·列奥诺夫对我们带来的另一个冲击，导致美国人意识到要学的还很多。在爱德华·怀特驾驶双子星4号飞行之前，阿列克谢就已成功地在太空行走过了。在美国人们普遍认为，我们的项目比强大而有竞争性的苏联项目落后很多。这个插图显示吉姆·洛弗尔和其他人进行双子星6号和7号的对接。接下来我们继续讲述阿波罗计划的进展。

这是土星5号，一个巨大的火箭。它不像俄罗斯的N1那么大，尽管如此，它仍是一个庞然大物：第一级、第二级、第三级，然后是护罩，这是携带登月舱的部分。阿波罗8号上则没有携带登月舱。

完全加满燃料时，这个火箭重达600万磅，约272万千克。第一级内的燃料将在大约两分半的时间内烧完，并让我们达到超音速速度。然后控制第一级脱离，它坠入大海。第二级则几乎可以把我们送入轨道。接下来，第三级只会燃烧一部分，以便让我们进入地球轨道。这时候我们会仔细检查飞船系统，然后再点火，之后第三级会把飞船加速到每秒35000英尺(10608米/秒)，使我们逃脱地球的引力，如果你愿意的话只要飞船被指向了正确的方向，这时候我们就已经在去月球的路上了。

这幅图显示了第三批航天员——对吉姆·洛弗尔我感到非常抱歉，尽管我在互联网

阿波罗8号的发射。来源：NASA

1963年10月18日宣布第三批航天员。他们是(坐在前排的由左到右)埃德温·E. 小埃尔德林、威廉·A. 安德斯、查尔斯·A. 巴塞特二世、艾伦·L. 比恩、尤金·塞尔南和罗杰·B. 查菲。(站在后排的由左到右)迈克尔·柯林斯、R. 瓦尔特·坎宁安、唐恩·F. 艾塞尔、西奥多·C. 弗里曼、理查德·F. 戈登、罗素·L. 施维卡特、戴维·R. 史葛和克利夫顿·C. 威廉姆斯。来源：NASA

在内华达州的沙漠存活训练。来源：NASA

比尔·安德斯和尼尔·阿姆斯特朗站在皮特·康拉德和迪克·戈登的后面。来源：NASA

上到处找，仍找不到第二批航天员的照片。这里是第三批阿波罗航天员。这就是早些时候比较年轻时的我。巴兹·奥尔德林早先向你们演讲过的。我没有能得到你的照片，查理·杜克，由于你后来才参与到计划中来。

我们的轨道比苏联或俄罗斯轨道更近赤道些，如果我们不得不终止计划并迫降的时候，航天器将在水上降落，所以我们需要在游泳池做存活训练。也要练习在沙漠存活。

我认为今天我不敢穿着像这张照片里一样在美国招摇。那在内华达可是时尚。这张照片上是我们在做丛林存活训练。我正在鼓捣鬣蜥。有人告诉我蜥蜴尝起来像鸡肉，但是我可以负责任地告诉你，它的口味像蜥蜴。

我们做了很多地质培训。我们中的一些人比其他人更喜欢它。地质培训也是我的一个主要兴趣之一。当我还是个孩子的时候，我是一个(他们称之为的)石头王。事实上，地质培训结束前加里克将带我在培训地作一次地质旅行。地质培训对我没有多少好处，因为我没能足够接近地看月球的细节，不过关于月球的细节，查理·杜克会告诉你一点。

我们也研究环形山。月球环形山的形成是由于陨石还是火山的影响，或者两者皆有影响，在当时还不是很清楚。所以我们去了能找到的每一个坑，它们大多数是火山影响形成的。研究环形山很有乐趣。我们学习和训练如何在六分之一地球重力加速度的月球上活动和前进。之前我们很害怕可能会一摔倒就爬不起来了。我没有机会做到实际体

丛林存活训练。来源：NASA

验，但查理可以告诉你，它实际上是非常容易的，我认为，如果你看着这些家伙在月球上玩耍，真的非常有趣。

最终，我完成了训练计划，和尼尔·阿姆斯特朗一起被指定为后备船员（左下角图）。

这幅图上我与尼尔、皮特·康拉德和迪克·戈登在一起。我原先以为，这张照片是为了报道最终登上月球的人员而拍摄的，但接着——这是吉姆·洛弗尔和巴兹·奥尔德林，他前几天向你们讲演过，如何进行缆索训练——最后我们选择了阿波罗任务组执行任务（查菲，格里森和怀特）。

我们都认为一切进展顺利，然而阿波罗1号发生火灾。那真是一个糟糕的消息，一个真正的打击。我不得不告诉帕特·怀特，她的丈夫已经死了。回想起来，这是我们项目管理和设计的一个巨大的错误。我们在压力为15psi（约为103.4 kpa）的百分之百氧气中做了那次测试。在这种情况下，几乎任何东西都可能快速燃烧，果然，他们遇到了一小点火花，在瞬间就都死亡了。

这是坏消息。好消息是，这促使了对阿波罗飞船的全面检查。我和我的同事们一致认为，如果没有这场火，而计划继续进行的话，我们可能就无法成功降落到月球上，因为这次事故让我们找到了所有不好的设计特点——粗制滥造。这就为计划的继续进行铺平了道路。令人欣慰的是，我的同事吉姆·洛弗尔和弗兰克·博尔曼领导其中一个评估团队，而领导人基本上让工程师和像博尔曼这样的人畅所欲言。如果某人发现一个问题，就算当时情况再怎么尴尬，也会把它提出来；我们必须要修复它。我不确定现在的NASA是不是仍旧在这么做，但至少就是这个做法挽救了阿波罗计划。

对我来说的另一个坏消息是，洛弗尔和奥尔德林的双子星号飞行做得非常完美，以至于尼尔和我将要进行的飞行被取消了，但我们得到了一个安慰奖，飞行登月训练飞行器。尼尔和我属于第一批飞行者。（我没有登陆月球，吉姆也没有；查理登月了，但他没有飞行训练飞行器。）我认为不做这个训练的话，登月将是非常困难的。我们都在1g环境下在直升机中训练。不过，如果你能够考虑并计算力学、空气动力学、停止力学以及所有这一切，各种力都和在1/6g环境下不同。但是只要能够练习在1/6g的环境下起飞、停止和降落，飞行的结果就会有很大的不同。而我尝试了。

一天上午，瓦莱丽和我们的五个孩子来看我们。那天下午和第二天下午，尼尔飞行了飞行器。我们俩谁都不知道，那个飞行器有一个隐藏的缺陷，一个传感器坏了，尼尔用它训练时，最后一次着陆没有成功。于是我们后来只能使用剩下的一个登月训练飞行器。我觉得在那之后只有指挥官能够被允许操作这个训练飞行器了，我觉得很幸运在那之前进行了飞行。查理，那次由于你没飞，错过了某些东西！

接下来的情况是继续进行阿波罗计划，我认为是这场火导致团队进行了重组。我和弗兰克·博尔曼、吉姆·洛弗尔联手组成阿波罗8号团队。

这幅图是站在阿波罗任务模拟器前的我们。NASA真正投资的一件仪器是地面模拟器。它们简直逼真得惊人。我不了解水星计划，但我很清楚双子星计划的模拟器。在阿波罗计划中，登月舱模拟器和指令舱模拟器都是非常逼真的，我们在那里花费了几个星期的时间。然而事实上，它们给我们制造了各种各样的问题，多到以至于在飞行期间，我有点失望（没遇到那么多问题）。虽然我不愿去向人炫耀，但我知道如何对付这个家伙。

我们的任务是什么？嗯，最初是一个登月舱高轨道测试。我被分配负责一个登月

吉姆·洛弗尔和巴兹·奥尔德林正在测试月球缆索梯。来源：NASA

阿波罗8号乘员，吉姆·洛弗尔、比尔·安德斯和弗兰克·博尔曼。来源：NASA

阿波罗8号任务徽标。来源：NASA

比尔·安德斯爬出16g离心机。来源：NASA

阿波罗8号航天员的离心机训练。来源：NASA

阿波罗8号在加尔维斯敦湾做出舱训练。
来源：NASA

舱，我们要在高地球轨道上测试那个登月舱。中央情报局认为，苏联要做高轨道的绕月飞行。也就是后来变为称作Zond项目的无人测试。关于那个也许阿列克谢·列奥诺夫稍后可告诉你一点。所以我们有点紧张，认为苏联又要向我们炫耀了，加上所负责的登月舱飞行计划还远远落后于预定计划。

当NASA宣布"好，我们准备交换这些飞行任务的顺序"时，我认为这是一个勇敢的管理决策，如果阿波罗7号成功了(这是与土星号的指令舱和服务舱相同，但体积更小的版本的第一次飞行)，他们就会把首次载人的阿波罗8号用土星V送离地球，脱离地球轨道，以及围绕月球。而且不仅围绕着它，还将进入稳定的绕月轨道，测试最终登月飞行的阶段。

我现在放映的图是我们的徽标。吉姆·洛弗尔是一个真正的艺术家，他设计了这个，所以如果你需要一个标志，可以跟吉姆说。可以说，这张图里大致上画出了我们的飞行轨迹，尽管实际上我们绕月飞行了10圈。坦率地说，对于我们几乎没使用过阿波罗的人，大家都有些担心，更何况这次我们不仅要进入绕地飞行的轨道——进入绕地轨道本身就是个挑战，还要进入月球轨道。NASA擅长邀请家属来观看发射和飞行，方便他们知道事情的发展。

在家属待着的屋子里有个"扬声器"，我们这么称它，它对声音传输大约有5分钟的延迟。万一我们被炸毁了，他们会有足够的时间关闭它，所以我们的家属不会听到爆炸和尖叫。

阿波罗8号航天员比尔的妻子瓦莱丽·安德斯和女儿、弗兰克的妻子苏珊·博尔曼。来源：NASA

这幅图上是我的妻子瓦莱丽、弗兰克的妻子苏珊·博尔曼(吉姆，我找不到你的新娘的照片)，还有我的女儿，现在她是三个男孩子的母亲，她们正在看着她们的爸爸和弗兰克、吉姆在去绕月飞行的路上。

我们在离心机上做了大量训练。这幅图上，弗兰克在指挥官的位置，吉姆和我在边上。我们的计划是在水上降落。我们的国土无法和俄罗斯相比，没有很多土地可供降落，这显得有点不足，但是这里存在大片的水域，而我们也有大批海军，所以我们的工程师把降落仓设计成在水面降落，虽然在理论上它也能够在月球上紧急着陆。

该图显示气球被放置成使得如果登陆时太空舱被颠倒过来上部朝下，气球会膨胀并且把太空舱翻转，并使正确的那面朝上。

这张图拍摄了得克萨斯的任务控制中心。这位是你可能听说过的短头发的飞行指挥

发射前。来源：NASA

员基因·克兰兹。我觉得这个人是参与了你的飞行的弗雷德·海斯，吉姆。一旦火箭离开发射台他们就接手了指挥台。

这是在发射台上的土星5号，加满燃料准备发射。宇航员们准备离开去发射台，虽然我可能看起来有点疑惑。由于飞船拥有5.5psi(37.92 kpa)压强的氧气，当我们一旦进入轨道，就需要预呼吸氧气，这样压力降低时我们才不会得减压病。穿梭机项目和所有俄罗斯计划只是呼吸常规的空气，我认为那个方法更简单也更聪明得多。

这幅图拍摄了1968年12月21日上午的发射。这枚火箭正发动750万磅（约3.34×10^7千克）的推力，它正要升起这600万磅（约2.72×10^6千克）的航天器。所以加速度把速度从最初的零开始，慢慢地提升上去。巨大的F1引擎来回摆动，使得顶部摇晃得很厉害，而在你看不到的高处，我感觉自己像一只老鼠，被夹在猎狗巨大的口中。里面的噪声大得令人难以置信，火箭来回抖动，而我却专心注视着系统的指标。

阿波罗8号发射。来源：NASA

弗兰克·博尔曼，他在失重的情况下。来源：NASA

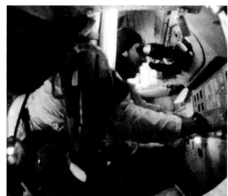

吉姆·洛弗尔，他在观赏星空。来源：NASA

如果有什么不对劲，我认为自己根本什么也做不了。就算我们不得不终止发射，互相之间也无法交流，周围实在是太响了。弗兰克·博尔曼后来告诉我，他聪明地让手松开终止手柄。所以有大约20秒的时间，我们的飞行器几乎是无人控制的！之后我们就以接近超音速脱离了发射台。

在背面的插图展现了我们的各阶段工作，首先丢弃了第一级并点燃下一级。接着在大约11分钟内，我们会进入地球轨道，这是定时相机拍摄的火箭轨道。这些都是伟大的

安德斯抓住上面的东西。来源：NASA

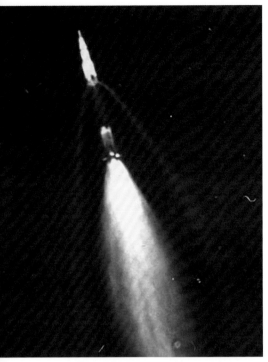

第一级火箭脱离。来源：NASA

这张地球风景是安德斯最喜欢的照片之一。来源：NASA

地球的风景，如此美丽，在整个飞往月球旅途中我们都能看到它。

如果你仔细看看，这是南美洲、南极。赤道就在这里。这个"V"形状被称为热带辐合带。当然，这是美国。热带辐合区最近有了麻烦。那就是法国航空公司447班机在前往特内里费时，大约就在这里分解了。

随着我们的远去，地球变得越来越小了。飞行途中我们没有看到月球。我们被告知不要试图寻找它。飞船被用一种特殊方式定向，使得我们在途中很难看到月球。因为当时地球上的月相是极细的新月，这意味着太阳在月球背后，我们觉得，朝着它看将会伤害我们的眼睛。所以我们也没有去看月球。在月球背后的时候，我们需要逆行，引擎被点燃了大约4分钟，让速度慢下来。这时候我们基本上被月球的引力吸引着。因此这台发动机肯定还要再工作一次，方能让我们加速离开月球。

月球的背面非常粗糙，陨石坑随处可见。而朝向我们的一面则平滑得多。地质学家仍然对此苦思冥想。如你所知，月球面对我们的一侧是被潮汐锁定的。正面稍微有点摆动，但基本上面朝着地球，正面也是较光滑的一面。月球背面有齐奥尔科夫斯基火山口——我希望我发音正确——他是著名的俄罗斯早期的火箭科学家，有点像美国的罗伯特·戈达德。我认为这实际上是由俄罗斯高空探测器之一到月球背后拍摄的第一幅"地出"的黑白照片。当然还有吉姆·洛弗尔一直声称他拍摄的著名的"地出"照片，然而我幸运地在第四次公转到月球背面时拍摄了它！

1968年的平安夜，我们朗诵了圣经第一诗节。我不能代表吉姆和弗兰克的想法，但至少我不是出于宗教原因而朗诵的，而是因为不管你是一个基督徒、一个犹太人或其他任何人，这些都是很严肃的话语。大多数宗教都有创世的故事，我们认为它们将有助

阿波罗8号看到的月球背面。
来源：NASA

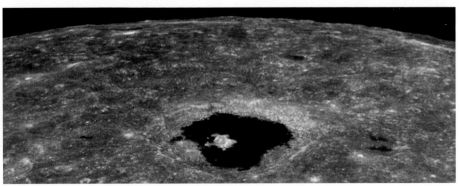

月球背面的齐奥尔科夫斯基环形山。来源：NASA

于强调人类迈出离开地球第一步的意义。尤里的飞行是人类第一次进入太空；而我们的飞行是人类飞离地球的第一步，也因此我们做了朗诵。我们在月球背后重新点燃推进系统，从而获得足够回到家园的速度。导航系统非常准确，我们根本不需要作纠正就可以准确地回到地球。

有人问我，当吉姆和弗兰克在睡觉时谁在控制飞船，我说艾萨克·牛顿在控制，因为回程需要飞行240000英里（约386000千米），我们大约以每秒35000英尺（约10668米/秒）的速度到达大气层。与苏联任务不同，根据我的理解，他们在回程路上有一个反弹飞行，路过地球之后再返回，而我们是直冲进地球大气层。我想那时候，我们的隔热瓦在离子罩外的温度会上升到约6000℃。如果用固体物质直接作为制造材料附着在表面，我们就会被烧毁。

我们在晚上回到地球。我问作为前辈的吉姆和弗兰克，"这是什么光？"弗兰克说这是日出。我说如果真的是日出的话，那么现在我们正直冲着太阳飞去，因为看上去天越来越亮。我感觉自己像一只在喷灯火焰中的小虫子。

右边第一张图的中部是指令舱，而这些条痕是在返回之前被抛弃并被破坏了的服务舱碎片，这张照片是飞往澳大利亚的飞机上的乘客透过窗户拍摄的。

深夜，我们降落在塔希提岛附近。这是一次艰难的着陆，宇宙飞船受到很重的碰撞，并被翻转，飞船顶冲在汹涌的波浪中颠簸。这个过程真的非常艰难。吉姆·洛弗尔和我出身于海军学院，相对好一些，但是这段时间对出身陆军的弗兰克·博尔曼则太难熬了，他晕船。也许这就是为什么他没有再次参与飞行！也许这也是为什么我没有再飞！不管中间过程如何艰辛，当太阳升起之后，潜水员在直升机上向周围虎视眈眈的鲨鱼射击，在环绕宇宙飞船四周部署大救生筏。约克城号航空母舰也来了。我认为悬挂在从直升机拉下的绳索上这件事是整个任务当中最危险的部分了，我觉得回来之后，站在航母甲板上是我体验过最好的感觉了。

这是载着我们完成飞行任务的"坐骑"。那是个了不起的工程设计，而这个航天器现在存放在芝加哥。我们收到林登·约翰逊总统打来的电话，还收到了在芝加哥和纽约游行的人们的欢呼。

我们从阿波罗8号得到了什么？我们为之后的阿波罗飞行披荆斩棘，但是我认为阿列克谢——他不在阿波罗8号上，但他肯定做了很多其他事情——说得很对：地球很小、非常漂亮也非常脆弱。它是我们需要学会如何照顾的对象。环保运动已经让我们明白了地球之脆弱，但地球之小的意识仍然正在渗入人心。从诸如"地出"照片和哈勃拍摄的照片，人类已经得知，我们的家园不是宇宙的中心。

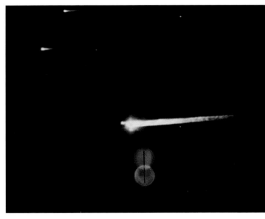

指令舱快速穿越地球大气层。
较小的条痕是抛弃的服务舱的碎片。来源：NASA

在救生筏中的指令舱。来源：NASA

约翰逊总统的祝贺。来源：NASA

登月舱被提上航空母舰。来源：NASA

"休斯敦，我们遇到麻烦了……"来源：NASA

天穹乐音

吉姆·洛弗尔

阿波罗13号："休斯敦，我们遇到麻烦了……"

吉姆·洛弗尔在STARMUS

吉姆·阿瑟·洛弗尔没有想他第一次渴望的登月会是整个阿波罗登月计划当中最危险的时刻。1928年3月25日他出生于俄亥俄州克利夫兰，早年全家搬到威斯康辛州的密尔沃基，在那里上高中期间，他对火箭和飞行产生了强烈的兴趣。洛弗尔后来就读于威斯康辛大学麦迪逊分校，之后转到美国海军学院，毕业后开始了战斗机飞行员的职业生涯。

1958年，洛弗尔成为一名测试飞行员，被选为水星计划的候选航天员。但由于体格原因，洛弗尔没有成为水星航天员，但他又被选为了双子星4号的替补队员，1965年12月作为双子星7号任务的飞行员进入太空。他后来与巴兹·奥尔德林一起执行双子星12号任务。直到1966年，他已经成为当时在太空当中度过时间最长的人。

洛弗尔作为领航员，与弗兰克·博尔曼、比尔·安德斯一起参与了人类第一次绕月球飞行的阿波罗8号任务，并参与了著名的《创世记》节日朗诵。

原本NASA想让洛弗尔担任阿波罗14号指令长，但当他们发现阿波罗13号的指令长艾伦·谢泼德需要更多时间准备飞行，他们就把阿波罗13号和14号的乘员进行了对调。1970年4月11日，指令长洛弗尔与杰克·斯威格特、弗雷德·海斯开始了阿波罗13号的月球之旅，而两天后，加热线圈故障，使氧气罐着火，导致爆炸，损坏了宇宙飞船。

月球登陆计划流产，航天员尽了最大的努力才好不容易返回了地球。这个场景创造了人类太空探索史上的最令人恐惧和英勇的瞬间，这些瞬间被体现在了那句著名的"休斯敦，我们遇到麻烦了……"当中，并因电影《阿波罗13号》而不朽。

1973年，洛弗尔从太空计划退休，建立了几个成功的企业。

环绕月球……你只不过在240000英里（386000千米）之外。你可以伸出拇指，把它放在窗口，拇指的背后是整个地球，当你用食指遮住地球，你会意识到我们所有人真的是那么微不足道。地球多么小，实际上，地球就像是一个拥有有限资源的宇宙飞船，大约有60亿名航天员在这个飞船上生活和工作。

我认为，这是我们三个人从太空中得到的最真实的感悟。现在我要继续演讲，告诉你们一些关于其他的飞行任务的事。

阿波罗8号后当然是阿波罗9号飞行任务。阿波罗9号原本打算做阿波罗8号要做的事，不过阿波罗9号还额外携带了登月舱。他们带着分离的登月舱进入地球轨道，测试了会合过程，发现一切测试过程都很顺利，我们对于两个飞行器一道工作的所有想法都被正确实现了。

吉姆·洛弗尔在阿波罗8号发射架前。
来源：NASA

然后，我们实行了阿波罗10号的飞行。阿波罗10号是登月过程的彩排。有时也有人会问，既然你们已经到达了那么远的地方，为什么不着陆呢，这是人们一直在提的问题。

然而，事实上是，他们和指令服务舱以及附着的登月舱向月球一直飞去，接着围绕月球公转，然后分离登月舱，朝着着陆点下降，然后在大约50000英尺（15240米）处停下来——这是我们训练的任务过程，如果有哪一步出错了就停止任务，回来和指令服务舱会合，然后回地球。

而那是我们实际尝试月球着陆之前的最后一次飞行。我们都知道，阿波罗11号成功登陆了月球。我想巴兹·奥尔德林两天前在这里事无巨细地告诉了你们这次特殊飞行的一切。

我可以给你讲一点离题的话，但是是非常有意思的话题。世界上，也包括美国，有很多人不相信我们的阿波罗11号真的降落到了月球上。他们认为，我们只是为了在这次飞行上击败可怜的苏联，而在西得克萨斯的某地伪造了这次飞行的事实。因此，我们快速准备好了阿波罗12号，并在11月将它送上了天。

他们降落在另一处平坦的区域，是在阿波罗8号任务当中我们寻找到的一处合适的着陆点，为了给之后登陆计划中的航天员生存的最大机会，这些都需要是平坦的区域，我们称之为玛丽亚或"海洋"。

阿波罗11号降落在静海，之后的阿波罗12号降落在了风暴洋。事实上，这两次降落是如此成功，以至于他们都降落在距约两年前勘测飞船降落地点的步行距离之内。所以他们走了过去，看到了两年前通过远程控制已经登陆的这个飞行器。

到阿波罗13号的时候，科学家们终于决定要带月球物质回来进行研究，而实际上，阿波罗11号成功带回了月球物质，尽管那不是它真正的使命。它的使命是要证明，用我们已有的技术，已经可以成功登上月球，并安全地把人带回。

科学家们说："看，我们已经做到了登月并带人回来了。"我们想开始进行阿波罗的科学计划。所以，他们说，我们希望有人能够降落在月球的高地。那里的土壤要好得多，物质组成可能与平地不同。我们知道在高地的表面有喷出物，那到底是由月球形成早期火山活动过程中被甩在那里的，还是由于陨石撞击而形成的？来自高地的土壤可以告诉我们很多类似于这样的关于月球内部的信息。

因此阿波罗13号被指定去叫弗拉毛罗的一个地方。弗拉毛罗是一个在月球正面的视面中心附近的大型火山口，而我们要降落在火山口周围的山上或高地。

这次飞行的发射于1970年4月11日13:13美国中部标准时间进行。现在在美国，阿波罗13号是一个非常晦气的号码，而我那时本应知道会出事。

巨大的土星5号升空，正如比尔已经说过的，这是一枚三级火箭，首先进入地球轨道，在到达月球之前我们会检查指令服务舱和登月舱。第一级工作完美完成，抛弃第一级后我们点燃了第二级的五个引擎。第二级的中心引擎关闭时间比预定提早大约2分钟。

发生了什么？我们在这个时候就遭遇危机了吗？我们的燃料足够吗？我们有足够的燃料进入地球轨道，接着有足够剩余的燃料提供我们沿正确的路径到达月球的速度吗？

不过幸运的是，工程师超标准地建造了这艘飞船，我们做到了。进入了地球轨道，检查我们的飞船，在远离月球的地球的另一边，我们第二次点燃第三个引擎，它给了我们足够的速度，让我们沿正确的路径一直往月球滑行。

这个路径被称为自由返回路径。它之所以叫自由路径，是因为万一宇宙飞船发生什么事，例如如果我们的飞船引擎在去月球的路途中坏了，而我们无法手动操作，像这样的事情发生之后，我们仍将一直沿着正确的轨道去月球。而且当我们通过月球时，月球的引力也会使我们速度减缓，并把我们的方向扭转回来，将我们对着地球，让我们有可能经历一个通过地球大气层并安全着陆的路径。从阿波罗8号到阿波罗17号的每次飞行，都考虑到了这个额外的安全保障因素。

嗯，起飞大约30小时后，一切都很顺利，我们接到来自控制中心的电话。他们说："吉姆，如果你想在弗拉毛罗着陆，需要让太阳在视野当中的某个适当位置，以便你可以看到月面上岩石和大石的阴影。"因为月球上没有大气，如果太阳当空直照，地面上的一切都会因为过亮而非常不清晰。这时候你真的看不到很多。然后他们说："嗯，我们必须让你们离开那个自由返回轨道。"

然后，我们检查了我们的飞船，以确保它们是没问题的，它们很正常。我们的两个航天器现在连接在一起，即称为水瓶座的登月舱和称为奥德赛的指令服务舱。我们在指令服务舱进行所有的操作，而登月舱这个时候是断电的。

所以我们控制飞船达到他们指示的姿势，点燃了操纵引擎，它正常地工作着，并把我们逐渐推到去月球的新轨道上，我们把这个轨道称为奔月的混合轨道。

不过，现在如果宇宙飞船发生什么事情，例如我们刚刚测试的引擎突然坏了，那么我们会在一个让我们直接飞到月球的轨道上。

之后，当我们通过月球时，和之前一样月球的引力会使我们速度变慢，并且最终把我们扭转回来，把我们的前进方向对着地球，但这次，我们的飞行路径上，最接近地球的一点将在距离地球数千英里（1英里=1.609千米）之外，这个距离比能够被地球大气层捕获并安全着陆的距离远得太多了。

就我个人而言，我并不担心。这是我第二次飞往月球，也是我第四次飞到太空中。到了这个时候，飞行过程的一切对我而言都是熟悉的，星星、景观、声音甚至气味都是熟悉的，因此我们准备很舒服地享受为期三天的月球航行。

两天后的某个时间。我看着我的飞行计划，这是让地球上所有人了解我们所作所为的电视节目播出的时间。我拿出了相机，而登月舱飞行员弗雷德·海斯进了断电的登月舱。我拍摄他和他正向人们介绍的一切东西，而正当我穿过隧道回来，回到我们的母舱，突然响起"嘶"的一声。

宇宙飞船来回摇晃，紧急灯亮了，噪声骤起，喷嘴起火。嗯，我抬头看着我的同伴弗雷德·海斯，他也不知道发生了什么。我看看我的同伴杰克·斯威格特，他也没有头绪，最后我们回到指令舱，并坐下来试图弄清楚刚发生了什么事。

大约就在那时，一盏灯亮了，这盏灯告诉我们某些地方断电了。我还没来得及理解这个信息，又有两个灯闪烁，是警告灯，我们三个燃料电池中的两个刚刚坏了。

燃料电池是一个产能设备，我们在此取液态氧、液态氢，并将其结合，以获得电力和水。我们的任务规章规定，如果失去了哪怕一个燃料电池，登月就要取消。不过只需要一个燃料电池就有足够的电力使你环绕月球一圈安全回家。所以我们当时真的很失望。

地质学野外训练期间，阿波罗13号航天员弗雷德·海斯和吉姆·洛弗尔观察夏威夷希洛附近的熔岩流特征。来源：NASA

从阿波罗13号观测的月球背面的斜侧景象。

来源：NASA

"你的意思是我们不能登上月球吗？这是我来这里的唯一原因，虽然我已经到过这里一回……"

接着我飘到飞船的中心附近，我抬头看了看检测仪器，该仪器告诉我两个巨大的液态氧罐子的状态，罐子存储在宇宙飞船后端，被我们称为服务舱的区域。我看到其中一个罐子的量表指针读数变成了零。

而当我看着第二个氧罐的量表，发现指针开始逐渐轻微地下降，但在飞往月球途中正常使用氧的情况下，你永远看不到这种现象。

女士们，先生们，那一刻我真是万箭穿心。我当即深陷困境，不知如何摆脱。

然后我飘向我们的伙伴杰克·斯威格特坐的地方，我看到窗外，某种气态物质正高速逃离我们的飞船。

我很快意识到气体在逃逸，氧气罐上的倒数第二个量表上的指针明确表明，我们将很快失去所有氧。

我们同时还需要使用氧在燃料电池中产生电能，因此当这个情况发生，最后一个燃料电池将很快被耗尽。

我们也将失去所有的电力。因为飞船依靠电力控制和驱动我们的火箭发动机，一旦发生断电，我们将失去整个推进系统。

我们在非常非常严重的困境之中。在飞船内部，有一个小氧气瓶和一个小电池，但它们只是在最后阶段通过大气层返回地球时使用的。不幸的是，在爆炸发生时，我们已经远离地球约200000英里（322000千米）。因此，我们不得不围绕月球一圈之后才能回家，这个过程需要90小时。当然，在爆炸的时候我们正朝着远离地球而去的方向。

不管你信不信，在地面任务控制中心的人根本不相信所发生的一切。

我们设计航天器要注意两件事。第一是设备必须非常非常可靠，第二是设备和材料要有过剩。因此飞船上不仅有1倍，甚至有2倍或3倍的替补材料。

当所有三个燃料电池都损坏，两个氧气罐都耗尽，我们在一段时间无法与地面通信，而计算机离线时，地面人员说："等一下。不可能在飞船上同时发生所有这一切。这是不可能的。一定是因为航天器的通信受太阳耀斑爆发的影响。"他们继续说："肯定是由于这个原因，仪表盘给我们的读数全错了。"

而在宇宙飞船上，我们清楚地知道到底发生了什么事。在任务控制中心也意识到有真正的麻烦之前，我和弗雷德·海斯在隧道入口碰头，走进断电的登月舱，试图以某种方式使用它，让它作为一个救生艇带我们回家。

向不清楚登月舱的人解释一下，这是一个非常脆弱的航天器，它没有隔热板，也不是为了回地球设计的。它只能够承载两个人。并设计成只能提供45小时的生命所需资源。只有当你在月球轨道上才会发动它，然后你利用它降落和探索、升空、会合、对接，完成这一切使命之后，它就被抛弃了。

但是它只是为承载两人而设计的，我一直数着船员人数——1,2,3。我只知道，我们遇到了严重的问题。但我们都忘了考虑这个问题还要延续多久。我们进入登月舱并打开我们需要的所有怪异的电子系统、制导系统、计算机---顺便一提，它们使用电池，而不使用飞船的燃料电池——我们启动了这些电子设备，灯光都亮了起来。直到这时，任务控制中心才意识到，我们必须做点什么。所以他们说："首先，我们认为你们最好回到自由返回路径。"

我认为这是个好主意！我以为这是个好主意！因为即使我们没有成功地降落在地球上，也以某种方式进入地球，要比在长达240000英里（386000千米）的轨道上成为几乎永远公转的太空计划的永恒纪念碑要好得多。

我告诉控制中心，指令舱的所有设备都没电源了；我们必须使用登月舱来做这件事。他们说："好吧，使用原本用来正常登陆的登月舱降落引擎来推进。"

我回答说："好，那我们就这么办了。"他们说："这是操纵回到自由返回轨道姿势的方法。"

于是我开始操作，使用登月舱的小喷流调整姿势，以回到该轨道，我在太空计划中学会的很多东西都在后来创建企业的时候得到了应用：在这里总是会发生让你意料不到的事。

在阿波罗13号危险的归途中，捕获的地球家园图像。
来源：NASA

当我正在操纵试图获得正确的姿态的时候，或者说我尝试着进行操纵，那个时候飞船持续剧烈地回转了一阵。我想向右操作的时候，它却往左转了，我想往上升，它却下降了。发生了什么，为什么我的输入总是得不到正确的反应？

然后我忽然明白了。我们已经给登月舱多加上了60000磅（27215.5千克）静负载：指令服务舱的重量。

指令舱是唯一有隔热板的部分，我们需要利用它通过大气层返回。登月舱的设计过程中从未考虑过附加重量。而现在整个飞船的重心在左边区域的某处，因此我不得不逐步学习，在短时间内，从头再来操作一遍。当我给一个输入时，必须知道输出是什么。但女士们、先生们，你会很惊讶地发现，当在紧要关头时，你会学习得多么快，最后我们得到正确的输入输出对应关系，我们点燃了登月舱——或者说我们点燃了引擎，一切顺利，它再次把我们移动到自由返回轨道。

与此同时，我们现在的位置已经非常接近月球了，大约只有25000英里（40233.6千米）远，月球占据了整个登月舱的窗口。我们已经离开了地球的影响范围，月球的引力现在控制着飞船，已经可以尽情地庆祝这件事了。飞船以约每小时2000英里（3218.69千米/时）的速度逃离影响区域，并开始加快速度。

与此同时，我非常耐心地等待任务控制中心提出一些好主意，因为我意识到我们登月舱上的用来冷却这些电子系统的水的量不足以让我们返回地球。关于氧，我们用于登陆月球表面的生命维持背包有一些，所以也许足够用了；而电力使用方面，如果我们以和过去同样的速度消耗，剩下的电力是不足以把我们送回地球的。最后，当月球越来越大，越来越大时，地面指挥中心传信息过来说：

"我们制订了一个计划。我们认为，当月球拉着你们调转方向，直到飞船朝向地球时，让飞船第二次点燃登月舱引擎，这样也许可以让电池电力持续足够长的时间来将飞船加速，在电池耗尽之前使飞船返回大气层。"

这是件最重要的事。我说："这是一个好主意。我们没有更好的主意。"他们说："现在你们需要等一会儿。请准备一会仿效我们指示的动作，我们正准备派一个船员

阿波罗13号任务全体成员，在南太平洋海上降落并恢复后，登上美国海军硫磺岛号航天器回收舰。走出救生直升机的航天员从左边开始是登月舱驾驶员弗雷德·海斯、指令长吉姆·洛弗尔、指令舱驾驶员杰克·斯威格特。

来源：NASA

到模拟器进行尝试，检验这些程序是否有效。如果它们可以成功运行的话，我们会逐步发指令给你们。"

我回答说："我的两个同伴现在都和我在一起，他们都听到了，因为我知道当我们到了月球的另一侧的时候，将失去和地面的联系。"他们说："好的。"然而没过一会他们就又打电话回来了。

这一次通话当中，他们说："好了，这些程序似乎都可以顺利工作，你准备好模仿了吗？"我回答说："我准备好了。"然后我就开始模仿该过程，我想此时我的同伴们也在非常专心地聆听，以免我错过了一些步骤。

于是我看了看我的同伴们，然而他们根本没有在关注来自地面的消息。他们手中拿着相机，看着月球。一个人正在调整快门速度，另一个人在调整光圈大小。

我脱口而出："各位！各位！你们在干什么呢！"他们说："吉姆，当飞船转到月球远地的一端，我们准备拍一些图片，你知道，我们从来没有在地球上看到它的另一边。"

"如果我们回不了家，你们就根本不可能把它们冲洗出来！"我回答。接着他们说："你已经来过了，但是我们还从来没看到过这个景象呢。"于是他们接着拍他们的照片，而我得到了程序！

2.5小时后，我们第二次点燃了发动机，使发动机连续运行了4.5分钟，以便在回家的路途中将飞船的速度推得越来越快，越来越快，接着把它们关掉。然后，我们关掉了所有的电子系统，要是没有这些系统，你就不可能从太空返回地球：制导系统告诉我们飞船相对于天球的姿态。我们需要它来导航，但是现在的情况下，它耗费了过多的电力。

关了它。

在电脑的内存里有导航需要用到的恒星信息。同样，我们负担不起电脑的电力。

关了它。

稳定系统，两个飞行器的自动驾驶仪。我们也无法使用其中任何一个。

关了它们。

我们拥有的仪器当中，现在唯一在运行的是与地球通信用的无线电和一个使空气流通的小风扇。周围似乎安静下来。当周围变得安静时，你会开始想，也许发生什么糟糕的事了。杰克·斯威格特来找我，并说道："吉姆，我一直在想：我们的速度可能超过逃逸速度。"

向也许对于那些不熟悉逃逸速度的人做个介绍，我走出这家旅馆，假设没有大气，如果我能以稍超过每小时40233.6千米（逃逸速度）的速度，将棒球扔向太空，棒球就不会返回地球。它将逃离地球。所以如果我们以这种方式（超过逃逸速度）错过进入地球的机会，这将意味着我们已经完了。不过我说道："杰克，你不记得吗？我们回到了自由返回轨道。"这个轨道将保证我们能够通过大气层，并顺利在地球着陆。

那么在月球飞行中，是怎么做到这一点的？让我们假设，在大气层当中，有一段短而直的通道。从月球回来之后，我们必须进入一个夹角，大约只有2度的大气锲型中。

这个锲型的角度不能小于5.5度或超过7.5度。我们必须切入该楔型内才能安全着陆。如果我们进入的角度太浅，就会像打水漂似地被弹走，我们就完了。如果我们进入的角度太陡峭，过大的加速度会让我们成为持续时间只有几秒钟的火流星，也完了。我们必须进入2度的饼状楔型当中，这就是自由返回轨道。所以我说："杰克，别担心，我们已经做到了。"但我错了。我接到任务控制中心的电话，他们说："吉姆，我们不知道你做了什么。我们已经跟踪了你的位置一段时间。发现你已经不在自由返回轨道上了。"对此我回答道："非常感谢。我们听从指示关闭了导航设施，飞船现在已经负担不了开动它们需要的电力了，因此我们正在凭感觉飞行。"

他们回答："嗯，我们明白。你还记得阿波罗8号的飞行吗？还记得在飞行手册背后的那些紧急程序吗？如果所有的正常应急程序都失败了，就翻到最后一页，试试这些。"

我紧接着告诉他们："我记得在阿波罗8号上的那些程序，我在训练当中帮助他们完成的。但在阿波罗8号之后，为了节省重量我们将它们从手册当中删除了，因为我们认为它们一点也不好，根本没有用处。"他们回答："你现在只能使用这些程序了。"

最后一页所指示的操作需要由我操纵这两个飞行器，不用自动驾驶仪，使地球出现在登月舱的窗口外。你们都看到过从太空看地球的照片，有白天、黑夜和两者之间的界线。在地球上称两者之间的界线为晨昏线。在太空中，我们称之为明暗界线。

在登月舱有个十字丝瞄准器。如果我能以某种方式操纵航天器姿势，使地球处在登月舱的窗口，然后把十字丝的水平线对准地球的晨昏线，就可以使引擎处于恰当的位置，进入大气的角度是陡峭还是过缓取决于在登月舱窗口的是地球的白天还是夜间，以及我是不是在正确的时间点燃了引擎。这就是整个调整过程。对于你们中那些可能想去太空的人，最好做一下笔记。就在此刻我望着杰克·斯威格特，说道："杰克，现在飞船上的所有东西都是关闭的。连时钟都不运行。但你有手表，你负责告诉我什么时候启动引擎，并且告诉我何时停止。"我看着弗雷德·海斯。弗雷德当时生病了，然而我还是说："弗雷德，我知道当引擎发动后，没有自动驾驶仪来帮助我进行调整，靠自己的话我永远无法把地球控制在窗口。我负责掌握手动操纵杆，防止地球上下移动太多，你需要掌握手动操纵杆防止横向移动过头。"他说："好的。"

我的控制台一边有两个按钮。一个是"开始"，另一个是"停止"。这些是电池和发动机之间的直接电开关。通常，它是从电池连到完成所有工作的计算机，然后再连到发动机。但是我们现在提供不起电力。

杰克在正确的时刻点击了开始按钮，发动了发动机。我以垂直方向看着地球，弗雷德水平地看着地球。14秒后杰克说"停止"，我按下停止按钮。然后我们接着等待，直到从地面的跟踪得知，我们是否已经回到能返回并安全着陆的位置。

女士们，先生们，要不是我的同伴，我今天就不会在这里演讲了，但我们做到了。我们降落在了太平洋，落在正常任务应降落的附近。我们提早了两天到达地球。

从报纸上读到阿波罗13号乘员安全登上硫磺岛号航天器回收舰的消息，撤销了他们已经为我们安排的精制讣告。
来源：NASA

查理·杜克

阿波罗：超级冒险

查尔斯·莫斯·杜克于1935年10月3日出生于北卡罗莱纳州夏洛特市。1972年他成为第十位，也是最年轻的月球行走者。杜克从小就对飞行感兴趣，他于1957年毕业于美国海军学院，并于1964年从马萨诸塞理工学院获得航空学硕士学位。

杜克成为一名海军战斗机飞行员，并曾驻扎在位于西德凯泽斯劳腾的拉姆施泰因空军基地。他还教授飞行训练的课程，1966年，他被NASA选为第五批航天员。他是阿波罗11号支持团队队员并担任了航天舱通信员。1972年4月，杜克担任阿波罗16号登月舱飞行员，和船员约翰·杨以及肯·马丁利开始了他的登月之旅。

他已退休，并在得克萨斯州家的周边参加各种各样的活动。

查理·杜克在STARMUS

当阿波罗计划宣布时，我是一个年轻的战斗机飞行员，在德国的拉姆施泰因驾驶着F-102。不知道你们还记不记得，肯尼迪总统宣布我们将执行上月球的计划时，美国人只有15分钟的太空行走经历。但是正如巴兹·奥尔德林说的，我们一定要登上月球，并且还要安全返回。我们都喜欢安全归来的部分！

当时，我没有想过要成为一名航天员。我嘲笑肯尼迪："是啊——他说一定要做到。但是我们只有8年时间去做这件事。这根本就不可能!"

但事实是，八年零两个月后，当他们登陆月球时，我正坐在任务控制室与航天员对话。从计划的宣布到完成只花了八年零两个月，对我而言这几乎是难以置信的。

今天，如果宣布一个类似的计划，我们在八年零两个月内甚至连构想都写不出来！能成功完成的就更少了。今天的情况就是如此。阿波罗计划的进行是为了赢得太空竞赛的政治决定。结果却成为有史以来全人类最伟大的科学成果之一，至少我是这么觉得的。我们不断拓展科学知识，不断通过学习提高能力，而在这里和两位阿波罗8号的代表，与弗兰克·博尔曼在一起做演讲对我来讲是一份巨大的荣誉。因为我觉得，阿波罗8号是美国宇航局进行过的最危险的、风险最高的任务。阿波罗8号是我们的第二次利用指令舱进行飞行（却已经要飞向月球了），只有很少太空飞行经验的团队被选择进行这次登月之旅，阿波罗土星5号也从没有过载人的经验。

所以，这是一个非常冒险的计划，是一个极其危险的任务，但他们成功了，而阿波罗计划在逐步向前推进。阿波罗9号、10号、11号每个航天计划都成功了；阿波罗12号在升空中遇到严重问题，它被闪电击中，燃料电池断开，船员们失去了他们所有的电力；但土星火箭是如此坚固，它不停地飞行，把飞船一直送入轨道，船员们最终修复了他们的宇宙飞船，他们继续飞往月球并成功着陆，正如吉姆·洛弗尔谈到的那样。

至于阿波罗13号，那时候我是弗雷德·海斯的登月舱替补飞行员，如果他出了什么问题，或其他船员有状况——假如他们断了一条腿，或者生病了，约翰·杨、杰克·斯威格特和我就需要替他们飞行。不知道你们还记不记得，41年前的那个时候，我患了麻疹，NASA的医生觉得很震惊。一般只有小孩子才会患麻疹，为什么一个航天员会患麻疹？但我就是患了麻疹，还使两个团队的所有队员都接触了病源，而除了肯·马丁利以外，所有人以前都患过了麻疹，都已经免疫了。非常遗憾的是，他被取消参与这次飞

艾德·米切尔和阿波罗14号在月球上。来源：NASA

行，由和我一起参与训练的杰克·斯威格特替补。我们的培训的完美，正如比尔·安德斯提到的，到了令人印象深刻的程度，吉姆·洛弗尔说，在四五天的时间内，船员们就已经准备就绪可以出发了，而且还是和一名一起训练了还不到一个星期的机组成员一道出发。

我们的培训如此规范，并如此充分，培训过程当中，随时会有人进来代替某个人继续培训——我不赞同这么做，但事实上我们就是这么做的——所以后备的概念对于阿波罗计划是非常重要的。阿波罗13号结束后，我想美国国家航空航天局做了一个非常重要的决定，一个大胆的决定，继续阿波罗计划。我们已经完成了登月的目标，那为什么要继续呢？NASA认为，我们有了进行科学研究需要的运输工具，有了足够程度的科学知识，也想继续研究地外物体，因此让NASA继续飞行任务，通过带回的陨石和实地探测不断加深我们对月球的了解。

由此，阿波罗14号的飞行计划就开始了，它降落在吉姆·洛弗尔和他的阿波罗13号船员原本想要降落的地方——弗拉毛罗。他们在月球上待了两天。这幅图上是艾德·米切尔。和后来的任务当中一样，他们没有月球车；而是有个装载地质学仪器的运输小车。这里面是他们携带的小型电影摄影机。这个像高尔夫球车的手柄的东西，是为了让他们能够在月球表面拉动车与地质仪器。他们还利用了ALSEP包，这是阿波罗计划预定携带的在月球表面的包含了一些实验工具的功能包。阿波罗14号安排了两次月球行走，利用ALSEP背包，收集了几磅月球样品，可以说，收集月面样品的过程当中，我们正在进行月球科学探测呢。

着陆点被选在月球的正面，以便使阿波罗8号在地质学和样本获取上都得到最大的利益。约翰·杨和我建议我们可以登陆月球的背面，看看那里到底是什么样子的，但是指挥中心回答："绝对不行，我们说过，登上月球的时候我们不会让你降落在月球的背面。"月球登陆全都在月球的正面，赤道的北部和南部附近，因为这是阿波罗的能力所在。

这幅图上是航天员们在月面上绕圈行走的脚印。他们在月面上步行了超过2千米，这是阿波罗的一个很棒的成就。

为了最大限度地使在月球上的时间和地质探索得到科学收益，最后的三次使命，从阿波罗15号开始都被称为了J任务。我们的登月舱有更多的电池，更多的氧，更多的冷却水。总的来说，有更多的消耗品。你也可以认为，我们拥有更多的燃料。我们还有一个月球车。这是一辆由马歇尔太空飞行中心工程师设计的车辆，并由AC德科公司做了电子设备，波音公司负责了装配。这幅图上的是高增益天线；它直接指向地球。但是在月球上，你必须停下车，竖起天线并对着地球，才有足够的功率将小型电视摄像机的信号传回地球。

我们在地球上有三个信号跟踪站：一个在澳大利亚，巴兹·奥尔德林提到的；一个在西班牙马德里；还有一个在加州戈德斯通，每一个都有70米大的接收碟。他们可以收集这些信号，并给你相当清晰的画面。我们还有一个彩色摄像机，安装在月球车的前面。只要把它打开，任务控制中心的一位工程师就可以控制该相机。他可以平扫四周，也可以升高降低，他可以拉近拉远以及调节焦距。这样我们只需要顾我们预定要做的事，相机则由他负责。

月球车是电动的，带有两个28伏100安的电池。每个轮子都有自己的电动机。轮胎是用金属丝，基本上是钢丝编织的。当我看到它时，说道："这是我见过的最蠢的轮胎。"但设计了轮胎的那个人了解月球表面，他知道这样的设计会使得我们驱动的时候，轮胎陷入月球表面，缝隙之间就会塞满月尘。因此当你驾驶时，轮胎之间满是尘

阿波罗14号航天员的脚印。来源：NASA

埃。而这给了我们的月球车巨大的牵引力。这辆车可以在月球表面爬25度的斜坡。它在地球上重约500磅（226.80千克），在月球上重80磅（36.29千克），但它可以载重1100磅（498.95千克）。

和在地球上的车辆相比，我们现在拥有一辆非常轻便却非常结实的车。控制器是一个手柄，推它时月球车向前进，往后拉时刹车。当向左拉时，前轮向左拐，后轮向右转，因此月球车拥有双重转向。如果你想往回倒车，只要翻转开关，向前推动手柄，月球车就可以后退了。但我们没有后视镜，所以看不到后面。

美国国家航空航天局官方照片中的查理·杜克。
来源：NASA

约翰·杨正在向美国国旗致敬。来源：NASA

所以一般情况下没有人要使这辆月球车倒行。不过有时你会遇到一种情形，有时候需要让月球车转一个U形大弯，才能转身上路。有时你会发现没办法转弯，这时约翰就在他那边下车，我就在我的这边下车，我们一起把它拎起来掉一个头。我告诉你们，在月球上你会感觉自己是个超人！"我的妈呀，看，我拎起了我的车！"

约翰是指挥官，他开车，坐在左边的座位上。我是导航员，坐在右边的座位上。我们有一套地图，可以指示我们从某个地方到另一个地方。如果你在正确的地方着陆，地图就是有效的。幸运的是，我们的确降落在了有效着陆点，在离我们目的着陆地点仅仅几百米的地方。这是非常令人激动的，顺便说一下，在所有对我的采访中，关于月球上最令人兴奋的事情是什么，我都会说："着陆是最令人紧张的事情。"因为如果着陆不好，它会使你懊丧一整天。

鉴于开车穿越月球很崎岖，我们都扣上了安全带。在轻微的引力作用下，月球车弹跳得很厉害，每个车轮都有独立的减震器系统，在车的后面有一个月球工具架，携带了研究磁学实验的工具，诸如耙、钳和透度计和其他之类的东西，它使得我们就算离开阿波罗月球实验包也仍旧能做很多地质学实验。

我们在月球上用陀螺导航仪导航。月球有残余磁性，但没有磁场。那么要如何校准陀螺仪呢？我们只能假设影子指向的方向是西方。当我们降落时，太阳大约在东方月平线以上15度，所以当你到达时可以清楚地看到环形山；你可以根据表面反光知道月球的表面倾斜方向是朝向你的还是远离你的。约翰负责飞行操作，我对他说，往下降，我们到了，该着陆了，就如其他船员那样做，落在面貌有点暗淡的月球上。我的意思是不太

查理·杜克在更衣室准备阿波罗16号任务。
来源：NASA

亮，也不太暗。事实证明我们的校准精确度在1度之内。太阳总是停在东方，我们都知道在月球上从日出到日落要持续两周。阿波罗在月面上待72小时，因此那段时间是月球上的白天。总是在月球上的一天中的早上，因此，阴影总是指向西方。

我们启动月球车，把车辆前端背向太阳，定向陀螺仪上有一条线，我们只要把车转得使西方在陀螺仪的顶部的线的下面，我们的方向定位就出来了。在右侧车轮上还有一个里程表，以告诉我们行驶距离。

"好吧，约翰，让我们沿120度方向走2.2千米，然后向右转到140度再开1千米。"然后就到A点了。打个比方说，A点是Plum环形山或Flag环形山，或类似的地方。这种寻找环形山的方式就像穿过森林寻找一棵树。当你驾车穿越月球表面，你会不断疑惑边上的那个是否真的是你要寻找的环形山。在大多数时候，我们能准确发现要寻找的环形山，但在少数情况下，我们会放弃，"好吧，这里已经足够接近我们的目标，我们准备在这里结束行驶。"

这幅图上是年轻时候的我，穿着前一代的飞行服。你可能看到过土星火箭，比尔·安德斯谈到了火箭的振动。他没提到的一件事是，阿波罗飞船的窗户在这一刻，在上升时，被覆盖着发射防护罩，因此就算你想看也看不到外面，除非通过一个在舱门的窗口，它在中间座位的背后，但对我来说很难回头看到那个舱门的外面。所以你基本上相当于进入了一个完全依赖仪器的空间，并聆听任务控制中心对你重复不停地说："准备出发，准备出发，准备出发。"

当火箭发射开始，它开始振动。我记得比尔和其他人说过："这个东西真的震动得很厉害。"但我从没想到它会震动成这样。那是一种你从来没有体验过的颤抖。所以当震动一开始时，我有点紧张。我以为有什么地方出错了。约翰是我们的指挥官——他掌管着所有的飞行仪器，我只负责看电气系统、环境控制系统和类似的东西。

随着发射，我的心狂跳着，后来我问我们的航空医生："我在升空时心跳是多少?"这是每分钟144次。然后我又问："约翰的怎样?"那次是约翰的第四次太空飞行——他总共飞了6次。那次飞行他是指挥官。我问道："约翰的怎样?"他说："70次。"说到这你应该明白了发射时谁是最冷静的那一个了。

这幅图上则是另一种情景：这是我在制服室里穿制服，呼吸纯氧以消除血液中的氮。正如我说过的，我们的升空震动得非常厉害，我记得我们大约花了七八秒离开发射塔。第一阶段从这里开始，我们那次发射的第一阶段持续了2分41秒，烧了450万磅（204万千克）的燃料。

这幅图上是我们看到的大约25000或30000千米远处的地球。这里是晨昏线，这是阿拉斯加湾，北极圈在这里，下面是美国；这是美国西部，落基山脉、下加利福尼亚、加利福尼亚半岛。这是洛杉矶和北部加州，尤卡坦半岛、墨西哥湾，这里是佛罗里达州。得克萨斯州就在这里；南美洲的北部在这里，而这里是太平洋。

在我看来，地球是一颗悬挂在漆黑天空中的美丽珠宝。棕色的大地、纯白色的雪和云、晶莹碧蓝的海洋，这一切都悬浮在黑暗之中。

正如你在这张照片和其他照片上见到的那样，太阳在深深的天空当中一直照耀着我们，和在地球上一样的是，当太阳照耀着你的时候，你看不到任何星星。因此在我们的路途中没有看到任何星场，但我们有一台望远镜，而且就如吉姆·洛弗尔演示的那样，你可以在望远镜里看到星星，然后通过对齐恒星位置坐标作为参考来进行导航，这对于

奔月的途中从阿波罗16号回望地球。
来源：NASA

登月舱登陆位置。来源：NASA.

在正确的位置点燃引擎是必需的。但仅仅是目视看着窗外的话，我们看不到任何星星作为参照物。

这幅图显示着陆点的景象，不仅有我们的，还有俄罗斯的登陆点，当然了，没有任何人在上面。阿波罗11号在这儿，这是我们在笛卡儿山脉的着陆点，大约在东经15度、南纬9度的地方。阿波罗17号在这里，阿波罗15号在这里，最北部的着陆地点；阿波罗12号、阿波罗14号。阿波罗14号是在弗拉毛罗，那也是在阿波罗13号吉姆·洛弗尔预定着落的地方，当然它没有实现。

月球上的海拔？月海可以在某种意义上代表海平面，我们降落的笛卡儿高地比它高大约7000英尺（2133.6米）。我们的着陆点，正如所有的着陆点一样，是由一群科学家选的，他们拥有所有学科的科学知识，决定在哪里降落最好。据我所知，我们只是输入，"我们可以在那里着陆吗？"这里是否太崎岖，是否比较平缓，如果我们认为："是的，我们可以在某个地点降落。"余下的就交给他们选择了，这个方法可以使我们的科学实验收获最大。

当阿波罗计划宣布时，我们计划如果着陆了的话要做什么，大家都说："好吧，让我们去捡一些石头。"这是我们的任务之一，在月球上捡石头。我们都是战斗机飞行员、测试飞行员，我们当然都能区分出石块和树叶之间的差别，但这是远远不够的，NASA科学家们希望让我们都成为地质学家，在执行任务前，我们中大多数人已经相当于获得了一个地质学硕士学位了。这当然不是真的，我这么说只是开个玩笑。但地质学的第一课的确是最重要的，我们的第一课就是捡起月球上所有颜色的岩石！在月球上有灰色的、黑色的和白色的岩石，至少在我们降落地点是这样的。对于捡石头，我可以讲很多有趣的故事，可惜都不是在月面上真实发生的。在我们所有使命中，我们做了很多卓越的地质学工作，在阿波罗项目期间一共带回了超过600磅（272.31千克）的月球物质。

J任务不是为两个人在月球上30小时设计的，而是为两个人在月球上72小时设计

从登月舱窗口观看的景象。来源：NASA

在月球着陆点向西望。来源：NASA

的。因此，我们将任务时间划分为三个24小时的时段。我们会有休息周期，醒来、吃饭、穿衣服、准备出门，这个过程一共要花2小时。我们要打开舱门，我坐在舱门的右边，就像是客机的副驾驶那样。吉姆·洛弗尔指挥官在登月舱的左侧，这就是登月舱全部乘员。登月舱飞行员，这是一种误称，更应该被称为副驾驶员，指挥官在左边，当你穿好太空服准备出门，舱口就在中心这里。所以我弯下腰，解开舱口门锁，将它拉开。约翰——我们的指挥官——先下去了。我关闭了舱门，走到他的座位那边，再打开舱门，然后才走出去。就像奥尔德林说的，你不会想要把舱门关闭并锁定了的，应该让门半开着，这样可以确保你能顺利回来。

我们着装，接着出去探索。在月球期间，最长的远足约7小时40分钟。探索完之后，我们回到登月舱里面，脱掉太空服，给背包充电，和任务控制中心通信，然后去睡8小时。由于指令舱出了问题，我们的降落比预定晚了6小时。我们的主引擎有问题——其实引擎没有问题，有问题的是引擎控制系统——这是一个多余的系统。

发现问题之后，我们只剩下一个这样的系统，它使得我们面临着放弃任务的形势，不过任务控制中心在6小时后找出了问题所在，给了我们一个补救方法。这个过程展示了任务控制中心的惊人能力。每一次任务当中，任务控制中心都能够解决出现的问题并使我们安全着陆。他们没有能够让阿波罗13号着陆月球，不过来自控制中心的指令让他们平安返回。

所以我非常敬佩任务控制中心的同事们。他们做了极其惊人的工作，展示了NASA发展出的团队合作能力和培训效率。回到正题，我们延迟了着陆，也因此他们改变了原本的计划。原本的预定是把电源关闭，穿上我们的衣服和背着背包出去探索；取而代之地，他们说："在你们再次回到登月舱里面，准备休息之前，需要清醒地工作35小时。因此我们要改变计划，你们首先要去睡觉。"

这个通知发生在我们登上月球4小时后。你能想象在降落月球上后努力逼着自己睡4小时的感觉吗？会感觉像要疯了一样，你能够详细地形容出可以看见的外面的每块岩石，能看见这一切美妙的风景，但是我们还是得遵循指示说道："是的，长官！"那个晚上我没有睡得太久，不过后来的两个休息时间睡得很好，之后，我变得疲惫不堪，因为穿宇航服工作8小时真的非常挑战人的耐力。

这幅图拍摄的是我们在月球轨道分离时，从我的窗口看到的指令舱。我正往下看着月球表面。吉姆·洛弗尔已经描述过了指令舱的探测仪部分。它的天线指向地球。这里的登月舱看起来像是颠倒的，但在太空中它其实并没有颠倒。肯·马丁利在我们往外看太空时拍了这张照片。这些小棒是电路，所以当登月舱脚上的点碰到月球，里面的灯会打开，提醒我们已经发生"接触"，你需要关掉引擎，在距离月球表面1米左右自由下降。你不会想在引擎运行时着陆的，因为如果登月舱降落在一块大岩石上并堵住了引擎，会引起引擎的爆炸。要是真的发生了这样的事，那就太糟糕了。所以还在飞行时我们就关闭了引擎。

在下降阶段，月球车被折叠起来并栓在侧面。当你登上月球时，下登月舱的方式是这样的，你需要手和膝盖并用，往后退出来，臀部首先出门廊，然后爬下梯子到脚垫上。从脚垫到门口的距离是5米，可以根据这个想象一下大概情形。

我们降落在一个叫笛卡儿高地的地方，这是称为凯莱平原的大谷地。我们的南部有座巨大的山，它被称作石山；我们第二天能开车到这个位置，距离我们降落的地方大约4千米。

登月舱的影子。来源：NASA

月球车是月球探测的革命性的一步。这张图上拍摄的是向西看的风景，你可以看到，因为背着太阳的关系，它的颜色看上去浅很多。背着太阳看比迎着太阳看更明亮，因为当你背着太阳看，你看到的是尘埃和岩石、土壤的接受阳光的一面，也就是说你正在看月球表面的太阳反射面。

这里有更多的照片。登月舱的阴影，这是巴兹·奥尔德林谈论的雷达天线，由于他一直让天线开着，使他的电脑过载。在约翰·杨向国旗致敬的照片中，国旗是"月球骗局"产生的原因之一，很多人认为我们实际上没有登陆月球，因为他们看到这样的一张照片发现，"看那，旗帜正在微风中飘扬，月球上没有任何大气，国旗何以在微风中飘扬。还有，天空中没有星星，所以他们肯定在亚利桑那飞机库或某个地方伪造了这个。"

实际上，国旗不是由风展开，而是由于当中安装了伸出去的窗帘杆，因而看上去像是在飘扬一样，由于它被真空包装了6个月，因此是皱巴巴的，当我试图把它弄平直，却因没有烫斗，无法去除折皱。所以我们只有把折皱留在上面了。如果你再看72小时之后的类似的照片，它仍然有相同的折皱。我们都拍了很多照片，你可以看到我们踩在月球尘埃里的脚印。它像是非常非常细的粉或滑石粉那样，但它拥有非常良好的承压强度，因此当你踩上它后，你的下陷不会超过几厘米。

这是我们月球车的照片。约翰·杨正在调整天线。当我们登陆到月球，地球的位置几乎是直接在你的头顶上，当我们在降落点的时候，却几乎看不到地球，因为当你抬头的时候，你看到的是头盔。要是想要看看地球，你必须抓住月球车，像这样向后仰才能向上看到地球。你会看到一个弦地球悬在空中，当我们在月球上看到弦地球的时候，你在地球上看到的是弦月；月球在向满月变化，而地球相反地在变亏。

此时，我们已经安置好了阿波罗月球表面的实验包，它包含两个地震实验。它有一个磁力仪，一个质谱仪和一个后来失败了的热流实验，因为我们不小心弄坏了中心供电站和实验数据收集点之间的电连线。所以我们没做成热流实验，这是唯一的失败。

阿波罗16号月球车。来源：NASA

用来收集岩石的铲子把手。来源：NASA

南雷全景。来源：NASA

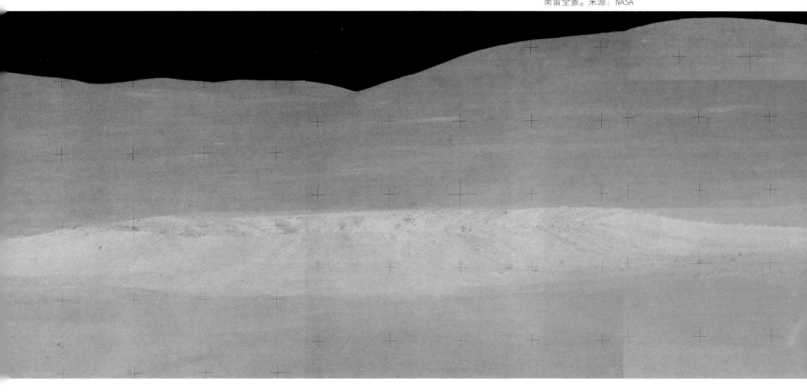

南雷火山口。来源：NASA

约翰·杨和他的右肩后面的房子岩石。
来源：NASA

查理·杜克在房子岩石取样。来源：NASA

最后阿波罗17号完成了这个实验，而这幅图上的是我们用于收集岩石的铲的手柄。我们有可以装进口袋的锤子。你可以看到这件太空服——原来非常干净，但我们一开始干活，它就马上覆盖满了月球尘埃。月球尘埃非常细，你无法将它刷掉。我们有刷子；也试图刷掉它，但这是根本不可能的。我们沾上了很多灰尘，在太空服、靴子等用具上面，所以当我们往回走进舱，全身满是月球尘埃，这使得登月舱的地板被灰尘覆盖。我们一开始认为这并没什么关系，但是当我们回到轨道上，所有灰尘都飘浮起来了，充满了整个宇宙飞船。它太厚了。我们不想让环境控制系统暴露在灰尘中，所以我们只能一直穿着压力太空服然后紧挨在一起。

大约1小时后我们和马丁利会合了。他启动对接硬件，打开舱门往里面看了看，说道："你们先不要进来。"他将魔鬼吸尘器飘来，让我们抽净了月球尘埃。然后他才让我们回到他的指令舱。

这是我们第一次舱外活动的第一站。随着阿波罗计划的不断进行，我们变得越来越有经验，并发展了越来越多的能力。我们在月球上待了72小时，而不是原来设想的33小时；而阿波罗17号在那里待了75小时。我们收集了98千克岩石，而他们收集了超过100千克；任务目标越来越庞大了。

让我们都非常失望的一件事是，阿波罗18号、19号和20号被取消了，这是一个政治决定。当然里面也有科学原因，但更主要是政治原因。航天员们非常失望，我们拥有运载设备、可用的硬件，也有可用的月球探测车，一切都已准备好了——剩下所有要做的事就是训练人员。我们本来还可以再去月球3次，但阿波罗计划却就这么结束了。

我们在月球上时，NASA宣布航天飞机项目，这个计划也将在下月正式结束。这是一个伟大的计划。不幸的是，现在我们还没有什么更好的飞行器可以取代航天飞机。

接下来我将快速地放一些插图。下面是一个样品，你可以看到一些白色的石头——那就是我们所说的南雷火山口，它在离登陆点约8千米处，在我们旅行的极限之外。5千米处是我们的极限，因为如果车坏了，你就得走回登月舱，那是我们认为还能掌控的距离。

再来看我们向西北望去的南雷陨石坑的另一张照片。这是石山上的一点，这是我正在月球车上工作的照片。我们在约100米的地方，凯莱平原在这里，这张照片是我们的登月舱。在探测笛卡儿高地的侧翼时从这儿看去的景色非常壮观。

继续看，这张照片里我们到了小丘的顶部。约翰已经下了月球车，正在朝石山顶部注视。我们到达过的一块较大的岩石，它躺在北雷陨石坑旁边，是我们第三天的最后停留点之一。岩石看起来不大，但在月球表面，当你看着你以前从未见过的物体，遥远而庞大的物体看起来都会非常像在近处的小物体那样。你会觉得自己完全被深度感戏弄了。不管理由是怎么样的，那时候我劝说约翰去岩石那里。我们开始慢跑，慢跑，慢跑，一直跑到了那里，我们才意识到这是一块大岩石。我们将其命名为房子岩石。它高约15米，宽30米。

我们就这么站在那里看着这块大岩石，我用手里的小锤子敲下葡萄柚大小的一块。就像宣传里说的那样，我们拥有了一块自己的岩石。

对我来说，这是一幅非常动人的照片。在最后一次舱外活动时，我将这张照片放在衣服口袋里，走了出去。（顺便说一下，这样做是被允许的。）我拿出它，把它放到月球表面，照片上是我的家人：两个儿子，妻子多蒂和我，在其背面我们写着："这是航天员查理·杜克的家庭，1972年4月他降落在月球上，无论何人发现它，都对他致以亲切的问候。"月球表面温度约为230˚F，塑料不会忍耐多久，它开始萎缩。一两分钟内就萎缩成了一个小球。但不管怎样，它持续的时间足以让我拍摄一张照片。

在回家途中，我们拍了一张月球的照片。这里是指令舱，而这里是我们眼中的地球的半球风景。每一个人都提到过我们眼中的地球，吉姆·洛弗尔提到，伸起你的拇指，下面就是地球。我虽然没有伸起拇指，但我在月球轨道上像这样地伸起手臂，相信我的手下是地球。在那个距离上，我的思绪激荡，就如同吉姆·洛弗尔一样，要知道在我的手下有五十亿人。我没有看到美国、欧洲，我也没有看到非洲或亚洲的任何地方。只看到了地球——太空船一样的地球，我们一起生活在这里。我们需要友好相处，需要彼此相爱，需要利用技术帮助解决我们共同的问题。

此后几年，我四处演讲。但有一个基本而严重的问题。我甚至不爱我的妻子，又如何爱你或你们？那个时候我脾气暴躁，自以为是，使得我们的家庭深陷困境。我在美国和世界各地孤独地到处演讲，可以说我是一个十足的伪君子。但是六年后，我遇到了耶稣，从此我的生活被改变了。这是一种超自然的关系，而不是宗教，它改变了我内心当中人与人之间的关系，我的心充满和平。我开始重新爱上我的妻子，以及爱上地球上的每个人。我到全球把这一感觉奉献给你们所有人，把这种爱和大家共享。我有棕色的兄弟，黑色的兄弟，白色的兄弟，黄色的兄弟——所有人种的兄弟。只有当我拥有这种关系才使我对人类充满热爱。所以这是我生命中的一个巨大的变化。

正如尤里·加加林说过的，我没有见过上帝，但是，至少在我的生命中，我看到了上帝的影响。我看到上帝的超自然的力量在我的生命中起作用。一次我在高速公路驾车。在我面前是这辆大卡车，从车上弹出一块我以为是木头的东西。木头朝向我的挡风玻璃飞来时，我意识到这是一个铁撬棍。你可以看到铁撬棍的弯曲程度；你可以看到它的钩子。当飞到这里时，它却立即转了个弯，直冲我的车顶飞过。对此我无法做出解释。但它的确发生了。

我看到了可以让你不受伤的超自然力量，这是一个我亲身经历过的体验。我知道你们中的很多人没有这样的经验。但这没有任何问题，我们仍然可以和平相处，可以一起努力。我要告诉你们，我爱你们所有人。当你们在绞尽脑汁试图了解更多未知领域时，我会支持你们的工作，也会支持你们研究的科学。所以我想告诉大家，我对你们每个人都充满着爱。这种感情从与我的妻子和我的家人开始，而现在蔓延到这个房间的每个人和全世界与我联系的每个人。

这就是我的故事。它发生在阿波罗计划当中，至今仍继续发生在我的生命之旅中。有机会在这里做演讲，我深感荣幸而难以忘怀。

非常感谢大家。

回家途中。来源：NASA

留在月球表面上的杜克全家福。
来源：NASA

理查德·道金斯

米歇尔·迈耶

吉尔·塔特

第三卷

宇宙生命

近年太阳系外行星的发现比任何时候都更强烈地引起"宇宙中生命有多普遍?"的问题。证据表明,在地球上生命相对容易发生。银河系和其他亿万个河外星系散落着无数行星。生命,甚至智慧生命,在宇宙中难道会是稀罕的吗?

生物学家和遗传学家杰克·绍斯塔克探寻了关于地球上生命起源的最好思考,描述简单的分子如何导致诸如RNA的复杂化合物以及生命的开端。

进化生物学家理查德·道金斯描述进化对地球上生命的作用,并把这种知识延伸到宇宙中其他世界去。

天文学家米歇尔·迈耶,第一颗围绕主序星的系外行星的共同发现者,给我们更新目前寻找围绕有别太阳的恒星的行星的研究动态,现在发现这类行星的数量已超过1000颗。他还让我们知道这些行星在哪些方面使得对我们自己的太阳系了解得更深入。

还有吉尔·塔特,SETI研究所所长,揭示未来射电和光学搜索银河系中其他文明的策略。她提醒我们,如果我们要了解其他智能生命群体,几乎肯定要靠电磁辐射,而非握手。

杰克·绍斯塔克

地热池,新西兰,怀奥塔普。来源:詹姆斯·西蒙斯。

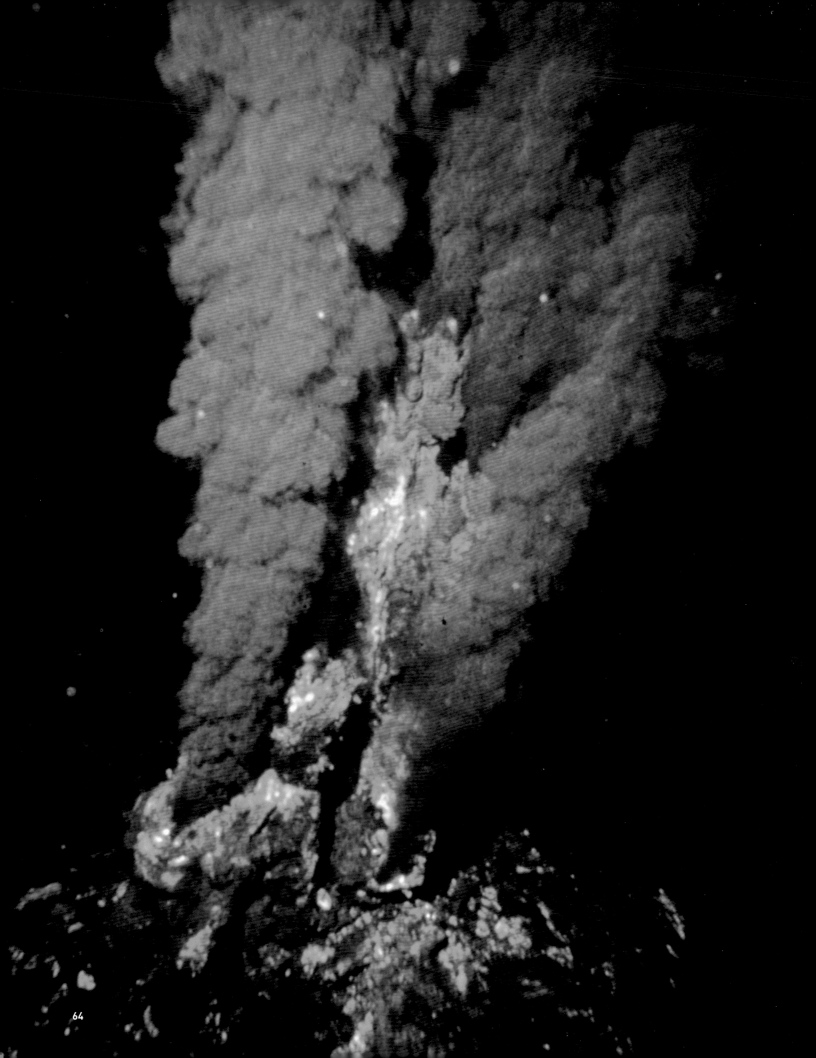

杰克·绍斯塔克

地球生命的起源

杰克·威廉·绍斯塔克于1952年11月9日出生于伦敦，是哈佛医学院的遗传学教授和波士顿马萨诸塞州总医院亚历山大·里奇的杰出研究员。2009年，他与伊丽莎白·布莱克本和卡罗尔·格雷德因发现了染色体如何被一段特殊的DNA片段——端粒保护的机制被授予诺贝尔医学奖。

杰克·绍斯塔克在STARMUS

对页：黑烟。来源：OAR国际海底研究项目(NURP)

绍斯塔克成长于加拿大蒙特利尔和渥太华，19岁毕业于麦吉尔大学，获细胞生物学学位。他在康奈尔大学获得生物化学博士学位之后，又在哈佛大学进行研究。

绍斯塔克的研究围绕着遗传学，其贡献是人类基因组计划进展的关键。

我将要讨论关于生命起源研究的最近状况。生命起源真是美妙无比的研究对象，因为它汇集了这么多不同科学的分支。天文学家热爱这个问题，还有行星科学家、化学家和生物学家，因为我们对在广义上理解这些都感兴趣——即如下的整个过程：从恒星和行星形成，发生在年轻的行星上的变化，越来越多的复杂化学的发展，以及随着从复杂化合物过渡到简单的生物，这真正意味着达尔文进化的开始。一旦达尔文的进化起作用，我们就能更有力地解释更复杂的生命形式的起源。

首先，我想把讨论科学上两个主要进展的融合当作当前思考生命起源的背景。第一个我认为是生物学革命性进步，那就是我们不断深入了解生命如何强烈地深刻地占领了我们的行星。这是直到最近才明白的东西。

这是深海热泉的标志性图片：排气口水的温度非常高，一切都是处于非常高的压力下，然而地质特征的整个环境都被生命密集占据着。这些火山口的发现真是一个神奇的惊喜。

在相同的时间框架内，我们了解到在整个地球上，到处存在生活在多孔或破碎岩石里面的微生物。裸露表面的岩石往往含有一层薄薄的生活在微孔中的绿色光合细胞(蓝藻)层。但是我们从深矿研究中得知，地球表面下数千米深的石头里存在生命。在令人难以置信的酸性和碱性环境仍然存在生命。例如，西班牙红河pH值低于2，但充满了不同类型的生命。甚至在比这更极端的环境中，诸如接近浓硫酸的酸性矿水排水点也有生命。

这些例子告诉我们的是，按达尔文进化论，生命就能适应新的环境，它可以生活在多种令人惊奇的地方和条件下。如果你把它和科学最近的另一个主要进展放在一起——太阳系外行星的发现——其含义是显而易见的。从米歇尔·迈耶和其他许多人的研究出发，当前的延伸推断是，在我们的银河系中可能就有多达5亿颗类地行星围绕类日恒星公转。我认为，考虑到生命的适应性，这几乎是肯定的，生命至少可以住在其中的一些行星上。

问题是，果真如此吗？我认为这是我们都很想知道的东西。这个问题可以归结成，生命是否很容易或很难从年轻行星的化合物中涌现。此刻，答案显然是未知的。回答这个问题最直接和最令人满意的方式是通过高分辨率观测太阳系外的行星。很明显，在将来的几十年间我们要尽力观测一些行星的大气，不过我们可能会需要更长得多的时间，才能获得直接观测证据，以回答其他任何的类地行星上是否存在生命的问题。

与此同时，我们可以做些什么呢？我认为，仅仅在实验室里，在我们从事从简单的化合物到更复杂的化合物，接着从简单细胞到更复杂细胞的研究时，做非常简单的实验并试图理解所有步骤，就可以得到一些有趣的线索。如果我们能从实验室实验显示，沿着那个路径的每一步骤看起来相对简单，我认为，那么可以合理地推断，是的，生命有可能存在"在那里"的很多地方。

另一方面，可能有一个步骤——或几个步骤——不管我们怎么努力，显得似乎真的很困难（换句话说，几乎不可能）。在这种情况下，我们只好得出结论，尽管可能的环境五彩缤纷，我们却也许依然孤独。这就是驱使我们去实验室做我将要描述的各种实验的缘由。

有一个相关的问题，我想简要提及。如果在不同的环境中有生命"在那里"，在化学意义上，它会或多或少像我们熟悉的那样吗？其他星球上的生命是否会使用像DNA和RNA之类的分子来编码和传递从而实现遗传功能么？那样存在或多或少像蛋白质的分子，去建立美丽的生命结构，去催化生命的化学反应吗？或者可能有非常不同的，甚至略微不同的——构建生命系统的方法？

再次，我认为进入实验室，做相对简单的实验，有可能得到一些非常有趣的线索。

我们如何研究生命起源？我们能做什么样的实验？甚至如何弄清什么是我们要问的问题？思考生命的起源有两个基本不同的方法。我们可以从现代生物学自上而下，试图往下探究在更早的时期生命是什么样子的。或者我们可以从化学自下而上，一步一步研究到生命的起始。

让我们首先考虑自上而下的方法。有一个非常简单的解释，为什么几十年来从逻辑上思考生命的起源一直那么艰难。现代生命——所有的现代生命——甚至最简单的细菌种类，都极其复杂。即使最简单的细胞，也有许多活动的部分和编码在基因组中的信息。现代细胞有美丽的但错综复杂的结构来控制它们的形状和运动。结构的复杂之下隐藏着巨大的化学复杂性。即使是描述所有的新陈代谢的图表都会展示许多化学反应。复杂的蛋白质型酶催化所有这些化学反应，而酶的一小片氨基酸序列被编码在细胞的遗传信息中。

如果我们从细节退一步，探求现代生命的基本组织形式，我们看到即使是这个也是复杂的。DNA是存储信息的媒介，而这些信息被转录到RNA，一种化学上非常相似的分子上，而产生的信使RNA(mRNA)为蛋白质的合成编码，蛋白质完成现代细胞内的大部分行为。其他RNA有助于形成那些蛋白质，例如在核糖体中催化蛋白质合成。除了从DNA到RNA再到蛋白质的线性发展（著名的中心法则），我们知道你需要DNA制成更多DNA，而结果你需要某些RNA分子去制成其他RNA分子。而你需要蛋白质去制成DNA和RNA，你甚至需要蛋白质去制成蛋白质。现代细胞中，在这个层面上，一切都依赖其余的一切！

这样一个系统怎么可能自发产生？这个难题困扰了人们很长一段时间。正确的答案起初是在20世纪60年代后期由一些非常聪明的人，包括弗朗西斯·克里克、莱斯利·欧高和卡尔·伍斯提出的，他们说生命必须起始于单独的生物聚合物，它一定是RNA——中心法则的主角。没有人真正注意他们的想法，因为那时它显得如此怪异。

但在20世纪80年代早期，汤姆·切赫和西德尼·奥特曼在实验上证明，在中间的分子——RNA，可以催化（加速）化学反应。这让科学家能以一个完全不同的方式看待早期生命。我们暂且撇开现代生命的复杂性，而考虑早期的较简单的生命，其细胞基本上有两个组件：一个细胞膜和在里面的一些RNA分子。膜可能由类肥皂分子构成，它为细胞的内部和环境之间提供一个边界。它还会生长和分裂，就像现代细胞，不过以一种更简单的方式。包裹在这种原始的细胞膜里的是RNA分子，它可以复制，以便把信息传递给后代细胞。最引人注目的是，那些RNA分子可以做些事，但究竟可以做什么还不清楚，但肯定是对细胞作为一个整体的存活和复制有用的某些事。

右图显示了一个原始细胞(或原初生命体)的样子。原始细胞膜形成一个封闭的囊泡，对此我将讨论更多的细节，被包裹在囊泡里的是某种遗传物质。那遗传物质可能是RNA，不过关于第一遗传物质是否确实是RNA或一些相关分子，或许甚至是DNA，现在存在一个巨大的争论。也可能是一些相关的核酸，这些核酸具有使它更容易制作，或者更容易复制的化学变化。人们在一些实验室试图找出导出不同的遗传物质的可能的化学途径，这样我们就可以对RNA或者其他东西是否是第一遗传物质有更好的概念。

我们一直在我的实验室进行的一件事是试图建立类似于这幅图所示的原始细胞结构，以及实际看它们增长和分裂。当然，我们也需要考虑原始细胞的成分是由什么分子组成。膜是由什么构成的？遗传物质是由什么构成的？让我们暂退一步，想想这一切发生在何时，以及所有这些发生时行星发展在哪个阶段，这样我们就可以对能有哪种生物构件有些概念。

下一张图显示了一个地球上生命起源的粗略时间表。我们非常精确地知道地球的形成时间(大约45.6亿年前)。关于何时表面冷却到足以允许液态水存在仍有相当大的争议，但还是有一些证据支持它可能比此图表明的4.2亿年更早得多，可能在地-月大碰撞后的1亿年或甚至更短的时间内。在另一端，细菌生命的第一个真正坚实证据是35亿年前。所以在这颗原始行星上有水与陆地和有生命之间，几乎有10亿年——至少8亿年的时间窗口。

在这段时间里必然发生过很多有趣的化学作用，使越来越多的复杂分子合成，这就是最终聚集到一起组成第一批细胞的构件。在某一刻前RNA世界在某个阶段发展出RNA催化剂，后者使达尔文进化论得以进行。我们想做的是，以特殊的实在的步骤去填充这个相当模糊的途径的一些部分。部分困难是我们对早期地球的条件了解如此之少，这就是为何这个领域受行星科学家，以及生物化学家和生物学家们的推动。

在化学层面上，我们想了解的是最简单的构件，诸如水、氮、氨、一氧化碳、氢的分子——我们可以或多或少都同意呈现在年轻地球上的所有起始材料——开始相互反应形成更复杂的生物构件。脂肪酸(膜的构件)、核苷酸(DNA和RNA的构件)、氨基酸（肽的构件）：这些是如何形成的，它们如何碰到一起并形成第一批细胞？

这个领域的开始是斯坦利·米勒1953年戏剧性的实验，他取各种气体混合物，通过火花放电将能量投入系统，发现过了几天，气体的混合物生成一团混乱物。令人惊讶的是，这团东西包含了各种各样的化合物，包括在蛋白质中发现的大多数氨基酸。所以合成氨基酸看起来很简单。长期以来这使得人们对这个领域抱有成见；人们正在探讨蛋白质，所以可能获得氨基酸是非常惊人的。这件事发生在我们知道RNA是中心的，而且是要考虑的最重要的分子以前很久。对我来说，现在看来在这些实验中进行的最重要的事情不仅是形成氨基酸本身，而是制作中间物的一种，后者接着不仅制作氨基酸，而且还有许多其他的东西。关键的中间物是氰化物。氰化物是一个反应非常强烈的化学物质，在一系列的反

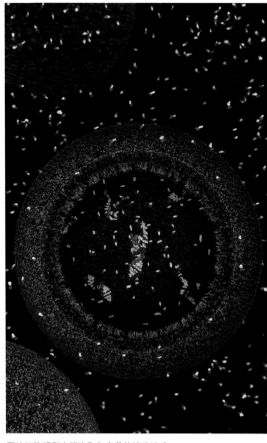

原始细胞模型由膜泡和包裹着的核酸组成。

来源：珍妮特·埃瓦萨

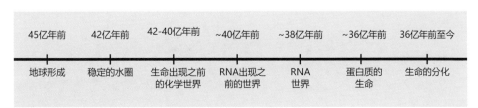

45亿年前	42亿年前	42-40亿年前	~40亿年前	~38亿年前	~36亿年前	36亿年前至今
地球形成	稳定的水圈	生命出现之前的化学世界	RNA出现之前的世界	RNA世界	蛋白质的生命	生命的分化

早期地球生命起源的粗略时间表。来源：詹米·西蒙兹

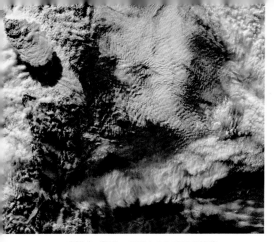

普耶韦–科登·考列火山灰云卫星图像。
来源：NASA

应中可以生成各种有趣的分子。它是制作核苷酸的中心原料之一，然后你会从核苷酸制作RNA和DNA。

这导致这样的问题，这是否真的发生在早期地球。对我来说，基于现代火山的性质，这似乎很有可能。下一个插图显示火山灰云环绕最近喷发的智利普耶韦–科登·考列火山。云的周围有令人难以置信的闪电雷暴。在早期地球，当大气中没有氧气时，这样的闪电在当地会产生大量的氰化物，也许从而能够在当地积累足够的氰化物，足以生成生命所需的高级构件。

我们关于生成核苷酸的化学反应知道很多，但我不想进入复杂的技术细节，相反地，我想讨论一下组成原始细胞膜的分子。这些比核苷酸更简单得多。事实证明，他们可以用许多不同的方式制作。他们甚至可以从某些种类的含有大量有机化合物的陨石中获取；获取的分子在水里自发形成小囊泡，小囊泡可以捕获其他分子。在以甲烷、氨、二氧化碳和类似的分子的固体膜形式和冰一起的实验中，暴露在紫外线照射中已被证明能生成分子，这些分子能自发聚集成把分子控制在内的中空膜性结构。

在另一个例子中，形成膜的分子在水热条件下生成，类似于早期地球深海热泉口高温高压的条件。

虽然化学细节仍在研究中，但似乎相当容易产生形成这些美丽的膜结构的分子。

去推测早期地球是什么类型的环境，可能允许脂肪酸的形成，将是很有趣的。想想你在地热活动区域找到的热液喷口，诸如美国的黄石公园，或冰岛的间歇泉。

往地下深处前进，那里会越变越热，而压力越来越大，那里存在铁和镍等金属，它们以氧化物和硫化物的形式。在这些晶体的表面，当表面催化形成带有氧的终端的线性烃链时，氢和碳能在一起，之后它们可以随水流被带到地球的表面，然后集中在各种地球化学的场景中。这些分子基本上是肥皂(真的全是这个)。如果你在水中加一些盐和一些缓冲剂(比如，氨基酸)，震动这些肥皂分子，它们聚合成薄层，薄层封闭起来可以容纳像RNA的大分子，形成非常美丽的结构，正如下一面第一幅插图所示。

这些小泡具有非常有趣和不寻常的属性。一个属性是多动。当你看到一幅图，它们看起来仅像是固定和刚性的，但是在现实中它们却是非常灵活的，组成膜的所有分子都在不断运动。神奇的是，它们快速地从这些膜进进出出，并轻快地从膜里飞向膜外，所有这些运动发生得非常快，以一秒或更短的时间尺度。这些结构非常非常有活力，发现这一点对它们如何行为以及它们为何是原始细胞膜的好起点至关重要。

这些小泡的另一个非常有趣的特性是，它们持续很长时间，尽管组成它们的分子非常迅速地来来往往。在接下来的图片中，你们可看到红色和绿色小泡。它们用染料标记，染料不在囊泡之间移动。这张照片是在红色和绿色的小泡混合在一起后的一天拍摄的。我们知道，组成任何特别囊泡的分子每一秒都在囊泡之间随机交换，然而，个体结构持续几天、几周甚至几个月。它们保持其本身，尽管组成它们的分子在不断流动和交换。所以，就像在我们自己的身体上一样，构成我们身体的分子每年不同，而在这里，囊泡是在每秒的时间尺度上由不同分子构成。

考虑一个原始细胞如何聚合，我们需要想象将遗传物质送到这些膜囊泡的一些方式。这可能自发发生：当膜片闭合形成一个囊泡时，它能把溶液中的任何东西包围起来。如果有一些RNA在溶液里，其中一些将会被捕获。不过发现，一些非常简单的矿物质可以使这个过程更高效得多。下一张漂亮的图片来自我实验室9年前的工作，那时我们正在研究黏

一个在热液条件下热液喷口模拟实验中生成的成膜分子构成的自成囊泡。来源：杰克·绍斯塔克

土在聚合这些细胞中的作用。有一种称为蒙脱石的特殊黏土，形成于火山灰。产生氰化物和另外化学构件的相同的火山岩地球化学也制造大量的火山灰，其中一些将进入海洋，与海水反应，变成黏土。

令人惊讶的是，在几年前吉姆·费里斯研究的过程中，黏土可以帮助形成RNA。我们发现的是，那种黏土还可以帮助膜的形成。在我们的实验中，我们做了小颗粒的黏土，黏土颗粒表面敷上染料标志的RNA，而使用那个材料来帮助从脂肪酸形成囊泡。

在这幅图中可以看到，黏土颗粒上的RNA以及很多其他的小泡被包裹在一个巨大的囊泡中，所有这些小泡都是由于黏土的影响而产生的。值得注意的是，黏土有助于形成遗传分子，有助于形成膜并把它们弄到一起。非常具有启发性的是，这种简单的丰富的矿物质可以真正帮助汇集制造原始细胞的组成部分。

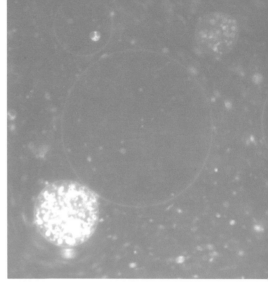

油酸构成的自成囊泡。来源：马丁·汉克席克

基于黏土的实验，似乎把膜和RNA合在一起相当简单。下一个我们不得不考虑的问题是，这样的结构能如何生长和分裂。在研究囊泡中的一个技术问题是，这些结构具有高度的异质性。它们并不都有一样的尺寸，它们通常有一个以上的膜。如果你在水中搅动脂肪酸，你得到的是完全一团混杂：有巨大的囊泡，有微小的囊泡，还有在里面包含较小囊泡的囊泡(请回顾显示"肥皂"泡泡的图)。

如果你想通过实验看这些类型的结构如何成长，这将是非常困难的。如果每个泡增长一点，你可能不能觉察到；囊泡的混合物看起来就是一样的。我们对这个问题不知所措了很多年，直到几年前，一个非常杰出的学生朱挺加入了实验室为止。他说："我知道如何让所有的囊泡几乎大小相同。"挺的想法是挤压囊泡混合体通过一个有许多小洞的过滤器，以摆脱巨大的囊泡，然后让小泡通过第二个过滤器上更小的洞流走，以摆脱小的囊泡。第一步完好完成，但是我告诉他第二步可能根本不行，因为它花费的时间要多得多，不现实。幸运的是我错了，因为挺第二天给我看一幅美丽的囊泡，所有都具有几乎相同的大小，直径大约4微米。

红色和绿色染料标示的囊泡的两种群，在混合一天以后拍的照片。囊泡既不融合也不混合，相反地，它们维护各自的身份。来源：马丁·汉克席克

一旦我们可以把囊泡做成这样，就可以做一个非常简单的实验。我们可以添加营养给这个系统，换句话说添加更多的类似肥皂的脂肪酸分子，可以看到它们生长。我们以为，由于它们从小球形囊泡开始，就会成长为更大的球体。我们还以为，如果表面积增长速度超过体积增长速度，它们可能会被撑长一些。实际不是那么回事。发生的事情完全出人意料。几分钟内我们可以看到从每个球泡长出波形细丝。新生的细丝逐渐变厚变长，随着时间的推移，最初球形囊泡发展成分叉的细丝。被囊括在里面的东西一点都没被泄漏，所有的内容都仍然留在那里。

该令人惊讶的结果导致了许多有趣的问题。这是如何发生的？什么情况下允许这种增长发生？但更重要的是，这一现象已经解决了一个非常困难的问题，那就是怎么能发生分裂？球形囊泡分裂成更小的球体很困难，它需要大量的能量才能做到。只要你把要分裂的长丝状泡轻轻摇晃，它就会自地分裂。结果是原始细胞可以仅由温柔的波动作用分裂成子细胞。我们把分裂的过程做成视频，我们首先看到一个奇怪的过渡，光滑的细丝变成看起来像细珠串的链，然后响应流体的运动"啪"的一声断裂，而产生出后代小囊泡。最后插图是这个过程示意图。

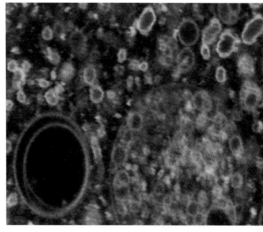

涂上橘色标签的 RNA的黏土粒被困在一个充满了小泡(绿色)的大泡中，所有小泡受黏土的催化影响而聚集。来源：马丁·汉克席克

如果存在不止一种发生生命起源步骤的方式，那么这些步骤似乎显得更容易。因此，存在另一种完全不同的分裂能够发生的方式，则是非常令人满意的。这是由光化学促成的——一系列由光起始的化学反应，导致不同的分裂方式。在这个过程中，丝状泡转换成一长串的珠子，最终珠子彼此分开，而生成大量的下一代小泡。再者，至于如何发生这种情况，有许多有趣的问题可问，但令人鼓舞的是，原始细胞分裂，这最初看起来像是很

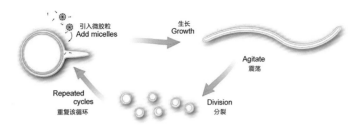

引入微胶粒
Add micelles

生长
Growth

Agitate
震荡

Repeated
cycles
重复该循环

Division
分裂

囊泡成长和分裂循环的示意图。一个初始的大球状囊泡
形成细丝，开始成长，并最终变成长丝状结构，后者在
温柔的震动下很容易分裂产生子囊泡。来源：朱挺

困难的问题，现在看起来却非常容易。总而言之，我们可以从相当大的囊泡开始，发展成细丝，容易使它们分裂为多个下一代囊泡，后者进而可以变得越来越大，我们可以让这个循环一遍又一遍、一次又一次地重复。

在这个阶段，我们已经看到一个原始细胞的一个组件，它的膜，可以简单的健壮的方式生长和分裂。剩下的大问题是没有酶如何使遗传物质复制(因为在生命的起源之前没有酶)。回到原始细胞图，我们有一个模型，由一个膜和一些在里面的遗传分子组成的原始细胞模型。随着膜的成长，遗传分子得到复制，所以当分裂发生时，遗传分子就分布到下一代细胞中去。

现在我们回到我们开始的地方，而生长和分裂的循环可以无限地重复。我想强调，这种重复循环的关键不仅仅是生长和分裂，而且使进化开始。为何会发生这个的原因是信息被编码在组成基因分子的核苷酸的序列中，无论它们是什么—— RNA、DNA或别的东西。在它们通过拷贝和复制的过程中，错误是不可避免的，所以将生成很多很多不同的序列。在某一时刻这些序列其中之一可以对细胞整体的存活做某些有益的事。该细胞的后代将开始逐渐替代原种类，而物种的遗传结构将开始改变，这是达尔文进化论的标志。我们很乐意在我的实验室看到的是，达尔文进化的自发出现，或者换句话说，一个化学系统开始像一个生物系统那样行为。

为了建造一个能够进化的原始细胞，我们必须考虑它的遗传分子是什么，以及它们如何被复制。什么样的化学作用会驱使简单的，甚至像RNA的复杂的基因分子复制？这是一个让人类着迷了几十年的问题。已故的莱斯利·欧高在这个领域取得了令人兴奋的初步进展，但在二十多年里，他最终确信RNA不可能化学复制。结果他趋于赞同这样的想法，在RNA之前可能就有较简单的遗传分子。人们仍然在争论这个思想，但这是一个我们可以通过做实验测试的假设。例如，我们可以制取和RNA稍微不同的分子，基本上试图制取可能更容易复制的RNA的版本。

这就是现在我的实验室正在进行的化学。另一种可能性是，首要的基因分子是DNA，它比RNA稳定得多。它可能更加难以制取和复制，但如果你制取出它，它会持续更长时间，所以也许我们必须从DNA开始。还有许多其他的选择，在原则上许多分子都可以作为遗传聚合物，所以我们必须制取它们并测试其属性，以及思考它们如何在早期地球中形成。

我前面提到，常见的黏土矿物蒙脱石有助于聚合RNA链。这个黏土由许多薄片堆叠组成，所以它有非常大的表面积。如果环境中存在正确的构件(被激活的核苷酸)，它们会黏在这些薄土表面。接着这些单体可以连接在一起，它们可以通过黏土表面的催化作用成长为相当长的RNA链。我们关注的真正的有趣和困难的问题是，如何将这些RNA链复制？

我们当前目标之一是找到正确的化学和RNA复制条件。我们想先从RNA链开始，看激活构建块在序列上找到自己的结对伙伴，逐步建立一个互补的链，形成双螺旋产物。我们可以做数量有限的RNA复制，但我们不能做到足够快，我们在此刻也不能做得足够精确。这是未来的挑战。我再想强调，我们需要这些复杂的分子，因为它们是负责遗传的分子。有些RAN可以帮助细胞复制，或有助于细胞存活，因此这些RNA必须进行复制，才能把这些功能传给下一代细胞。这就是为什么理解RNA复制的化学性质是理解早期地球生命起源的重要部分。

我们现在了解囊泡的生长和分裂，以及RNA和类似分子的化学复制，我们正处于可以开始对早期地球上原始细胞繁殖的环境做一些推断的阶段。虽然这有点猜测性，但思考一下化学可能告诉我们早期地球环境是什么样子的，实在非常有趣。接下来的插图显示了原始细胞循环会是什么样子的一个模式。在细胞循环的开始，一些基因分子，也许是RNA，被俘获在一个膜囊泡中。

随着时间的推移，核苷酸构件块穿过膜扩散到内部并复制RNA链。然后，为了进一步进展，两股双螺旋链必须分开，唯一合理的方法是通过给它们加热。看来为了复制成功，我们需要一个相当寒冷的环境，但我们又需要一个高温环境才能使链分开。使这成为可能的一个环境，可能是很冷地区的一个浅水池塘，可能在高海拔，或在北极或南极，还有——在早期地球也许是普遍的——火山环境。

在这个池塘里地热加热会导致一股热水从出口涌出，然后与冰冷的池塘水混合。当简单细胞搭上这股热水而上升，它们就被加热，使RNA链分离，而更多的营养灌进细胞。一旦细胞返回周围的冷水，复制、生长和分裂的循环将会再次发生。

猜测生命起源的环境不可避免地导致新的问题。这是一个地球物理的似乎合理的模型吗？这个问题驱使我，作为一名化学家和生物学家，去与地质学家讨论，我们在何处可能会发现像这样的环境。在南极湖泊中发现了一个有趣的地球环境，这些湖泊永远地被冰覆盖着，湖泊由于地热保持液态，而至少有一种情况，那就是，岩石的表面上长着美丽的层叠石。这不完全是我们需要的，因为没有很热的水流，但可以想象是地球早期细菌生命的环境。

地热较活跃的环境，诸如黄石国家公园兴许更有关联，因为我们看到几十个热液喷口喷出热溪水流入冷湖。从长远来看，我认为结合地质、化学和生物学的研究将推动我们更多和更详细地理解一个建造生物的化学构建块，把它们组装成原始细胞的完整途径，并理解这么简单的细胞怎样生长和分裂并开始演化，并且甚至推断所有这一切可能发生的环境。

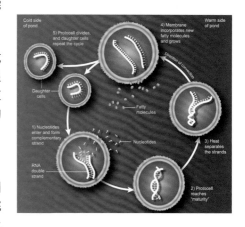

我想把我在刚开始提到的话题作为结束。可能存在不同于我们所熟悉的生命形式吗？我们知道，在我们自己太阳系内有环境，在这些环境中存在不同的液体，例如土星的卫星泰坦极地地区到处都是巨大的液态甲烷和乙烷的海洋。非常有趣的有机化学反应正在这个卫星的大气中进行，因此很多人计划更详细地探索这个环境。只是看到湖泊的液体不是水，就让你好奇，那里正在发生什么。

在那里能存在那种化学，它能引导简单的生命系统，或甚至引导生命的部分途径？为了解决这个问题，我们想知道在那种溶剂中是否可能形成膜。结果是，日本已故的国枝（音）教授在溶剂(癸烷)中制作出这种膜囊泡，它在化学上很类似于液态甲烷或乙烷(但更容易物理地处理)。因此制作膜似乎在物理上是可能的，但我们不知道可否用在土卫六上发现的分子来制作。对于化学家，一个更具有挑战性和有趣的问题是，是否考虑可能制作在这样一个非常不同的环境起作用的遗传分子。这是一个几乎还没有任何研究成果的领域，但是还存在大量潜在的有趣的实验有待进行。

我希望我已让你确信，我们可以在实验室里做非常简单的事情，它们能够告诉我们，从化学导致生命的途径中的一些步骤可以在早期地球上发生。我认为，在不久的将来，在我们展望许多方向上还有很多很多有趣的问题。我的实验室里许多有才华的学生多年来已经做了大量的研究，我们从许多不同来源得到支持。谢谢你们。

一个假设的环境驱动的细胞。大多数膜生长和RNA复制发生在较低的温度。偶尔，细胞被卷入地热水口的一股热水中；短暂暴露于高温会使DNA双链分离，而且还允许营养物质的大量涌入。来源：詹姆斯·西蒙斯

1）核苷酸进入细胞形成互补链

2）原始细胞"成熟"

3）双螺旋受热分解

4）新的脂肪分子嵌入细胞膜，细胞膜生长

5）原始细胞分裂，子细胞重复循环

左上：贝德福德扁形虫。来源：维基百科共享，詹·德克

右上：飞行中的鹳。来源：维基百科共享，拉加拉曼·桑基维

左中：乌贼。来源：维基百科共享，波拉松特

右中：角蝉，角蝉科。来源：维基百科共享，德克·范·德·梅德

左下：棍棒毛虫，PLAGODIS。来源：个人收藏

设计的幻象。
来源：STARMUS

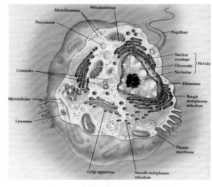

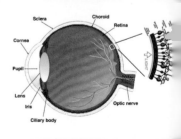

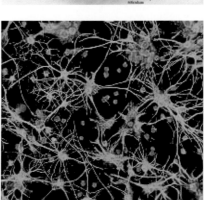

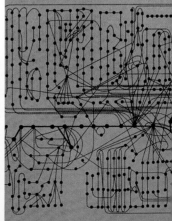

理查德·道金斯

从简单到复杂：进化论和外空生物学

英国民族学家兼进化论生物学家克林顿·理查德·道金斯于1941年3月26日出生在肯尼亚首都内罗毕，他是英国牛津大学新学院的荣休研究员。他是一名卓有成就的研究员和著名作家，1976年他的著作《自私的基因》使他名声鹊起。他不仅普及了以基因为中心的进化观点，还开创了扩展的表现型效应的思想——个体生物的特征，而非局限于生物体的特征。道金斯的父亲是一个驻扎在尼亚萨兰(马拉维)的政府官员，年轻的道金斯在牛津学习动物学，于1962年毕业。1966年，他获得了博士学位并开始在加州大学伯克利分校教学，于1970年重返牛津。

道金斯也是一个著名的无神论者，并广泛地批评神创论和智能设计。他的许多畅销书，包括《上帝错觉》(2006)，支持他的生物学、遗传学和宗教学的思想。以下是他演讲的文字记录。

我们刚才听到的精彩演讲是何等美丽的科学，而我紧随其后，就显得尴尬了!

我想从生命起源再向前一点，用我的生物学家的直觉去尝试思考，我们是否可以有根据地推测，外星人一旦起源最终会是什么样子的。

理查德·道金斯在STARMUS

生命最显著和令人印象深刻的特点是设计的幻象。生物往往非常复杂而美丽，极像被某位设计师有目的地设计了它们似的。你在这幅图中可看到，虽然或多或少是随机收集的一些生物的例子：飞行的鸟、游泳的扁形虫、墨鱼和毛毛虫。那个伸向空中的东西不是一根树枝，它实际上是一只毛毛虫，那是由自然选择，可能是食肉鸟塑造的，它在每个细节上都显得像一根树枝。右边的东西不是玫瑰刺，是小虫。它们是昆虫。自然选择，可能是鸟的捕食——再次塑造了这些，这些鸟选取并吃掉不像荆棘的，而留下试图使小虫看起来像荆棘的基因。

这种设计的幻象一直延伸到生物的微小细节。考虑对页底部的右下图：在左上角的是活细胞，左下角的是一片脑组织，右下角是杰克·绍斯塔克刚刚呈现给我们的细胞的新陈代谢。你看到它是多么复杂而令人困惑，而这正是发生在每个细胞中的。右上角是人类的眼睛，你再次看到为观看、为聚焦一个图像到视网膜上的漂亮的设计机制：变焦，变焦停止，然后是在背后视网膜上数以百万计我们称之为像素点的东西。一个奇怪的小特征是检测光的光细胞向后指(它们指向背光的方向)，连接视网膜和大脑的"线"布在视网膜表面上；那不是好的设计。那正是你根据历史偶然理论将会期待的东西。

现在我们知道，在地球上究竟是什么创造了这种强大的设计幻象。它是达尔文的自然选择，通过自然选择的进化，它是一个非常强大的理论。我要把一个理论的力量定义为它解释的东西除以为了解释它需要的假设的东西。一个强大的理论是这样的，为了解释大量的东西不需要做很多假设。比如达尔文的理论，它所解释的是生命的方方面面，而它为了解释而需要假设的其实只是准确的遗传。一旦你得到准确的复制，即杰克·绍斯塔克演讲中的关键一步，其余一切就接踵而来，因为准确复制永不可能完全准确。总是会有缺陷，因此会有变异，因此将有不可避免地导致自然选择的竞争——假如它不完全死去——而这是有关生命的其他一切的背后驱动力。

另一个星球上的生命必须是达尔文式的吗？我们可以想象产生设计幻象的其他任何驱动力吗？嗯，科学史上被认为唯一另一选项是拉马克理论。拉马克理论首先假设，动物为了力争得到一些东西，从而获得了一些特性。第二个假设是，你越使用身体的某个部分，比如肌肉，它就变得越大。因此，由于长颈鹿努力去触及最高的树枝，它伸长它的脖子，然后伸长部分就被继承到下一代。和同时代大多数人一样，他相信获得性遗传。所以进化的过程是动物来完成的，用特定的肌肉或骨骼来完成的。因为它们使用那些肌肉，所以变大，而随后那些较大的肌肉或骨骼，无论是什么，都遗传给下一代。

事实上，这种情况不会发生。在地球上后天获得性是不继承的，这经常被作为对拉马克理论的主要反驳。但实际上，即使在后天获得性被继承的一个行星上，它仍然不起作用；它还不是一个好到足以解释复杂生命进化的理论，这是因为两个原因。一是后天的特征，没有特别的理由来解释为什么会有改进：大多数后天获得性实际上是不改进的，诸如断裂的骨头、疲乏、伤疤等。如果我们继承了后天的特征，我们所有人都会因传承祖先受伤的骨头而一瘸一拐的，而我们显然不是这样。即使在一个确实发生了这些的星球上，它仍然不会提供进化的机制。

理查德·道金斯的《祖先传说》。来源：理查德·道金斯

用进废退的原理还不足以强大到完成这个任务。你尽可以说，使用肌肉会使它变得更壮。这也许是真的，但这不能很好地解释像眼睛这样一些精细复杂的事物。自然选择这个好的利器足以提供漂亮的解释诸如眼睛和耳朵的器官，但恰好不是你越使用眼睛就得到越好的视力。这是没有意义的，正如说光子穿越透镜，透镜变得更加清晰，诸如此类都是胡说。所以我们可以不仅在这个地球上，而且到处都拒绝拉马克的理论。这是一个解释进化的尝试，但这是一个行不通的四处碰壁的尝试。

任何其他可行的理论都没被提出过。智能设计根本就不是一种解释，因为它只是把复杂性从何而来的问题转移到没有根据的前提。我们试图要做的和达尔文主义成功完成的就是解释复杂性解释统计学上是小概率事件，以及解释设计的幻象。这就是达尔文主义所做的，这显然是智能设计不能实现的，因为为了启动这个步骤，它本身必须始于复杂性，必须始于肯定是超级复杂和超级智慧的设计者。

这样，我们的工作假说将是宇宙中任何地方的生命必须是达尔文式生命。仍存在还未被人类想到的、也未被人梦想到的其他理论的可能性，但是我们不得不说，任何有点用的理论至少必须与达尔文主义分享从原始的简单性获得最终的复杂性的性质。如果它做不到这一点，它就不是我们正在寻找的理论。

现在，在其他星球上有生命的可能性究竟有多少？众所周知，正是恩里科·费米有一次在午餐时和同事说过的："他们都在哪里？"他非常聪明的同事立刻明白他的意思。他的意思是，为什么我们没有来自其他行星的生物访客，或者为什么我们从未收到他们的任何无线电信号？我们就是不知道，正如这次大会上各位演讲者说的，其他星球上是否拥有生命。我们根本没有足够的数据来逼近这个答案。

从极端的(有些人认为的"我们在宇宙中是完全孤独的")，中间的(诸如"生命大约每星系出现一次"——仍然极其罕见)，到另一个极端的("生命平均每恒星出现一次")——在这种情况下，我认为，我们在宇宙中会拥有相当于诸如10的22次方的分离的生命形式，所有这一系列可能性都是敞开的。

各种各样的人一直支持这一观点，相当多的人认为，我们在宇宙中是孤独的，生命真的就出现了一次。这没问题，不过让我指出一个推论，一个来自该信念的推理。如果你想坚持这个信念，即我们是孤独的，这意味着，生命的起源是一个相当令人难以置信的不可能事件。这个事件如此不可思议，以至于像杰克·绍斯塔克及他的同事一样的学者们将时间全然浪费在为了生命起源而构建一个合理的化学理论上。因为如果你想要相信我们在宇宙中是孤独的，那么我们寻找的生命起源理论就不是一个似乎有理的理论，这就是一个高度难以置信的理论。如果有人构想出一个似乎合理的理论，而如果我们却相信我们在宇宙中是孤独的，那我们应该深深为之忧虑。

嗯，虽然我不太熟悉你们，但是我认为杰克·绍斯塔克的演讲极其有理，这意味着我的看法倾向于这个观点，即在宇宙中可能有相当大量的生命。另一方面，由于相信那种可能性的原因是存在如此庞大数目的行星，还有可能的是，尽管在宇宙中可能存在很多生命，而因为行星数量是如此之大，似乎生命依然是罕见的，因此宇宙中的生命岛屿可能间隔得这么远，生命之间不期而遇的机会可能非常低，这将令人非常悲伤。

邂逅生命肉体远比靠电磁辐射遭遇智慧生命更加不太可能，这是吉尔·塔特的主要课题。如果我们想被访问，这个生命类型就必须故意聚焦并登陆我们的星球，后者是一个极端不可能的目标。另一方面，如果那个生命形式是通过无线电信号或

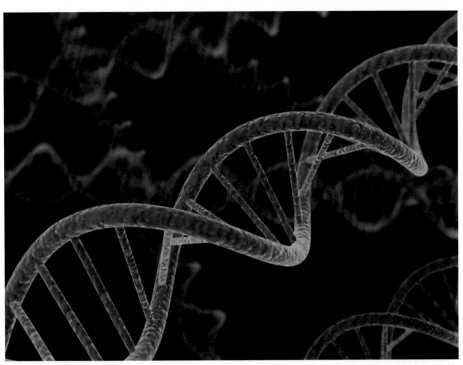

DNA。来源：国家标准和技术研究所

任何其他形式的电磁辐射传播，信息就会向四面八方辐射，覆盖目标的范围将连续扩展，而我们落在这个扩展的范围中的概率变得巨大。另一方面，被接收到的消息受逆平方律影响而衰落，信号在相当大的距离就会消散，淹没在背景噪声之中。这个问题是可以用信号束，例如极细的激光束来克服。那么我们又返回到激光束必须非常小心地瞄准的问题。我们已不再拥有向外传播的优势。

生命的起源是怎样的事件？杰克·绍斯塔克已经演讲得非常好，我不必再去涉及。关键事件是高精确的自我复制实体的起源，其中DNA就是一个例子，而且，正如杰克·绍斯塔克说的，原先可能还会有其他的，而DNA可能是最后接管的。它必须是碳基的吗？碳具有形成链状、环状以及其他适于生命的复杂结构的能力。因此有一种假设，即碳基生命相对更可能，不过我们也可能是错误的。

碳能够制成大的复杂的分子，特别是蛋白质分子，后者具有非同寻常的把自身卷起、把自己打结的能力，其三维形状使之具有催化性能，这真的是由它们的三维形状引起的。而一种蛋白质的三维形状是由链中的氨基酸一维序列决定的，而它又由DNA中核苷酸的一维序列编码意义所决定。所以在理论上你可随意制作任何形状的蛋白质分子，只要你能为此提供正确的氨基酸序列，那么蛋白质就会自组装，会负责把自己打成恰好给出你需要拥有的催化性能的形状必要的结。

我把一个细胞比作一个化学实验室，在那里和一瓶瓶化学物质整齐地排列在货架上不同，实验室中所有的化学物质——它们成百上千瓶——倒入一个巨大的桶中，这会是非常不负责任的事，幸运的是在细胞这个生命大桶中，酶的存在，特定的催化剂的存在，保证当你把你所有瓶子的化学物放进大桶时会发生的绝大多数反应不发生，只有一两个特定细胞需要的反应发生，这正是因为特种的酶引起的。因此，正如我们理解的，看起来似乎酶，即特定的催化剂，至少对于生命是极其重要的。

这样接着的下一个问题是："其他星球上的生命必须拥有蛋白质吗？生命既需要蛋白质又需要DNA来各司其职，即生命的催化剂和复制作用吗？在我们的生命形

袋狼——一种犬袋类。来源：维基共享资源

式中，这些都分工得很好。DNA是一个绝妙的复制器，却是一个糟糕的酶；蛋白质是一个神奇的酶，但不能复制自己。正好杰克·绍斯塔克提到的，可能的解决方案是RNA世界；RNA，作为一个好的复制器和好的催化剂，可能是两者的前锋。

我认为，检视我们已知生命的属性，并向自己提出如下问题是有助益的，即"这些属性中的哪些必须是真的，而哪些属性碰巧在我们这类生命中是真的？"我已经提到了达尔文自然选择是我猜测的正确的某种东西。我也可能是错的。达尔文的自然选择取决于高保真复制、高保真遗传。DNA是非常非常高保真的遗传，从它是数字化的这个事实中获得它的这个特性。

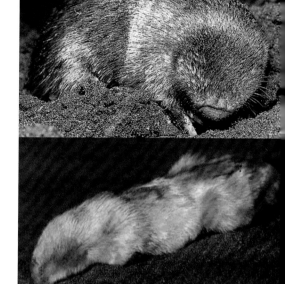

但是遗传必须是数字的吗？我猜想可能是这样的：我们在数字编码的经验比模拟编码更可靠、更准确，但至少我们可以考虑在其他一些行星具有模拟而非数字遗传系统的生命形式的可能性。如果是数码的，那么它必须是一个一维的代码，就像我们，就像DNA那样，或者你能想象一个二维矩阵在遗传过程从被读出吗？我已问过如下问题："它必须拥有蛋白质吗？""它必须拥有一个多核苷酸DNA、RNA或类似的某些东西作为分离的复制器吗？""它必须做爱吗？"

也许并不需要，因为地球上相当多的生物不做爱，以及我们没有完全理解性究竟是做什么的，所以可能不需要做爱。它必须有分离的细胞吗？我们知道在这个星球上的所有生命要么是单细胞的生命，要么，如果它是大的，是由大量的小细胞构成的。你能想象一个生命形式，不以那样的方式分割成细胞吗？细胞有这个非凡的属性，一个完整的遗传信息的拷贝存在于每一个细胞之中，这是有点奇怪，还存在于即使在不需要它的细胞中。它是生命必需的属性，或只是偶然？这是否只发生在我们所知道的生命之中？

回答这类问题的一个方法是杰出的理论生物学家斯图尔特·考夫曼提出的。他诘问这个问题，"如果我们假设性地重新运行进化，如果我们想象，也许从生命起源，或许从第一个真核细胞的起源(也就是说，第一个非细菌细胞，我们的第一个细胞，具有独立的核的和线粒体的大细胞，以及类似的东西)再次开始进化，如果你重新运行进化想象的、而非实际上能实现的，比如说数千次的统计样本，你能否期望它每回都再次得到类似同样的东西，或者你期望每次重新运行的进化都给你一种完全不同的生命？"这显然和在其他星球上可能有如何不同生命的问题密切相关。如果你至少可以说，在这个星球上生命的重新运行往往会给出相同的答案，在这么多亿年后得到同样的结果，那么至少可以告诉你一些关于生命的可预测性的东西——也许不多，但有一些。

嗯，我们不能真的重演进化——肯定不能从生命的起源，肯定不能从真核细胞的起源演化——不过我们可以做重演的小例子；例如哺乳动物，哺乳动物的演化，它比恐龙灭绝早很久就开始进化。哺乳动物真正自立并繁衍起来是在约6600万年前恐龙灭绝之后。

恰巧是这样，正当恐龙灭绝之时，冈瓦纳南部大陆分裂，进化在澳大利亚、马达加斯加、新西兰、南美甚至非洲独立进行。哺乳动物在那些地方独立，或在很大程度上，独立进行演化。最完美的例子是澳大利亚，在那里最先出现的唯一的哺乳动物似乎是有袋动物，也许只可能是一种有袋动物，这是一个有趣的思想。澳大利亚的哺乳动物全由早期有袋动物繁衍，而同时在非洲、亚洲和南美洲，以及在马达加斯加其他种类哺乳动物进化并平行繁衍开去。

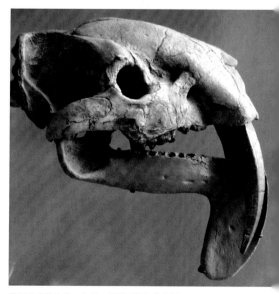

你在对面的插图所看到的似乎像一只狗，它实际上不是狗，这是一个有袋类，

飞鼠。来源：维基百科共享资源

令人印象深刻的是，它看起来像狗，它像狗一样行动。它在20世纪30年代才灭绝——它看起来像狗，有类犬的生命方式。77页中间的图还显示了另一个例子。鼹鼠有完全不相关的三种生存方式，以完全独立的类鼹鼠生命方式进化，钻入地下，吃蠕虫和类似的东西。这幅图上端显示我们的欧洲鼹鼠，之下是南非的黄金鼹鼠，这是一个非洲兽——和真正的鼹鼠无关。它以鼹鼠的生命方式独立进化。底端是一个澳大利亚的有袋类动物鼹鼠，再次以鼹鼠类的生活方式进化，并看起来像鼹鼠似的，行为也像鼹鼠，但不是鼹鼠。

还存在两种会飞的松鼠：一种是啮齿动物，另一种是澳大利亚有袋动物。它们的外表和行为几乎相同。在澳大利亚和旧大陆是由两个接近的方法独立地进化成相同的生命方式。

存在两种剑齿虎：袋狼，这是真的猫；袋剑岗虎，是来自南非而非来自澳大利亚的有袋动物。

许多生物拥有神奇的力量，如注射毒药的能力。水母、蝎子、蜘蛛、蜈蚣、昆虫、蛇、蜥蜴、（软骨鱼类中的）魟、鲨鱼、硬骨鱼类的鱼、石鱼——非常致命的毒药——甚至哺乳动物。雄性鸭嘴兽的后爪有注射毒药的能力，以及植物中的蜇刺荨麻。所以看起来似乎皮下毒液注射很容易进化。

然后是电磁定位，这对我们完全是陌生的；我们一点都不明白，一条鱼如何靠自身发出的电场的变形而检测对象。这已经进化了两次。存在两个种类的鱼——号称电鱼，进化出了这种能力。它们产生一个电场，并且它们用鱼身最下处的小电压表测量，并比较电场，从电场的变形得到什么在附近——是否在附近有猎物或任何别的什么。这两个组的鱼确实是独立进化的：一组在新大陆，另一组在南美洲。

这两组鱼之间存在有趣而明显的差异。为了做到电磁定位，鱼就需要把身体挺得笔直。当它以通常的鱼的方式游，它就没能力做电磁定位；无论如何会有太多的失真。因此，在进行电磁定位时，这些鱼都是直的。为了在游动时做电磁定位，因此它们必须找到一种不同的方式游泳，而实现这些的方式不是把整个身体抛进蛇形波中，而是它们有一个沿着身体长度一直长下去的鳍，它激起蛇形波。但迷人的是，南美洲族的鱼，鳍沿腹侧表面一直长下去，而非洲族的鱼，鳍沿背表面一直长下去。这又是独立进化而来的确凿证据。但两者电磁定位的物理是相同的，用同样的把戏。

你们看我在做什么：我试图建立一张图，该图显示，由已经独立进化的次数可知哪些东西容易进化，以及哪些东西很难进化。真正的飞行进化多少次了？很显然，只有四次：在昆虫，它们首先进化；在飞龙——翼龙目等，它们接着进化；然后是鸟类和蝙蝠。这些都是可以使用扑翼不停飞行的真正飞行者。存在其他许多种类进化成有滑翔能力的动物，在某些情况下滑翔相当远的距离，而它们的数量更为众多。

粉红翅飞鱼。来源：公共领域

这些插图显示飞鼠、飞鱼，还有很多很多。喷流推进进化了多少次？显然独立的有两次，两次都在软体动物中发生。鱿鱼喷射而往后运动，它们从身体前部的虹吸管非常迅速地喷水，而非常非常快地退后运动，快到这种程度，甚至有些鱿鱼都已经独立进化出飞鱼的习惯，从水中穿出，在空中飞驰很长一段，再返回水面。它们靠喷射推进并向后游泳。扇贝也有极其独特的喷射推进功能。在它们快速关闭阀门时，你可能会认为它们会离开"劈拍声"往后游泳，但它们并非如此。原因是关闭迫使水从两片壳的合叶喷出细流，这反而将它们向前推进。

轮子进化了多少次？嗯，它是在人类技术中进化的，但即便如此也花了很长时间。众所周知，车轮必须是发明而来的，它不是在人类历史非常早期发明的。我所知道的唯一真正的自然的轮子是细菌鞭毛轴的马达。你知道许多细菌在一端伸出很长的鞭尾。它们利用其游泳。这尾巴，就是鞭毛真的旋转。你可以在这幅图上看到小分子马达在转动它。它通过一个轴承，真正地轮轴传送，它真正旋转，而我认为这可能是自然中唯一的轮子的例子。因此我们可能会说，轮子并不渴望进化。

细菌电动机。来源：理查德・道金斯

一些人想知道，就像科幻电影一样，是否在其他星球上可以进化出具有双足的、具有向前看的眼睛和熟练的手，聪明得像人类的生物。在这个星球上是否甚至进化过两次？一些生物学家猜测，只要6600万年前恐龙没因彗星或小行星而灭绝，它们可能会产生类似于人类的生物。许多恐龙当然是双足的；它们用两条腿行走，所以它用摆脱束缚的手去干什么事情，这并非那么不可能。当然这纯粹是猜测。

那些喜欢科幻的人都知道，科幻作家，也许非常缺乏想象力，经常用人形的生物充斥他们的外星世界，因他们缺乏想象力，而使大家相当蔑视。然而，一位可敬的生物学家，西蒙・康威・莫里斯，剑桥大学的地质学家，他怀疑有些像人类的某物真的很有可能进化，他将此提议记录在案。他头脑中似乎有想法，不过他确实有些不错论证。我原先以为，我在趋同进化论上相当孤独，但康威・莫里斯走得更远。

例如他指出，昆虫有一些明确特点：节状外骨骼、复眼、一个六条腿的步法，因此六足中三条总会同时踏在地上，构成一个稳定的三角形(在一边，或在另一边总有两条腿，不停地交替)，呼吸管被称为气管(小管通过体内携带空气，以提供氧气，并驱除二氧化碳)，在一些昆虫族群中发展了像蜜蜂和蚂蚁那样复杂的社会组织。

所有这些特性似乎都非常奇怪，但康威・莫里斯检视这个表，并证明在动物王国中，所有它们都已经不止一次地进化过。因此，如果昆虫进化过两次，不会令人惊讶。这不是那么不可能的。他使用这个为以下做某种弱论证，即拥有大脑及向前看的眼睛和熟练的手的双足古猿可能进化不止一次。

我还没有谈到宗教，但是我想还是以它作为结束更好。迄今为止，可能存在比我们先进这么多的生物，一旦我们邂逅它，我们将会把它们作为神祇俯伏敬拜。不过它们如果存在，我对相信这点毫不怀疑——它们必须通过一些可以解释的过程出现；如果不是达尔文进化，那么就是某种其他过程，该过程能完成同样工作，同样可解释的工作，正如达尔文进化一样，从原始的简单性导出复杂性，并因此导出做聪明事情和智能设计的能力。

复杂性不能简单以"魔法"形式涌出。你不允许把原始复杂性的假设就作为起点。这不是科学，是作弊。复杂性、设计、智能、目的、目标，这些东西以后才来到宇宙。它们可能曾经多次光临过宇宙，但它们得经过长期的发展、长期的实习和进化之后才会出现。不能将它们提前导入你的解释，因为这样做会引起比它们能回答的更多的问题。

超自然的解释简直算不上解释。他们是对解释义务的懦弱回避，我把解释的义务看作我们物种能够追求的最高义务。

非常感谢你们。

发现拥有三颗海王星质量的行星的第一个行星系统：HD 69830系统的艺术家想象，它还因被突出的灰尘和岩石的旋转碟环绕而令人印象深刻，该碟是由斯匹泽卫星在红外波长检测到的。来源：洛维斯等 2009；欧洲南方天文台

米歇尔·迈耶

银河系的太阳系外行星

瑞士天体物理学家米歇尔·G.E.迈耶于1942年1月12日诞生于洛桑，他是日内瓦大学天文系的荣休教授。他仍然在许多研究领域很活跃。1995年他和同事迪尔·魁洛茨发现了第一颗系外行星，即围绕着类太阳恒星公转的行星飞马座51b，而获得巨大的声望。

米歇尔·迈耶在STARMUS

迈耶因其研究及其对人类生命意义而获得瑞士马塞尔·本努瓦奖。2000年他获得巴仁奖，并于2004年获得阿尔伯特·爱因斯坦奖章。2005年他获得邵逸夫奖的天文奖项。迄今发现的系外行星的大约一半应归功于他的团队利用多普勒技术。

他是高精度径向速度行星搜索器(HARPS)团队的首席科学家，他们发现了越来越多的超地球和类海王星的低质量行星。他和合作者加里克·伊色雷列以及努诺·桑托斯获得2010年的安巴楚勉天体物理奖。

在古代，希腊哲学家们就讨论过宇宙中的"多世界"问题以及"多居住世界"的可能性。20多世纪以前，希腊哲学家伊壁鸠鲁就表示，他坚信在宇宙中应该存在无限多的其他世界。

贯穿以往的两千年，这个问题一直停留在哲学讨论的范畴。更近代，假想拥有生命物种的其他世界的存在已经深深地扎根到20世纪出版的大量科幻著作中。不过，注意到这一点很有趣，即在20世纪40年代之前，天文学家们偏向于估计，在银河系中存在极低数目的行星系统。因为银河系中的恒星超过一千亿颗，这一估计是迷人的。詹姆·金斯爵士提出了当时颇受欢迎的行星系统的形成场景，该场景导致这一非常悲观的结果。这一场景需要一个非常罕见的事件，那就是能形成允许行星系统产生必须的气态星云。

在金斯的场景中，恒星在非常接近的距离上飞过时的动力相互作用被认为是导致气态星云形成的主要原因。两颗恒星如此接近的遭遇可以容易地被证明极端稀罕。随着20世纪40年代人们抛弃了金斯的场景，旧的行星形成的范例被猛烈地改变，而在银河系中可能行星系统的估计数量立即跃升到几十亿个。

按照现代观点，需要用于开始形成行星的星云的起源不再是一个不可思议的不可能的两颗恒星的遭遇，而是恒星形成机制本身的结果。在狂暴的非均匀的分子云坍缩时，密度微扰是恒星的起源，后者自然被快速旋转的气体和灰尘粒子碟所环绕，形成了所谓的吸积盘。

由理论推出的这些盘的存在，首次由它们灰尘发射出的红外辐射而被检测到。1995年哈勃太空望远镜漂亮地确认了这些吸积盘无所不在。猎户座分子云前面看得见的绝大多数年轻的恒星都显示一个小暗晕，那是吸收星云漫射光度的吸积盘的尘埃成分。

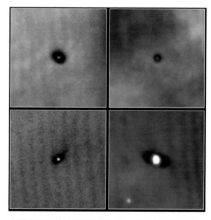

在猎户星云前看到的年轻恒星。这些年轻恒星中的绝大多数都拥有气体和灰尘的快速旋转盘，由于它们吸收星云的光，所以这里显得黑暗。来源：NASA, O'DELL AND MCCAUGHREAN, 1995

1969年俄国天文学家维克多·萨弗罗诺夫提出了最被广泛接受的行星形成机制。在这个模型中，在盘中的合并的尘埃导致星子的缓慢形成，其质量增长，并最后创生低质量的石质的行星。在盘上离恒星足够远的区域，冰粒的存在使形成的过程更有效率，并创生了最终成为行星核的东西。一旦这些原始行星核之一获得大约十倍地球的质量，

银河系的内部区域的一小片,可见在该系统中恒星丰富之一瞥。可有多少行星系统围绕着这些恒星?来源:欧洲南方天文台

它就引起在周围的吸积盘气体的快速引力坍缩,类似于我们太阳系中的木星的气态大行星就形成完毕。

坍缩的最后阶段只在对应于吸积盘寿命的最后几百万年期间出现。这意味着大质量行星的形成只会发生在这种情形下,即冰粒和星子吸积的初始成长快速到和吸积盘的寿命相比较。

有趣的是,这一所谓的核-坍缩场景只在大约40年前才被提出。遵照这个场景,行星系是恒星形成的直接副产品,而我们可以立即预料,绝大多数恒星都应庇护行星系统。如果我们遭遇大量的行星,那么这些行星的质量随恒星个体而异。最大质量的行星,气态巨星应该最不容易遇到。类木行星轨道的半长轴(至少在形成阶段)不能短于大约5个天文单位(五倍的日地距离),在该距离冰粒子停止升华,并因此能作为构件。这样的半长轴对应于大约10年的公转周期。

尽管预料到行星系统的高出现率,把成像技术用于最接近的恒星上以直接检测行星却很困难,由于恒星的亮度比行星的亮度大10亿倍。在寻找可能的系外行星系统时,我们完全被恒星弄得目眩。这就是为何所有最早的系外行星的检测都是利用间接技术完成的。

两个引力束缚的天体呈现了相对于该系统引力中心的运动。恒星,由于质量比行星大得多,拥有一个显示非常小的抖动的轨道。尽管如此,该恒星沿着视线的速度(视向速度)还是显示了可以测量出的小的周期变化。多亏多普勒效应,从一台非常稳定的光谱仪分析恒星光谱揭示了这些很小的速度变化。天文学家研究这些速度变化,就能确定行星的轨道周期、轨道偏心度以及近似质量。

1994年,和天文学家迪迪尔·魁洛茨一道,我在法国南部的普罗旺斯天文台发起

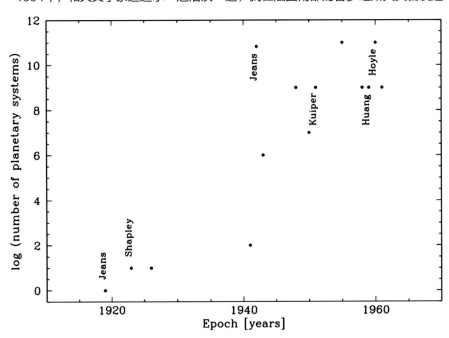

在20世纪的行星形成机制的思想剧烈变化。阅读过去的科学文献,就可领略在20世纪中叶范例的变化。只有在1940年代后天文界才承认行星系统的非常高频率的可能性。来源:取自迪克,2001

系统搜索，试图检测潜在的围绕太阳型恒星公转的非常低质量的伴星。我们那时既对可能的大质量行星，也对可疑的稀罕的褐矮星感兴趣。褐矮星是非常低质量的恒星，在它的核中没有核反应。最轻的褐矮星的质量只比木星大几倍。

人们相信，褐矮星正像恒星一样由星际物质云引力坍缩而形成，其质量范围和最大质量的行星的范围有重叠，这些行星被认为是由前面提及的从吸积盘的尘埃和冰粒的吸积而形成的。在太阳附近，在不知它们是双星系统的成员的条件下，我们选择142颗太阳类型的恒星的一个样品。我们利用普罗旺斯天文台的新光谱仪(ELODIE)进行搜索。每两个月，我们的计划分配到1.93米望远镜七个观测夜晚。

就在几个月后，即1994年的晚秋，我们在被观测的恒星之一检测到速度周期变化的第一个暗示。我们发现一个短到4.2日的周期，并估计出其质量接近一半木星质量。处于这么短周期的类木行星，只以太阳和地球分离的5%的距离围绕其类太阳的寄主恒星公转，似乎和预言的核坍缩场景严重冲突。为了排斥对我们观测的其他可能的解释，我们选择推迟一年宣布这个不可思议的天体。

接下来的观测季开始的新观测确认了恒星飞马座51的速度变化周期，它的幅度以及相对稳定性。这证据足够使人信服，观测到的速度变化起因于一颗围绕其公转的行星的引力拉力！

该类木行星围绕飞马座51的短周期令人迷惑。在1995年宣布发现第一颗系外行星后不久，林·里查孙和波登海默团队解释了短周期的两难。他们假定，在吸积盘的寿命期间年轻的行星和盘的引力相互作用能引起轨道半长轴的非常有效的缩短，导致非常短的公转周期。这个所谓的行星的轨道迁移，是理解系外行星轨道特征的惊人多样化的必要的关键步骤。

自从首次发现之后，检测到的行星数目持续增加。截至2013年底，现在我们能很好描述多于1000颗系外行星的轨道。在过去的19年间，不仅我们找到新行星的数量使人印象深刻，而且多亏设计了更稳定更灵敏的光谱仪，我们还可能将研究扩展到质量小得多的行星的领域。光谱仪的灵敏度在发现围绕飞马座51公转的行星后提高了100倍。

发现飞马座51行星后的几年间检测到若干气态巨行星。这些检测揭示了惊人的各种不同种类的系外行星系统结构。首先，有时公转周期比一天还短。其次，多数周期长于几个月的气态巨行星拥有相当大的偏心率。在某些情形下，我们能测量到极度的偏心率(例如HD 80606 b 的偏心率是0.93)。第三，已观测到的系外行星的最大质量还不清楚。有一些围绕类太阳的行星拥有15倍或者也许20倍的木星质量。

显然，在稀罕的非常大质量的行星的准确身份方面存在某种模糊，由于在这个质量范围和褐矮星有个重叠。由坍缩的云的破碎形成的一颗褐矮星的下限也许是几倍木星质量。最近的统计指出，14%的类太阳恒星都至少拥有一颗气态大行星(其质量大于50倍地球质量，而公转周期短于10年)。在类太阳的恒星中，大约有1/7都拥有在上面提到的特征范围内的一颗围绕其公转的气态行星。

观测表明，恒星的金属性和它拥有这种行星的比率有很强的相关性。在大气拥有重化学元素的最高浓度(3倍太阳相应的值)恒星就有1/4的机会拥有一个包含一颗气态行星的行星系统。在相反的一端，对于仅有1/3太阳重金属丰度的恒星，该发生率降低到大约5%。

随着光谱仪的稳定性和灵敏度不断提高，可能检测到质量小得多的行星。例如，安

在拉西拉天文台3.6米望远镜折轴焦点的HARPS光谱仪现在是检测系外行星的最精密的仪器。其精确度已经足以发现和刻画大量环绕类太阳恒星的超地球和海王星质量的行星。来源：迈耶等。2003，欧南台

装在智利拉西拉天文台的高精度视向速度行星搜索器（HARPS）的光谱仪，展示了测量恒星视向速度的优于50厘米每秒的精度。我们现在可以检测到和行人步行相比较的恒星抖动！较佳精度的直接后果是检测并确定质量和海王星相仿或较小的行星的统计性质。

拉西拉用HARPS光谱仪的重要搜索，导致发现令人难忘的大数目的由低质量行星构成的紧致系统。那些行星成员的特征是惊人的。大约50%的太阳类型的恒星拥有这样的行星系统，它包含小于30倍地球质量并且公转周期短于50天的小质量和小轨道的行星。（作为比较，水星的公转周期是88天。）这些系统中多于70%是多行星的。这些行星系统包含拥有海王星质量以及质量在1~10倍地球质量的行星。（质量在那个范围的行星被称为超地球。）非常奇怪的是，这些极端频繁的超地球并不体现在我们自己的太阳系中，因此组成新的行星等级。

在那类行星中我愿意提及几个神秘的天体。2006年发现的HD 69830是第一个包含三个海王星质量行星的系统。2009年宣布的HD 40307是第一个拥有三个超地球的系统。现在在HARPS搜索的框架中检测出一些质量较2倍地球质量小的行星。2011年检测到HD 10180，这是拥有七颗行星的多行星系统，这些行星多数是超地球或海王星质量的行星。

此刻我想描述行星凌恒星对系外行星研究的巨大贡献。不过在此之前，我们可以提到利用开普勒太空任务对存在非常低质量和近轨道的大量行星成员的漂亮的确认。

在这些近轨道行星之中，行星凌的概率高到(百分之几)"仅"依赖寻找恒星周期变暗就足以发现行星。如果一颗类似木星的行星在一颗类太阳的恒星前通过，我们可以观察到恒星光度以大约1%的周期下降———一次星凌。而一次类地球在类似恒星前的凌，其下降仅有0.01%。从地面上的望远镜以及两个专门太空使命(CoRoT 和开普勒)正在进行几个系统的搜索。

首次由凌来检测系外行星是近年天文学的华彩之一。1999年，两个团队独立地检测出围绕着太阳型的恒星HD 209458的一颗系外行星，其质量是典型的类木行星那么大。由于它是利用多普勒技术发现的并具有3.5天的轨道周期，所以是行星凌搜索的很好候选者。利用由径向速度测量确定的星历表，如果我们的视线足够接近该轨道面，就能够预言潜在的凌的时刻。

1999年9月9日夜，在准确的预言的时刻，恒星HD 209458光度被减少了稍比1%多一些。7天(两个公转周期)之后观测到相同的现象。恒星光度的下降显然和行星的尺度成比例。从由光谱测量得到的行星质量和由在凌的时刻光度变化得到的行星直径，我们可以估计公转天体的平均密度。天文学家用每立方厘米0.3克的密度确认这颗凌的天体是气态巨行星。这使所有人无例外地都信服这些奇怪的"热木星"的确是行星。

随着这一首次检测，地面天文台观测到其他几个类木质量和半径的凌的行星。然而，地球大气层阻止搜索那些诸如海王星质量和超地球行星的非常小的凌的行星。我们必须进入太空才能检测它们。法国太空总署CNES建造并发射了设计来研究恒星的声学模式以及行星凌的首次太空任务。这次使命的部分结果是，我们可以指出凌的行星CoRoT-7b的发现。这颗行星拥有短到0.86天的周期，只有1.7倍地球半径的半径，还有大约5倍地球质量，它是可能估计其密度的第一颗超地球行星。在误差范围内，其密度是典型岩石行星的。不过它如此接近其恒星意味着，我们应该有一颗熔化硅酸岩表面的行星，至少在面对着恒星的半球面应是如此(预料行星的自转和公转周期同步)。

当一颗行星在其主恒星之前凌时，恒星盘光度的小部分被遮挡。随着恒星旋转，一

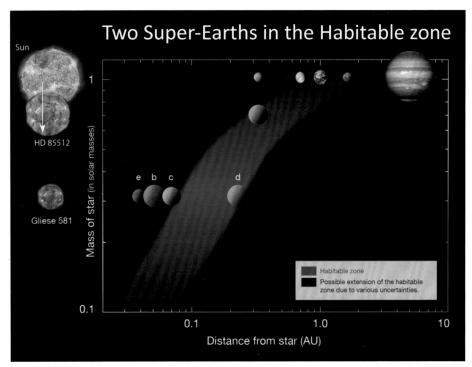

图中的蓝带表示在岩石行星的表面是液态水能存在的区域。由于恒星光度本身随恒星质量强烈下降，这个区域取决于恒星质量。图中标出太阳行星系还有格里斯 581 和 HD 85512系统的位置。这图画出HARPS光谱仪在检测所谓的"可居住带"的几倍地球质量行星的现有能力。
来源：法朗克·塞尔西斯慷慨提供

颗凌的行星会隐藏恒星的部分速度，并导致其被观测速度的小的反常。仔细分析那种反常(所谓的罗西特——马克洛林效应)能估计出轨道面和恒星赤道面之间的夹角。在行星形成时，类木行星和吸积盘之间的相互作用引起的轨道迁徙最有可能保持前面提及的两个平面共面。一开始，若干罗西特——马克洛林效应分析似乎证实了这一预料。但是最近，天文学家们发现了其轨道面和恒星轨道面相当不一致的若干行星。更糟的是，甚至在后退的轨道上发现一些行星的旋转和恒星的旋转反向！

这些观测表明，从和吸积盘相互作用预料的迁移肯定不是解释"热木星"的关键效应。牵涉到解释行星系统结构多样性的物理机制似乎相当复杂。

凌的行星的质量和半径能够被估计出来。半径和质量之间的关系显然取决于每颗行星的内部成分。观测凌行星展现出行星内部结构惊人的多样性。例如，我们会注意到拥有几倍地球质量的行星的半径的巨大弥散。很清楚，这些天体不全是岩石行星。行星的内部成分是它形成历史和演化的化石痕迹。冰粒子或（和）尘埃粒子的吸积和行星的迁徙路线相关联。当轨道的缩小导致低质量行星靠近其恒星，我们必须考虑挥发物可能蒸发。

作为这一复杂过程的一个好例子，我们可以思考离开恒星相当远的起源于冰粒子吸积的行星形成。如果吸积阶段不能形成一个足够大质量的核，使得赶在它寿命结束之前引力吸积该盘的气体，该行星就作为冰行星结束其形成阶段，有些像我们太阳系中的天王星或海王星。如果我们把这个场景和强轨道迁徙结合，我们就有风险让一颗冰行星和恒星接近到足以使它的冰溶化，并以"海洋行星"而告终。那些也许是宇宙中的屡见不鲜的行星类型，尽管在我们的太阳系中不存在！

将分别在在凌和出凌时获得的光谱相比较进行仔细分析，已经提供了有关行星大气成分的大量信息，而这也存在着印象深刻的多样性。

不引用NASA开普勒任务获取的漂亮结果，就不能结束这个讲演。开普勒用比它的先驱CoRoT任务大得多的口径，已经认证了超过2000颗候选行星系统。这个收成的最精彩处是发现围绕双恒星的行星(拥有在双恒星外的轨道的行星)，半径比地球半径小的行星，还有也许极端有趣的多行星凌。有几百个拥有多行星凌同一恒星的行星系统被测量到。检测到属于同一颗主恒星的多达六颗的行星。

把多凌行星的分布和多普勒检测的统计相比较，能估计各种轨道面的相互倾角。其结果(在1度之内)标示这些系统的不可思议的共面性，在我们试图研究这些系统的形成和演化时，这些特征还有待理解。开普勒的观天视场对应于一个相当狭窄的立体角，可惜其大多数的恒星都相当黯淡。开普勒允许确定行星的半径，不过如果我们能测量这些行星的质量，就可以大大改善对这些丰富数据的物理解释。

2012年4月在拉帕尔玛天文台安装的HARPS（这里指的应该是HARPS-N，校者注）光谱仪促使进一步了解被开普勒检测的最小的已确认的行星。开普勒 78b的确是一颗类似于地球的行星，它的质量是地球的1.86倍，而半径是地球的1.16倍。它的平均密度表明，其成分为铁和岩石。该行星真是一个地狱，因为它离主星的距离仅为区区0.0089天文单位。

过去19年间得到的数据之洪流将继续使我们理解行星系统形成的物理，尤其是在我们太阳系中的。然而，我们忽视最野心勃勃的长期挑战：在宇宙的其他地方寻找生命。这一令人眩晕的问题肯定已经涉及太阳系中的几个地方，诸如火星或者行星式卫星欧罗巴（木卫二）和恩克拉多斯（土卫二）。不过这一非常重要的方面不在现在讨论之中。在系外行星上去检测生命痕迹是现实的吗？

第一步是认证在具有牵涉到发展生命有机体的复杂化学中的合适特征的行星。位于其恒星的所谓"可居住带"的岩石行星被认为未来在太阳系外寻找生命的有希望的目标。可居住带对应于离开恒星的距离，在此距离上行星的表面上存在液态水。这个条件肯定不足以允许发展生命。例如，行星的质量也是关键的，倘若行星太小就不能防止其大气蒸发。轨道的偏心率太大也是不利条件，因为行星上的大气的温度会疯狂地起伏。

也许还要加上其他条件，诸如板块构造、磁场、没有潮汐同步等。然而，已经能够认证至少具有生化的最低要求的行星——在其表面上的液态水，防止大气流失的足够的质量，以及轨道不能太偏心。我们必须将一个观察的条件加到这些物理条件之上。对于任何设计在行星大气寻找生命痕迹的实验，我们要尽可能找最近的主星。要记住行星和恒星之间的巨大光度比，为了有机会测量行星的光谱，行星与其主星之间的角距离不能太小。此外，为了得到明确的光谱，我们需要收集由行星大气层产生的足够的光子。这些条件只有处于50光年的极限距离或更近的行星系统才有可能。

在如此近距离下凌的地球孪生兄弟的数目也许非常有限。由于所有野心勃勃的太空天文测量的任务都被抛弃了，具有检测在近距离的潜在可居住行星能力的仅有技术是光谱学。然而，我们面临着企图检测小至1米每秒的一部分的恒星径向速度的抖动的困难，这种抖动还埋没在内在的恒星不稳定性中。这种由磁循环引起的内在的混乱，对于最宁静的恒星具有1米每秒的数量级。然而，对于活动的恒星，可以轻易地大10倍。尽管这些困难，HARPS光谱仪能够在其恒星的可居住带检测到3颗超地球——格里斯 581d，这是具有7倍地球质量的行星，其主恒星具有1/3太阳质量；HD85512b，它是具有3.6倍地球质量并围绕着具有75%太阳质量的一颗恒星公转的行星；还有格里斯667Cc，它是具有4.3倍地球质量，也围绕着在主序列底部的低质量的一颗恒星公转的行星。

因为低质量恒星比太阳暗多了，所以能完成这些早期的检测。由于可居住带离开恒星较近，所以容易检测到小行星引起的作用。行星的低质量也是一个有利的参数。我们还未到达检测到一颗真正的地球孪生兄弟的水平，不过天文学家相当自信，这个目标是可行的。这些行星处于离开太阳系非常有限的距离，注意到这一点很有趣。

要估计在类太阳恒星的可居住带上，是否出现地球的孪生兄弟仍然是困难的。此刻，在文献中发现的发散的数值很好地表示了我们的无知。如果我们考虑由不同团队发展的核-坍缩场景的估计，低质量行星应是极为频繁的。

我们正在许多许多地方寻找行星。不过这只是开始。

帽溪射电天文台的阿伦望远镜阵42台6.1米天线中的7台。来源：赛斯·肖斯塔克

左下：哈佛OSETI计划的不昂贵的72英寸初级和36英寸的镜子，以及其中的一些创建者和电子工程师。右下：雪莱·赖特和她建造的LICK OSETI仪器。来源：保罗·霍尔维兹和赛斯·肖斯塔克

吉尔·塔特

宇宙中的智慧生命：外太空有人吗？

美国天文学家吉尔·康奈尔·塔特出生于1944年1月16日，是加州山景市SETI研究所所长。SETI，寻找外星智慧生命目前发展很快，它主要依赖塔特和她的合作者。

塔特是SETI的伯纳德·M. 奥利弗主席，是美国推进科学协会会士以及加州科学院院士。她于2001年被《时代》周刊命名为"世界上最有影响力的一百人"之一。她得到特柳赖德技术节技术奖(2001)，卡尔·萨根科学普及奖(2005)以及2009 TED奖。

卡尔·萨根的新奇的《超时空接触》一书中描述了塔特的天文学研究。在电影版《接触》中，由朱迪·福斯特扮演的主角埃莉·爱罗薇的原型就是塔特。塔特到全球演讲，并且为了使我们整个星球对SETI感兴趣写了几十篇论文，并鼓励年轻人(尤其年轻女性)追求科学、工程和技术的生涯。

几千年来，人类行走在发现、寻求答案的旅途中。寻求是什么、应该是什么的答案。关于我们是谁、我们为何在此、还存在什么人的答案。

作为我们旅途的一部分，沿着这条道路，我们已经知道，我们的宇宙是广袤的。我们的太阳仅是银河系的四千亿颗恒星之一，而银河系本身又仅是我们可观测宇宙的一千亿个甚至更多的星系之一。而你们已经从前面的演讲中知道，这是天文学家的美妙的游乐场。我们想象的在天穹的这些华美的天体，以及在我们研究宇宙时揭示的物理，实际上才代表宇宙总质量——能量的4%左右。其余的96%由暗物质和暗能量组成。之所以称为暗，那是因为我们不知其为何物。我们无畏地继续我们的旅途。

天文学家应该是相当谦卑的人——尽管我还未遇到任何这样的人！因此，我们毫不在乎地继续沉思，我们能够观测到什么，并且我们讨论暗能量和暗物质。"暗"只是表明我们没有线索。这意味着存在挑战，存在关于宇宙的有待发现的新事物，其中的一件事有可能是我们不能真正地理解引力。乔治·斯穆特和别人在后面的讲演中将要涉及我们不理解的宇宙的这些内容。我将专注于我们试图去寻求这个问题的答案，即在我们自以为理解的宇宙部分中，我们是否是孤独的。

大约五十年前，我们的发现旅途在技术上有个转折，并开始利用射电天文学的某些新工具。法朗克·德雷克首次进行SETI——搜索外星智慧生命，对两颗附近恒星——波江座的天苑四(Epsilon Eridani)和鲸鱼座的天仑五(Tau Ceti)进行射电搜索。回顾1960年，德雷克的奥兹玛计划使用位于西维吉尼亚的绿堤的国家射电天文台的塔特尔望远镜观测这些恒星达200小时之久。法朗克没有找到外星技术的任何证据；尽管如此，他从飞过的飞机弄清了某些非常重要的东西。地球上的技术有时会严重干涉对外星技术的寻找。

今天，SETI是一个正当的科学探索。贯穿过去的几千年，我们询问过牧师、哲学家、诗人以及萨满教巫师，无论何人只要我们认为是明智的我们

吉尔·塔特在STARMUS

都询问：我们对这颗行星以外的生命应相信什么？使作为年轻的研究生的我对SETI感兴趣，使我终生着迷的是这事实，我们（你们）是第一代这样的人类，他们事实上能做实验以回答那个古老的问题，而不必祈求于某人的信仰系统去找到答案。而因此在SETI研究所，我们试图用动词"探索"来取代"相信"，而系统地寻找别人技术的证据。尽管我们把它称作寻找外星智慧，而在现实中我们把技术当成他们的代理者。我们不知如何在远处找到智慧，所以我们在寻找遥远技术的证据。

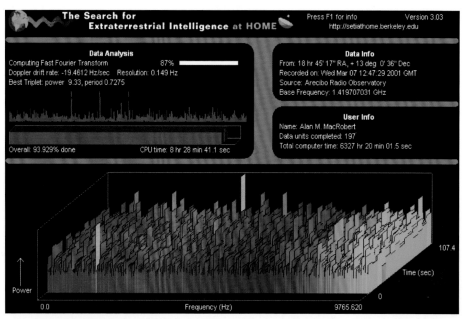

来自SETI@HOME的屏幕保护程序。来源：丹·威特海默

我们现在在光学波长，也在法朗克·德雷克1960年开始的射电波长进行SETI。我们在光学波长寻找非常强大的、非常明亮的、非常短促的光脉冲——只延续1纳秒左右的脉冲。自然似乎做不到这一点，不过地球上的技术利用脉冲激光和大型望远镜能做到。我们甚至利用我们粗糙的、非常年轻的技术能够制作这类非常容易检测的信号。光学SETI观测计划用现在快速光子计数二极管以及米级望远镜作为接收器，用10米镜面聚焦能够检测到在1000光年远处来的一拍瓦的激光。

劳伦斯–利弗莫尔有很多这类大功率激光，而我们的天文学家建造了多个10米级的镜子，所以不必比我们现有的先进太多的一个先进技术，就能生产这类可检测的信号。除非我们寻找，我们不知他们是否选择把必要的资源奉献于传送信号。哈佛大学OSETI天穹调查正系统地扫描从麻省可见的80%的天空，而在其他大学天文台，诸如在北加州的劳希纳和里克天文台和澳大利亚的西悉尼大学，把目标对准个别恒星寻找激光脉冲。

我们还继续法朗克·德雷克开创的射电搜索。我们利用全球的大型科学望远镜。贝克莱加大有一项名叫"SETI@home"的计划。记录数据被存在阿雷西博天文台，让全世界的志愿者提供他们的闲暇的计算循环去寻找信号。这取得了非凡的成功，并且也许是分布式计算的最著名的例子。SETI@home开创了个人进行服务计算以协助科学研究的思想，而现在有许多提供给使用者选择的不同科学计划。

除了利用属于科学组织的望远镜，我们现在还在建造自己的射电望远镜，特别设计来进行SETI和射电天文学24/7。这是在北加州建造的阿伦天线阵。阿伦是指保罗·阿伦，是微软的共同创立者，他非常勇敢地冒险为创造这个望远镜的技术发展和创新提供全部资金，他还为建设42个天线的第一期提供资金。从一开始，阿伦先生就说，为了使这个望远镜扩展到它的350个天线的全部规模，他需要合伙人。我们正积极地寻找这些合伙人。这台ATA望远镜，是我们首次建设的LNSD——即大数目的小碟——阵的一个优点是，在它建成之前你们就可以开始使用。现在只拥有最终的收集面积的一小部分，ATA把这些小的铝和钢的碟用硅基的数字微处理机以唯一的方式连接在一起。

我们在ATA首次创建了全色广场快照射电照相机。因为它是由小碟构成，并且装备有革新的RF设备，后者能够一下子接收从0.5G到10GHz范围的全部频率，而因为数字信号处理后端由多谱成像相关器，以及带有可被同时使用的大量谱通道的束形成器组成，所以ATA是不可思议的空前的一类全色射电望远镜。要是慈善的支持能够把ATA扩大到350个碟，这台望远镜将会由于拥有大得多的收集面积而改善其灵敏度。因为它正好是摩尔定律机器，因此它还会与时俱进。ATA模拟系统能在从0.5G到10GHz所有频率提供数据的同时，数字后端在任何时刻只能接受那个带宽的一部分。更快速的计算是扩展的关键。事实上，为这台望远镜建造更好的计算机终端将使我们的研究进展更快。

如果我们要用最小的代价建造大型望远镜，结果发现LNSD是再好不过的想法了。现在起的一二十年，在南非西澳的沙漠上其他望远镜将会像金属蘑菇般冒出。平方公里阵(SKA)是一个国际计划，是要建造一台100万平方米搜集面积的望远镜。而我们希望，一旦SKA问世，它将取代我们迄今用阿伦天线阵所做的，并允许我们观测到更遥远太空的更微弱信号。

我们现在在阿伦望远镜阵目前计划能做的是，检测2×10^{13}瓦的有效各向同性辐射功率的信号。那个有效功率对应于目前在阿雷西博望远镜用巨大的1000英尺的碟聚焦的2兆瓦的发射机的功率。而我们能够从远到1000光年以外检测到那么强的信号。这就是我们的现状，在将来我们要进行更大、更好、更快、更灵敏的搜索。随着我们变得更聪明，计算机变得更快，我们将扩大搜索范围，包括更多种类的信号。

以我的观点，也是和我天文学同事分享的观点，我们拥有真正的优势去理解，我们是生活在充满可能性的宇宙中的脆弱的生命之岛上。为了帮助人们理解他们的宇宙起源和芸芸众生，我认为这是应该和世界共享的前景。

显然，那些可能性之一是围绕着其他恒星的其他行星，那是其他脆弱的生命之岛。关于如何找到这类行星，今天我们听到了一点，而明天将听到更多。一种方法是测量微小行星对其大恒星的反作用。它把它在天空往前往后就拉一点点。借助在地面上看到恒星的吸收谱的非常微小的多普勒移动，这种移动可以解释成由恒星被感应的运动引起，还借助于微透镜效应(另一种技术，十分矛盾的是，甚至从来没看见恒星，更甭提行星了)，在地面上发现了并确认多于700颗行星。1995年以前，行星有个好理论，但是，飞马座51的检测改变了一切。现在越来越多的统计证据，表明行星的数目超过恒星的数目——每一颗恒星至少拥有一颗行星！系外行星成为最近我们遇到的游戏规则改变者！

用地面望远镜检测到的行星大多数是大质量行星，而其中许多是短轨道周期的，因为那是地面望远镜仪器最容易找到的。2009年发射的开普勒卫星的任务就是去寻找地球尺度的行星。希望找到以正确的距离，即属于"金凤花带"的，围绕着有点像太阳的恒星的地球尺度的行星。在这里行星的表面有可能存在液态水。我们把这些定为可居住行星。

开普勒是依赖检测一颗行星凌过恒星的圆盘面进行寻找的。从开普勒看来，围绕着某恒星公转的行星轨道应恰当取向，使得它在恒星前面穿越时遮挡住一些恒星的光。如果你在连续观察，那么你在几小时里，因为行星的投影，就能感知到恒星变暗。这张图使人看起来，似乎检测凌很容易，其实事情绝非如此。在太阳前面越过的木星遮挡了阳光的百分

未来的平方公里阵列中心的中频碟的艺术想象图。这些小碟格里高利光学偏移类似于ATA。来源：SKA

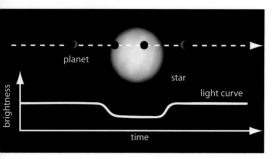

由于一颗公转行星的凌事件引起的恒星光通量减小的图。来源：NASA

之一。在太阳前面越过的地球遮挡了阳光的十万分之一。因此开普勒需要真正精密的仪器，非常准确的CCD摄影机。开普勒还必须同时观测大量的恒星，由于并非所有的行星都在产生凌的恰当的方位上。

开普勒观测银河系面附近的恒星所在处。开普勒连续凝视着100平方度的天穹。100平方度是全天穹的1/400。为了领略这有多大，把你的手臂直举起来，手在你眼中的立体角大约就是100平方度。这就是开普勒看到的天穹的尺度。开普勒在这个范围内监视170000颗恒星。图中的白四边形代表42个灵敏的CCD阵。开普勒照相机就像你的手机照相机，除了和你的3兆或10兆的像素不同，开普勒相机有95617600像素。而它们能行！在镜头盖从透镜取下后，开普勒第一张光成像展现了CCD灵敏度极限以上的450万颗恒星的场。在迄今稍长于两年期间，开普勒凝视其中的170000颗恒星。正如这幅图中的亮色圆圈显示的，其中一些实际上是拥有围绕它们公转的系外行星的候选者。

从2011年2月1日起，开普勒任务就根据两个阶段的数据宣布，他们发现了1235颗候选的系外行星。其中大约184颗是具有木星或更大尺度的巨行星。它们中的大部分，662颗拥有海王星的尺度。开普勒得到的288颗候选的系外行星拥有我们自己太阳系中没有的尺度。它们比地球大；研究这些超地球将是非常了不起的，由于它们有助于了解行星如何并由何形成。最后，还有68颗地球尺度的行星。1235颗行星中 54颗处于离它们主恒星恰当的距离，而也许是可居住的，这是在它们的表面上会有液态水的意义上来说的。

开普勒团队的杰森·罗创造了"玉米芯"图来强调开普勒系统中的差别，并突出凌检测技术的困难和奖赏。一张印制的图像无法复制重要的细节，我因此要求你们到如下网址去搜索：http://kepler.nasa.gov/files/mws/KeplerCandidates2326SunsRowe10000px.jpg。

杰森在这幅图中用大圆盘代表恒星，其大小和颜色指示它们正确的相对尺度和温度。作为比较，还展示了太阳的图像。在这图上画出的行星的影子是在凌中被检测的行星相对尺度。开普勒是惊人的仪器，它将向我们展示形成行星系统的大量不同的方式。为了领略凌检测的困难，请看放大的太阳圆盘图——大斑点是木星，几乎看不见的斑点是地球凌日在开普勒的视场中的样子。很难估计有多少研究这些不同类型的行星系统的宝藏的能力正在彻底改变我们对行星形成的现实世界的看法。

我很清楚，你们中的许多人熟悉机械太阳系仪。这些优雅的漂亮的精制的玩具是18世纪自然哲学家的最爱；你转动曲柄，则行星和月亮们都转动有序，并阐明开普勒定律。我以为，这些可爱的新玩意儿有助于引诱我们以为，同样简单的秩序在其他任何地方都占主导地位。在我们还未实际进行猎星行动时，我们会下意识地有这一偏见。阿尔·卡梅伦以及其他人建造了美丽的数字模型，该模型告诉我们，如果一定要形成行星系统，它们所有都在一个平面形成相当圆的轨道，小家伙(岩石)在里面，大的气态巨物在外头。在别的地方，事物都会相当美好和一致，正如在我们自己的太阳系中一样。

嗯，实际世界的多行星系统的开普勒行星系仪根本就不一致。你可以在以下网址看到所阐明的，http://kepler.nasa.gov/images/videos/orrery.mov。存在一些系统显得和我们的世界截然不同！当我对这一动画片极为惊讶时，回想起在《接触》中朱迪·福斯特说的一句："他们本应送一位诗人来。"我们对实在世界中行星系统的丰富性和多样性完全摸不着边际，而且肯定还要有源源不断到来的。开普勒行星系仪只是强调，从一个样品推广是如何困难，我们自以为知道的又如何愚弄我们自己。

知道开普勒恒星的距离，知道100平方度的视场大小，知道银河系中普通恒星成员

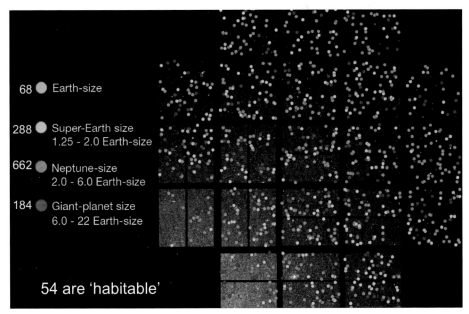

68 ● Earth-size

288 ● Super-Earth size
1.25 - 2.0 Earth-size

662 ● Neptune-size
2.0 - 6.0 Earth-size

184 ● Giant-planet size
6.0 - 22 Earth-size

54 are 'habitable'

开普勒卫星在观测的前四个阶段检测的1235颗系外行星的位置。颜色
斑点代表不同尺度类别的行星。来源：开普勒任务

的分布，使我们从这些早先的结果预言，仅在银河系中就有大约五千亿颗行星，而其中的五亿颗可以在液态水意义上是可居住的。所以此刻是询问如下科学问题的绝佳时刻，即："我们孤独吗？"目前我们有很多世界有待探索。

我在SETI研究所的大多数同事，大约130名科学家还有后勤职工，都对微生物生命感兴趣。他们试图弄清，利用从现在起的一二十年后的更先进的卫星，我们如何想象围绕着一颗邻近恒星公转的一颗像地球的行星，并且进行其大气的化学探索。其目标是去搞明白在那个遥远的大气中是否存在非平衡化学，正如在地球这里存在一样。我们的大气是以来自光合植物的氧分子，以及来自白蚁肠道、稻田和气态牛屁(牛胀气)中的产烷生物的甲烷为特征。

那两种气体(甲烷和氧气)是非常活跃的，它们在平衡条件下结合形成二氧化碳和水而消失。但是在这颗行星表面上的生物活动如此强健，它使我们的大气远离化学平衡，并且以生命为唯一标志。我的天文生物学同事试图弄清如何在它处寻找生命。利用我们现有的或者计划的天文生物学工具，并假定我们最终在遥远行星的大气中找到确切的生物痕迹，我们不清楚它们是否是由微生物产生的，是否在那里也有数学家。我的团队有兴趣去寻找数学家！

SETI是寻找技术痕迹，而非生物痕迹。SETI 最终能否成功取决于外太空是否有某种生物，以及我们是否正寻找对头的技术。我们现有的技术在星际距离上是可观测的；它们的可能也是这样。不过我们还需要一件东西才能使SETI成功。我们需要那种平均可维持非常长时间的技术；在宇宙意义上的长期。在一个非常古老的星系中，我们的技术还非常年轻。我们在100年中已经拥有相关的技术；可是星系是100亿年那么古老。除非技术可以维持比百年长久得多，它们中的任何两者就永远不可能在太空中足够接近，在时间上一致，使相互得以发现对方。所以SETI成功的关键是长寿。

不过倒过来论证，假定我们真的检测到一个信号。假设我们找到的全部只不过是一个宇宙拨号音，没有"银河系百科全书"，没有我们能够解码的信息，没有外星的救助者。如果仅是宇宙拨号音——那不过是外头有其他技术的一个证明。物理学家菲尔·莫里孙谈及那种可能性，并把SETI称作"未来的考古学"。之所以称作考古学，是因为光速是有限的，信号要行进非常遥远的距离，所以已经花费了很长时间才抵达这里。不过那是我们的未来，因为如果技术不能长期维持的话，我们就不可能检测到该信号。成功检测到一个信号告诉我们这个惊人的事实：我们技术的未成熟期，即此刻所处的不安定的状态可能存活下来。如今我们没有获得很多其他鼓励，认为我们能够找到一种迎接现有挑战的方法。一直激励我继续SETI探索，激励我每天早上起床的动机正是：未来的考古学。

我们进行SETI已达五十年之久，有人对我说："你用了五十年什么也没找到，是要停止的时候了，外太空没有生物。"这些人士不理解搜索的规模。在我们的宇宙海洋的探索中，把我们已做了的工作量，与为了有较大机会找到一个信号也许必须做的做对照，在数量上的可靠估计是，相当于迄今才考查了整个地球海洋中的区区一杯八盎司的水。正如我们正在试杯中没捕到鱼，我们不太可能就得出结论说，海洋中没鱼。我们反而要正确地得出结论，我们还没有取足够大的样品，也许我们需要较大的杯子。我们的探索还有大量的事要做，而我们的SETI研究所团队绝不因未竟的大量研究工作而畏缩。我们技术的指数式的改进使我们建造较大的杯子，一下子就从宇宙海洋中舀出很多勺，以不同的方法更快地寻找它们。

此刻我们在寻找一定类型的信号方面进展极好：射电的窄波段的频率压缩信号，或者可见光波段的短时脉冲信号。这张图展示从最远的人造天体上被ATA捕获的一个信号。这是显示从旅行者1号卫星发送的信号的谱图。该卫星此刻正离开我们太阳系并向星际太空进发。该发射机的功率只有6瓦，就像圣诞树上的白色小灯泡，而它来自遥远的距离。在水平线画出的是频率，很多狭窄的频道；而垂直线是不同的时间取样。这张图的确包含一个你们眼睛难以发现的一个信号(它用箭头标出)，不过我们的电脑可轻而易举地找到该信号，因为我们预先告诉它那是我们要找的模式。电脑检测的结果是由白色的涨落的线展现，其峰值具有统计上的很高的意义。如果我们猜出了正确的信号，我们的电脑就有大概率找到它。

但是如果我们猜了错的信号又怎么办？如果我们还没有寻找正确的东西又怎么办？当我于2009年获得TED奖(技术、娱乐和设计)时，我得到一个作试图改变世界的许愿的机会。而我希望TED赋予全体地球人参加终极寻找宇宙客人的权利。此刻你们也许不很明白，这何以改变世界，不过我认为这会的。和基于信仰的科学的争斗以及奇思妙想对于我们未来的存活是关键的——使全球科学家的团体激情投入这个搜索就能做到这个。

我委托你们要采取的行动是：回家，采用LinkedIn、Facebook，任何为你作传播的东西，首先你描述你是一个地球人这一事实。我们从那开始。接着让我们试图赢得并吸引住年轻的一代，因为这是我们试图要改变其视角的一代，让我们找到一种方法去使用人类头脑和眼睛的模式识别的绝顶能力，以过去我们还不能做到的方式帮助我们研究。让公众活跃地参与到我们的研究中，我们就有了极大的机会去告知宇宙演化的故事，以及解释就像我们，由星尘制成的生命也可以在其他地方制作出来。在和他们比较时，我们人类全都一样。

我们正试图建立一个我们称为SETI探索的全球团体。这一切都从北加州的奇妙的ATA望远镜以及Dell和Intel捐献的快速服务器硬件，还有Amazon网络服务的云资源开始。我们作为在GitHub上的公开的源码，发表了过去几十年为SETI信号检测建立的码。我们努力求助于开放资源的团体，说："嘿，这里有些聪明的东西，随便取，你要用它做什么都行。或者帮助我们使它更好。"我们正试求助于数字信号处理团体，主要是大学中的电工学生，帮助我们建立寻找不同信号的新算法。

而今年夏天，正当我们在这里STARMUS节享受相互交流之际，我的团队正指导谷歌来的两名实习生，他们在SETI和我们就做这个。我们还试图设立一个公民科学计划，和富有经验的动物园宇宙团队合作。这个计划让公民科学家和我们的自动信号检测系统一道研究，察看即时数据，寻找我们现在也许错失的东西。如果他们发现某种东西，就会使我们在下次观测循环时移动望远镜，以跟进他们的发现。因为我们要告诉人们宇宙演化的故事，所以我们要他们参与进来。我们要他们理解他们和宇宙的亲密连接。我们现在有平板电脑为主的 Android应用程序，我们正对它进行为这个模式识别应用的贝他测试。我们需要知道人如何和我们的数据互动，作为一种帮助我们发展实时应用的方式。

现在是我的SETI团队的特别激动的时期。我们知道将我们的阵列指向何处；我们已经启动了探索开普勒世界的一个两年计划；我们已有让人们参与寻找的计划；我们正在成功地建造将走向世界以及改善搜索的装备；不过我们遭遇了严重资金困难。此刻，我们面临着美国联邦水平的，我们所在地的加利福尼亚州水平的资助申请的严重挑战。加州大学不能再为我们运行我们合伙建立的望远镜提供资金。我们准备从各处获取支持，而明天我们启动众筹网址SETIStars.org。对你们说到我们的资助需求，我很不舒服。不过，我之所以这么做，是因为SETI实在太重要了，事实上重要到输不起。我们已经看到，几千年间绵延不绝的是，将一座小岛切割成甚至更小的岛，它们之间为自以为的差异而征战不休。毕竟，我们所有人实际上都属于地球人的单独部落。我们应以一种庆祝全人类的共同性的方式相互作用，而不应为了假想的差异而发生战争。

SETI拥有对这整颗行星高举起一面镜子的一个奇妙能力，并且说道："瞧！当你和外太空的任何东西相比，你们所有人都是相同的。"我们需要蔑视我们之间的差异。万一SETI计划永远寻找不到信号，但成功宣扬认识的这一变化，那么我认为SETI会是人类的最深刻的奋斗之一。尼尔·阿姆斯特朗的一段语录提醒我。尼尔被问及，阿波罗计划实际上如何造益人类，它的最好的方面是什么？尼尔回应道："不过我愿意说，它将启迪人类，帮助我们全体理解到，我们是比我们通常从前阳台看到的大得多的宇宙的一个重要部分。"

SETI步阿波罗8号航天员比尔·安德斯拍摄的惊人的"地出"照片，以及尼尔·阿姆斯特朗的智慧的后尘；它能以保证我们长期的未来的方式改变世界。这就是SETI能做的。谢谢你，请参与到我们之中来。

我们正在许多许多地方寻找行星。不过这只是开始。

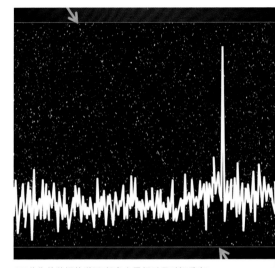

ATA收集的数据的谱图(频率水平相对于时间垂直)，显示旅行者1号飞行器从太阳系边际发出的信号(箭头表示的)。迭加上去的是由信号检测软件完成的统计测试结果；尖峰标示这个微弱信号是多么容易被检测到

STARMUS 画廊

STARMUS 2011的留影

99

Noel Carboni   Alex Cherney   Greg Parker   David Malin

加那利大望远镜（GTC）里面的圆桌讨论。STARMUS 2011

声波宇宙音乐会，STARMUS 2011。布莱恩与橘梦乐队——埃德加·弗勒泽、艾利斯·凯麦、琳达·斯帕、托尔斯滕·奎斯琴、霍希科·亚曼、伯哈达·佩尔。

亚当·保罗

基普·索恩

第四卷

宇宙声光

银河系和宇宙中的其他亿万个星系充满了有趣的成员——爆炸的恒星、黑洞、伽马射线暴，还有宇宙的振动之声。

普林斯顿大学天文学家亚当·保罗在其对超新星和伽马射线暴的描述中报告了宇宙中的最爆炸性的——也是最重要的——一些事件。我们身体中的元素正是在前者这些正在死亡的大质量恒星中创生的。

STARMUS的创始人，特内里费天文研究所的天文学家加里克·伊色雷列展示了宇宙的独特视野。人类通常不去深思大范围的宇宙之声，它淹没在地球行星表面的声音世界中。但他给我们证明了，在进入声学宇宙的启发性的历程中，我们能够鉴赏到宇宙音乐。

加州理工学院的基普·索恩，这位世界最伟大的黑洞和引力专家之一，细致地披露了宇宙中最神秘的成员黑洞的探索。这些深海的魔鬼似乎蔑视我们的直观感觉，并掌握着永恒问题的答案。

加里克·伊色雷列

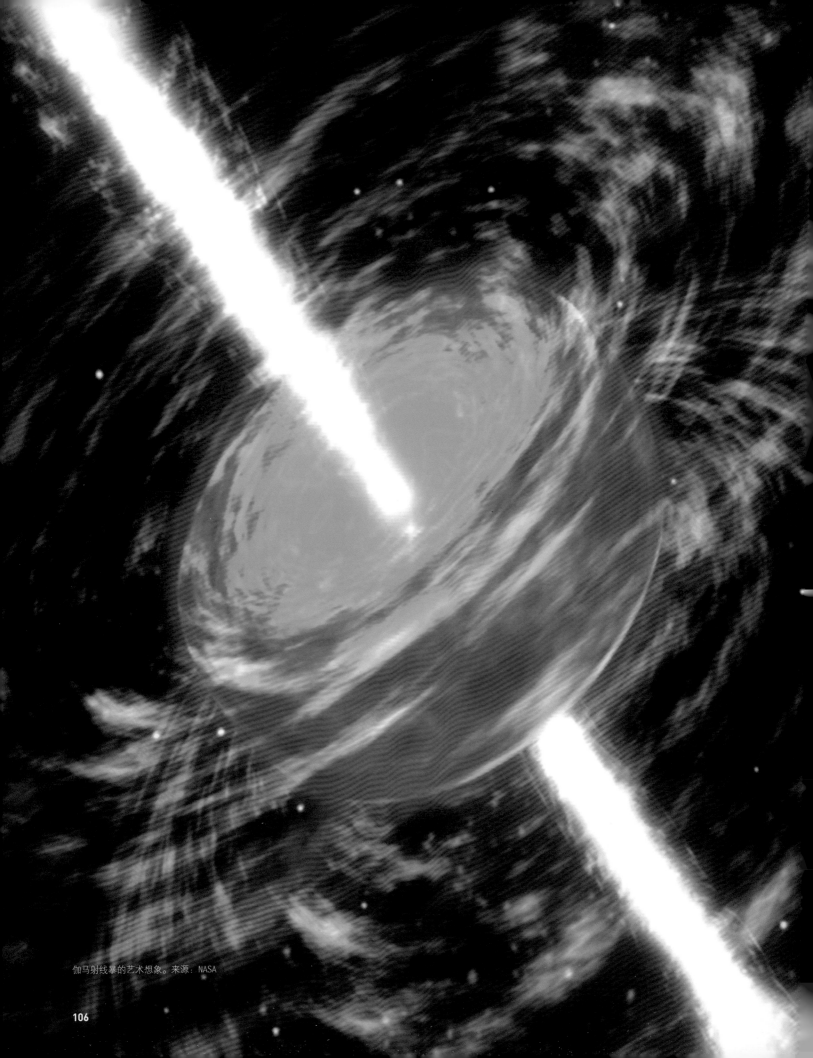

伽马射线暴的艺术想象。来源：NASA

亚当·保罗

爆炸的天体物理学：超新星和伽马射线暴

普林斯顿大学的亚当·保罗是一位独特的天体物理学家，他进行了一系列高能天体的研究项目。他专注于考察牵涉到超新星爆发的物理过程，这种爆发是非常大质量的恒星在一次巨大爆炸中死亡的结果。他还研究伽马射线暴，那是源于各种非凡的原因的非同寻常的强大爆炸。

亚当·保罗在STARMUS

保罗还专注于研究褐矮星，那是非常低质量的天体，形成处于恒星和非常大质量行星之间的成员，并寻找和理解系外行星。

他是国家物理和天文研究理事会主席，大学天文研究协会理事，阿斯彭物理中心理事。

当你抬头望天，你看到恒星。恒星似乎亘古不变；它们似乎永远不动。不过那是幻觉。正如萨米·索兰奇以前间接地暗示过的，你看着太阳时，它似乎显得相当和善平静，不过当你在X射线中看它时，它是绝对暴烈的。存在非常非常多的相关的爆发。

对于恒星实际上是什么样子，你应由此得到一个提示。倘若你加快它们的演化，你就会在理论上和观测上注意到，恒星在现实中是渐次诞生、生存和死亡。我们熟悉的恒星即太阳将会相当平静地死亡，并留下一颗白矮星，后者肯定拥有一个有趣的第二生命。

不过存在比太阳更大质量的恒星，10~20倍更大的质量，它们实际上会非常激烈地死亡。这些恒星催生了中子星和黑洞，而且它们都从所谓的超新星爆发而起始的。

那些超新星爆发可以穿越宇宙被看到。它们是大多数现存元素的起源。你骨头中的钙、你血液中的血红蛋白、我们呼吸的氧都在这一大质量恒星的环境中，在这爆发本身的暴烈中产生。超新星爆发将物质抛弃到星际媒介中，贡献给下一代的恒星。

因此，超新星是宇宙中变化的中心元素。在我们昨天看到的大量星系中，那些星系的每个区域都有催生下一代相关的这类暴烈，这都是宇宙中生生不息循环的部分。

我在这个讲演中探讨超新星理论，旁及一些观测。它将涉及20世纪和21世纪的不仅物理，还有数学以及计算技巧的潮流。我们对这些现象究竟如何发生有了初步理解。

不再啰嗦了，让我列出我们对超新星尤其感兴趣的基本缘由。正如我说过的，它们是元素的起源，不过它们还把能量注入到星际媒介。它们搅动并使其更骚动，所以它们是星系热力学的重要能源。它们甚至能触发某些恒星形成。的确，太阳的诞生也许就是一次超新星触发的。

它们是当下辐射你的宇宙线的主要来源，宇宙线是高能粒子，是宇宙背景辐射的一部分。正如我们早先听到的，超新星可以被当成测量宇宙的宇宙标尺。这是我们得知宇宙不仅膨胀而且似乎在加速的主要方法之一。因此它们是非常非常重要，而且具有非常重要的从属的用途。

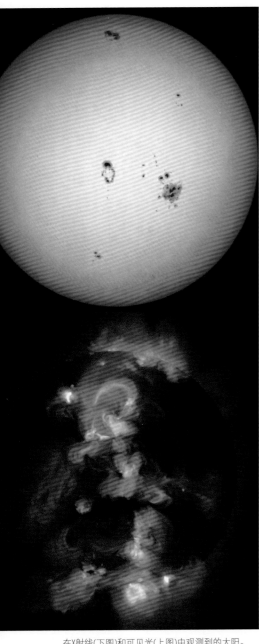

在X射线(下图)和可见光(上图)中观测到的太阳。
来源：YONKON；NASA/ESA/SOHO。.

正如我提出的，它们还产生恒星尸体。每一颗恒星都面临着这最后的状态。中子星可以在双星中；它们能从伴星吸积物质；它们能引起X射线暴并是明亮的X射线源——非常奇异的现象。黑洞也有类似现象。这样，在白矮星、黑洞和中子星之间，我们拥有了恒星演化终态的完整家族。

这张插图类似于萨米·索兰奇展示的太阳图。你在上面看到带有黑子的太阳可见光像，而那些黑子掩饰了之下的暴烈。不过这根本无法和我将要论及的热力学相比较，那是伴随着也许相关的超新星和伽马射线暴的功率。太阳比超新星现象的功率要弱22个数量级。相比之下，我们的理解变得如此贫弱。与我们相关的一切经验，以及从在地球上生活领悟的一切，都无法使我们理解这里牵涉的巨大量级。

因此，这场戏包括演员和玩家。将要剧烈死亡的大质量恒星是演员。它们将产生中子星，其半径可能只有10千米，其质量却可能达到太阳质量的50%——因此它们非常紧致。存在具有大约地球半径却有大约太阳质量的白矮星，也是非常紧致，不过不像中子星那么高密度。接着，正如基普·索恩雄辩地描述的，宇宙中存在黑洞。我准备谈论的那些黑洞是恒星质量的，而不是他暗指的那种超大质量的，尽管它们都一样怪异。存在很多双子星系统，两星靠得很近，其相互作用是你关键要看的，还有诸如吸积盘和双极喷流的概念。这些喷流能从这些非常致密的区域发出，你由此得到我们将其和伽马射线暴相关联的现象。这些就是主要演员。

宇宙爆炸方面的玩家罗列如下。我忽略了一些。存在发生在中子星表面上的X射线暴，还存在热核爆炸。但它们太小了，不能被包罗到这个讲演中。鲍伯，我很抱歉，还存在发生在白矮星表面的新星爆发，也因太小无法被包括在这个讲演中。

我要专注的是两类超新星和两类伽马射线暴。首先是所谓的超新星Ia，它非常明亮，是用来测量宇宙的主角。它是来自一颗燃料充足的白矮星的热核爆炸：你取拥有碳和氧的白矮星，并用某种手段提高其温度，直至引发热核爆炸，将碳和氧转变成铁和其他许多元素。这实际发生于宇宙中。它是相当剧烈的事件，没有留下任何东西。爆炸产物被注入星际媒介。

第二类是核坍缩超新星，它在宇宙中每秒至少发生一次。就在这个讲演期间，在整个宇宙就发生几千起这类超新星。这就遗留下我以前提到的那些残余——中子星和黑洞。这里花样繁多。

伽马射线暴非常怪异。它们是在20世纪60年代中期发现的，而在20世纪70年代早期才发表。它们具有两种类型：一种可能和核坍缩相关，不过也许强大得多并能导致黑洞的诞生。不管它们是否如此，它们总和双极喷流相关联。另一种也许和双中子星相关，它们靠得足够近，在基普·索恩早先暗示的进行引力辐射完时相撞并非常剧烈地合并。这一回我将展现与之相关的一些概念。

当中子星合并时，它们发出LIGO，即激光干涉仪引力波天文台可能探测到的引力波。因此如果在我们观测到引力辐射的同时观测到伽马射线暴，那么我们就当场抓到这个现象的证据。那将是极美妙的。

现在就让我从Ia超新星开始，再次，尽管我要强调理论方面，与此相关的还有美，这我也要触及到。对于既要理解理论又要理解艺术的人士，请让我列举一些基本事实：你在这些环境中制造放射性镍。镍是你四周铁的先驱。你制造了镍-56，而它衰变成钴-56，然后是铁-56，而后者正是你熟悉的标准的铁。由于放射性，你加热被赶出的气体，并将其加热至白热，正是这种机制给我们观测到的许多超新星的光提供能量。倘若你没有这个镍，尤其是在Ia超新星中，你就看不到超新星。因此放射性是我们作为观察者将其和超新星相关联的现象的核心。

爆发及发光可能延续几个月。其释放的能量是不可思议的，不过我不想详谈这些。我要让你细想这些数字，而且正如我以前说过的，这一类型牵涉天体的彻底解体。这张插图描绘出由冲击波界限的超新星残余。它实际上有几光年的直径，我们在银河系和宇宙观测到许多这样的残余。那些是该产物。这是早期的相，即在超新星爆发后最初一万年左右的，而正是这物质将要被纳入下一代恒星中。它们显得相当不同，不过它们绝大多数能够由这向外传播的具有相当于10的28次方兆吨TNT能量的冲击波来表征——如果你能理解这些的话。

现在，当我们对这些现象作模拟，我们所发现的是存在一个燃烧的前沿。这几乎就像拿一张纸，将一端点着，看这火焰移动过整张纸。不过该火焰是热核的，所以非常暴烈。还有这种情形，即当那火焰在引力场中传播时留下稍不密集的物质。其净效果是，火焰是混合的。这是狂暴的热核火焰，并且也是相当怪异的。

我们正试图模拟那类事物。这样，我们同时拥有不稳定性和核现象，我们把它扔给电脑处理，而且得到这结果，我们看到了很多狂暴的泡，而非很好的球面膨胀。其中每个泡又将核燃料碳和氧燃烧成铁和镍等。理论家已经试图模拟这些，事实上在模拟中热核燃烧前沿也许只有几毫米厚，而在其中发生此事的恒星的半径却可达几千千米。

你可以想象，处理这么广阔范围的尺度是非常困难的计算问题，他们尝试了，他们尽力了。

在他们尽力而为的过程中，在小尺度发现了像这样的结构。燃烧前沿能变得非常纠缠，并且难以模拟。在大尺度上，这就是你将要看到的，一颗白矮星分解成泡泡，而这仅是早期阶段。我请你注意那台钟。那台钟以毫秒来计时，而所发生的是一颗地球尺度的恒星由于热核过程在几秒钟内分解，由此开启延续数月并可被观测10000年的超新星。它影响周围环境几百万年，以及后代恒星。而这不断重复地一次次发生。

现在人们提出了不同的机制，所有都是在一颗白矮星中的热核反应。其中一个是偏离中心点火。这是一颗白矮星，而你只在其中心点燃一颗小炸弹，因为你要看发生什么事；接着，你看到它如何传播，像一个气球胀大，穿过表面并开始散开——在整个过程中燃烧核燃料，把恒星烧成灰烬。

在此特殊情形下发生的是，它把整个恒星拆散之前先用自身把恒星包裹起来，并在背后的端点合拢。燃烧的物质如此地剧烈撞击其他的燃料，以至于在内部引发爆炸。这样一个泡泡胀大，一个表面波传到后面，接着就开始整个天体的剧烈爆炸——这一切是在瞬间发生的。我们谈及的速率是每秒一万千米。地球的逃逸速度比这小一千倍。令人大吃一惊的是，我说的许多东西实际上是真的。

另外一类迄今为止与最显著的超新星和大质量恒星的死亡相关，即所谓的核坍缩超新星。再次存在一些和它们相关的事实，它们和Ia超新星相关事实非常类似，但毕竟留下一个残余物。经常多半留下一颗中子星，不过有时会留下一个黑洞，而我们想知道，何时形成黑洞，又是何时形成中子星。这些仍然是我们不理解的事情。再说一次，它们是元素的主要来源，不过对我和许多理论家而言非常令人兴奋的一件事是，在这种情形发生的不是热核反应。它和恒星核的坍缩相关，因为它没有热核燃料，因

在X射线中观测到的Ia型超新星SN1006。
来源：CXC，NASA

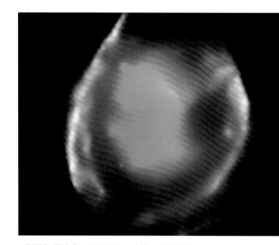

Ia型超新星残余：DEM 171。来源：J.HUGHES，
P.GHAVAMIAN和C. RAKOWSKI (RUTGERS 大学)
等，CXC，NASA

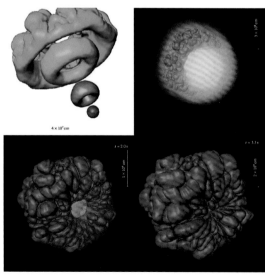

湍流泡泡.来源MIKE ZINGALE, STONY BROOK

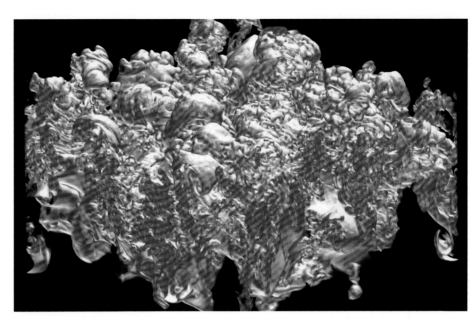

湍流热核火前。来源：MIKE ZINGALE, STONY BROOK

此不导致热核爆炸。它继续一直坍缩到核密度，因此其基本场景如下所述：

一颗大质量的恒星已演化了约一千万年，它在其中心制造了一个核，一个非常密集的核，一个类白矮星的天体。那个白矮星获得所谓的钱德拉塞卡质量，超过这个质量就无法使自身对抗引力，只好坍缩。如果它是由热核燃料构成，那么坍缩就像一台柴油引擎会将该物质加热，而它就会爆炸。

不过由于没有热核燃料，它就继续坍缩，正如在另一种情形，坍缩瞬间完成。请想象这个戏剧性场面吧！一颗恒星已经待在那儿一千万年。它在其中心制造一个核，一旦到达其临界状态，它就瞬间坍缩，并燃放超新星。这整个天体瞬间死亡。而它向外透过恒星发出冲击波，大约花费1小时至1天到达表面。接着，它就经历了超新星演示的全过程，该表演的部分能量来自于镍，在一次非常剧烈的事件中将此物质全部抛出去。

这类东西的前身也许就像下一张插图显示的银河系中的海山二星。它也许是大质量的双子星，并具有很好的双极结构。它还未爆炸，不过在1843年喷发过。人们会认为，也许这是只有7000光年远的一个超新星的前身。对于这些天体而言这是近距离了。你不想离得太近。

正如昨天加里克·伊色雷列展示的光度对温度的赫-罗图，这些超新星的演化发展出某些类似这个——在左边高亮度高温度的东西。该恒星也许位于这里，正如大约8800天之前的1987年爆发的SN1987A的前身的恒星，该恒星就像这样演化过。

它也许曾变成一颗蓝色的超巨星；它也许曾膨胀成红的，接着变成蓝的。存在各种相关的奇事，诸如在SN1987A发生时，直立人出现，用火并制造工具。此后，外头的物质独立于中心核而演化。中心核正是关键作用所在。恒星的其余部分觉察不出它就要死亡的事实。而它真的死亡时，它就爆发。我在此展示光度和按天标度的时间关系。这仅是一例——冲击波透过恒星传播，它打到表面，而你收到巨大的紫外线闪光，然后跟随着能够延续许多月的光曲线。

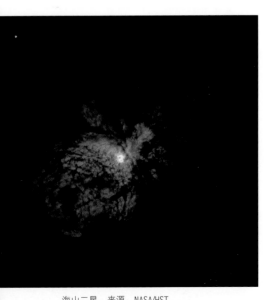

海山二星。来源：NASA/HST。.

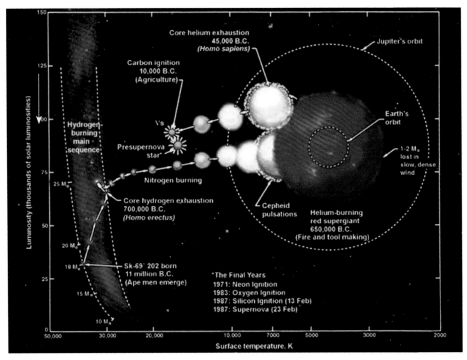

赫-罗图。来源：STAN WOOSLEY

在一个超新星发生时，可以和它所处的整个星系一样或几乎一样明亮。

这里给出在核坍缩超新星中创生的超新星残余的一个例子。这就是仙后座A。它在我们星系中，在不到400年前发生。在它里面有许多许多结构——我们在这里看到冲击波，在那里看到所谓的反冲击波。该天体最有趣的一个事情是，被创生并喷发出的元素事实上是被非球面地喷出的。它们并不非常均匀地分布。另一件有趣的东西是在中心的这一小点。那是颗新诞生的中子星，而我们是在X射线中观测到它。现

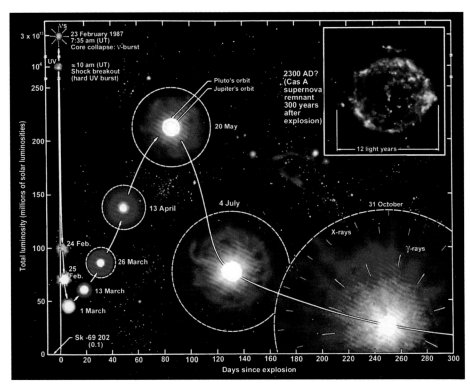

核坍缩超新星光曲线：SN1987A。来源：STAN WOOSLEY

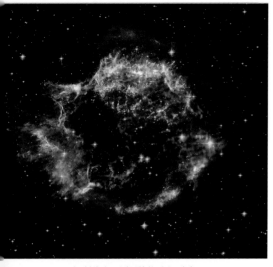

在X射线中观测到的仙后座A残余。
来源：NASA/JPL/O'KRAUSE(STEWARD 天文台)

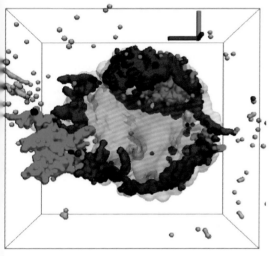

仙后座A残余。来源：DELANEY等 2010

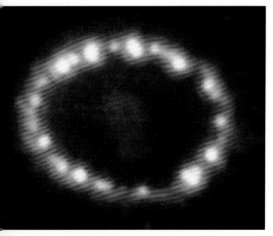

哈勃拍摄的SN1987A。来源：NASA/HST

在我是说，喷射出的元素并非球面地被喷出。

下一张插图是人们从仙后座A获取的数据表演的，这里绿的是铁，红的是氩，你还可为其他一些元素做标示。

不过你能看到存在正在显露的相当非球面的结构。那是一个正在显露的中心的基调。爆发现象不仅倾向于剧烈，而且不稳定——物体被粉碎。为了理论上模拟事物，你必须能够超越一维球面膨胀的相对简单性，并真的硬着头皮——你必须模拟自然的全部三维。

核坍缩超新星爆发的产物之一是一颗中子星。你获得一颗快速旋转的拥有磁场的中子星，它发出射电波、X射线、伽马射线以及光线。下面插图包含蟹状星云中心区的影片，而你能看到脉动(在这里展示一些截图)。

影片(http://chandra.harvard.edu/photo/2002/0052)不是实时的。脉冲星实际上每秒脉动30次。那个速率是这颗1.5个太阳质量天体的旋转速率。因此这些东西可以非常快速地旋转。如果地球旋转得这么快，它就会散架。

当超新星1987A发生时，它不仅激发一个超新星，还激发超新星群体及其环境。从哈勃得到的时间流逝图你可以看到其内部区域，而我提请你注意两件东西。首先，内部区域不是球面的。其次，你看到所有这些结构都发亮。那是源自冲击波的运动最快的物质，它们轰击到处于围绕超新星的位置的环，激发后者发荧光。

我们仍然在观赏这个，并要在下面半个世纪继续这么做。它是我们能研究的核坍缩超新星的最好一例。它是发明望远镜后在我们邻近注意到的第一个超新星。我们作为观测者每年看见500个或600个超新星，正如我说过的，在宇宙中存在每秒多于一个超新星。

现在请允许我谈及理论核心。下一张插图展示大质量恒星的卡通。在其寿命的末端发生的是，创生了所谓的"洋葱皮"结构，在此结构中你将元素以如下方式层层相套，越往外元素越轻，越往内越重——氢至氦；氦至碳；碳至氖和其他种类；然后继续到氧、硅和铁。那个铁核心最终达到所谓的钱德拉塞卡质量。再重复一次。它具有仅比地球半径稍小的半径。

它一旦达到该质量就立即灾难性地坍缩。整个天体在约1/4秒内坍缩。你知道当你打击高尔夫球时，高尔夫球和球棍接触多久吗？只有10毫秒。我们只需它几倍的

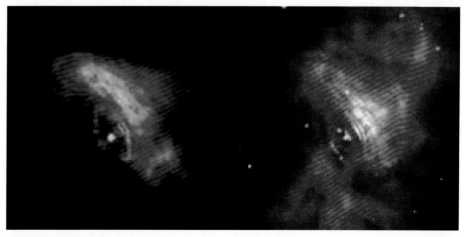

哈勃拍摄的SN1987A。来源：NASA/HST

时间就能让这整个天体坍缩，并形成原始中子星，后者会演化成一颗中子星。

这样，当我们在二维中做这些模拟时，我们看到了该坍缩。存在反弹，以及因之产生的冲击波。不稳定性存在于冲击波后面。这里的半径只有200千米。因此这是野兽之腹，一切行为都发生在它的内部。你看到大量的不稳定性，不过注意到某些东西：冲击波不往外出来。理论家还必须弄清它实际是如何爆炸的。当你在二维进行这些模拟时，在大多数时间你得到冲击波仿佛停留在那里。这是个非常不令人满意的局面。那不是超新星。因为我们不能搞清自己究竟弄错了什么，所以我们花费了过去几十年试图想出如何重新点燃这个天体。

在二维中，我们没有探讨完全的三维问题，你看到位于边缘的冲击波，而且半径仍然只有几百千米。它试图爆发，但被所有倾泻入的物质所阻止。存在某些抓住它的东西。这虽然是模拟，我们可让它进行得足够久，使得内部的振荡足以产生大量声波。而那些声波陡峭成冲击波，而它点燃成超新星。当它点燃超新星时它是离心的，并留下一个非常快速振荡的天体。我将重讲这些，只是想让你感受一些仅仅几年以前研究技巧的状态。

我相信事情不以这种方式发生。而我不信的主要缘由是，我们现在可以做三维模拟。这般运行电脑是昂贵的。而我们在三维模拟中看到其他的一些东西。这是相当怪异的，我为它做了一个影片，因此我以为可以演一下。记住我说过的，冲击波似乎要失速。在做三维模拟时你能试图对发生什么有些感觉。那些飞入的类鬼的粒子仅代表落入的质量。那是憋住冲击波的吸积，而冲击波待在那里试图摆脱出去，但不成功。不过你看到它以所有的方式震荡。

这一特殊的模拟刚好相当形象地展现了那个阶段的基本状态。但如果你花费比这个更长时间做计算，你以为会发生什么？这是一个向你显示我们将要对付的事物特征的初步的三维计算。你看到的是物质以5000千米每秒速度运动的等值面。在它之内的所有东西都运动得较慢，在它之外的所有东西都运动得较快。你看到物体是如何被分裂。这是试图做理论研究的相当奇异的框架，不过这正是我们必须奋争的。

当我们更多地考虑物理，下面就是我们看到的。它坍缩并反弹，你非常快就得到这一混乱的对流。这一湍流类似于Ia的景况，即热核情况下的湍流——它和所谓的瑞利-泰勒不稳定性相关联。瑞利-泰勒不稳定性是你在搅拌沙拉酱时发生的现象。这里是否有人有此经验？你把油加在上面，醋放在底下，存在一个交界面，而当你改变重力的有效方向，结果会使重液落在轻液之上，大自然告诉我们，这是一个不稳定的面。

它还是把水从玻璃杯倒出的原因。这里有人曾经对水为何从玻璃杯倒出感到惊讶的吗？没有。如果你取一台水泵，它能支持10米高的水。这个岛上有许多水泵。由于大气压它们能把水抽起10米。如果这个玻璃杯只有10厘米高，比10米低得多，这样大气压应该能够支持那个水。压力是完全足够的。但是水倒出来了，那是因为水的界面受到瑞利-泰勒不稳定性影响。如果在该面上有任何波纹，那么在轻空气流体之上的重水流体就拥有不稳定的界面，而水就会落下。你应该试一下。你在那里放上一张纸，很薄的纸，你就稳住了该不稳定性。那水就不会倒出。不过如果它倒出了，不要怪罪我。不过我建议人们试试看。

像这一个结构不仅是复杂的，还是美丽的。我发现它们是这样的，而正是这一类物体进入恒星的其余部分。这样你可以表演同类的事物——我有一些影片，它们刻画其特征结构——翻滚和沸腾的物质、冲击波，而在这个特殊的模拟中爆炸发生

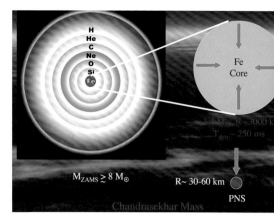

钱德拉塞卡质量。来源：亚当·保罗

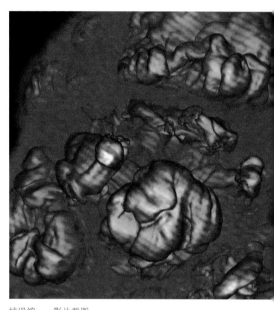

核坍缩——影片截图。
WWW.ASTRO.PRINCETON.EDU/~BURROWS/

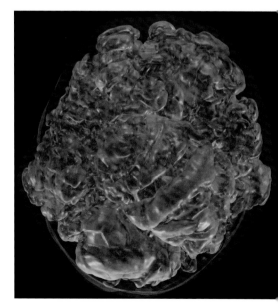

坍缩——影片截图。
WWW.ASTRO.PRINCETON.EDU/~BURROWS

得相当早。当我们做二维模拟时，它没有爆炸。因此我们得到一个线索，恰好维数是爆炸机制的核心。大自然轻易地做到这些。因为我喜爱这部影片，我准备再放另一部。

该表面又是冲击波。这个冒泡和沸腾似乎对于爆炸是关键的。这样在这里似乎要发生的其中一件事，事实上是这么回事：当你到达这些高的密度和温度时，就大量产生中微子。非常弱的相互作用的粒子，不过在这些密度和温度下被大量产生，而在这个现象中发生巨大的中微子暴。基普·索恩夸口说他们在引力波中得到一万倍的宇宙亮度。我无法赢过他。不过在这种情况下，我能得到中微子的五倍的宇宙亮度。中微子比引力波较易观察，但观测它们仍然很艰巨。

那么，我们要得出什么结论？那些中微子不仅抽取能量，它们还加热冲击波后面的物质。仿佛正在发生的事是，中微子和物质耦合，中微子从那里出来，在二维中比在一维中更有效率。而在三维中又比在二维中更有效率。在这部影片中，摄像机在旋转。冲击波正在形成，一颗中子星遗留了下来。

那两类超新星好几十年来一直吸引着天文学家。不过我将要以新的天体，即伽马射线暴来做结束。正如我说过的，有一类也许和大质量恒星相关。在两种情形下

伽马射线暴。
来源：NSF的NICOLLE RAGER FULLER

似乎都存在相对论性喷流。你拥有物质，也许是太阳质量的百分之几，也许更多，它们相对论性地运动——非常接近光速，也许从中心天体出发向相反方向喷发。这是如何发生的？也许存在今天我想要谈及的两种方式。

在这两种情形下也许都能形成一颗黑洞。伽马射线暴大部分发射伽马射线。一般的伽马射线暴延续10秒，但有的长久些，有的短促些。那种暴在伽马射线上比超新星更明亮，不过在动能和辐射上拥有几乎相等的总能量。

我们能够模拟类似的但附有磁力场的场景。如果你快速地旋转，你能够缠绕磁力场线，而且将其放大——可用不同的方式实现这个。我们能够将这些理论结果做成影片，就是为了看到会发生什么。记住在这个更怪异的情景下坍缩、反弹以及冲击波将磁场缠绕起来——请看在被放大过程中的那些磁场。它们放大到这种程度，磁场张力足以激起以双极的方式从极点出去的爆发。在某种意义上，它创生了一台在两个方向上的开凿隧道器，不过非常强大，几乎能够强大到通常超新星的10倍。顺便提一下，影片中的冲击波以每秒20000千米的速度运动。

这些喷流接着传播，穿透位于那里的恒星。在一个类似我早先展现的过程产生之后，喷流只花费了10秒就出现。当它出现时，在另一边也许有另一股喷流，而伽马射线暴现象开始。不过这里似乎有某些非常有趣的东西。喷流必须是指向我们的，我们才能观测到。如果某些东西指歪了一些，你仍然可以看到它们，但为了使我们能观测到一般的伽马射线暴，似乎它们的朝向必须在我们视线的约5度之内。之所以如此，其中的一个原因是，相对论性的喷流向前发送能量。根据爱因斯坦理论，如果它运动得非常快，非常接近于光速，那么它就向前发送辐射和能量。

人们还能做另一个模拟。你可以从快速旋转遭遇到所有的怪异现象，但我不打算强调次要的方面。你可以在模拟的影片中见证可能出现的各种喷流。现在，这是我从互联网上找到的，我为此抱歉，不过它展现了当那些喷流出现时会发生什么，蚕食该恒星，并且在后面遗留一颗带吸积盘的黑洞，后者继续给它提供动力。除了也许和它相关的背景的超新星，你能够看到这一场景的仅有原因又是因为该射束也许朝着你。而如果情形是这样，并发生在我们的星系中，那就非常糟糕了！在那种距离的射束过处，万物全都灭绝了。地球会被残害。幸运的是，在我们的星系中这种事每百万年也许只会发生一回。

现在该提到太空卫星，即斯威夫特卫星，它能够被伽马射线暴触发，并通知地面上的人去观测它们。它将遥测送到下面的望远镜，后者就接着急速转向伽马射线暴；它们不仅观测到伽马射线，还观测到红外和光学辐射。那些伽马射线暴和周围相互作用，产生所谓"余辉"的非常明亮的信号。而那些最亮的余辉可以穿越宇宙而被观测到。事实上伽马射线暴，由于它们在伽马射线的亮度，以及也许由于其余辉，可能是在红移10或15的宇宙最遥远的可及之处的最佳或独特的探测器之一，如果它们存在的话。它们也许是最初恒星的最佳探测器。

我要作结束的另一类伽马射线暴具有非常不同的起源，不过总和导致中子星、黑洞诞生的这类激烈事件相关。最好的模型拥有两颗中子星，它们靠得这么近，由于引力辐射，它们向里涡旋到一起。但中子星碰撞时会发生什么？我们真的不知道，不过那绝不会是好事。然而，我们以为要发生的是形成相对论性喷流。

人们对这些碰撞做了一些模拟，而我要展示的和基普·索恩早先展示的某种东西类似。这些模拟可让我们稍微感受正在发生什么，不过请注意时标。那一切都发生在10毫秒之内。

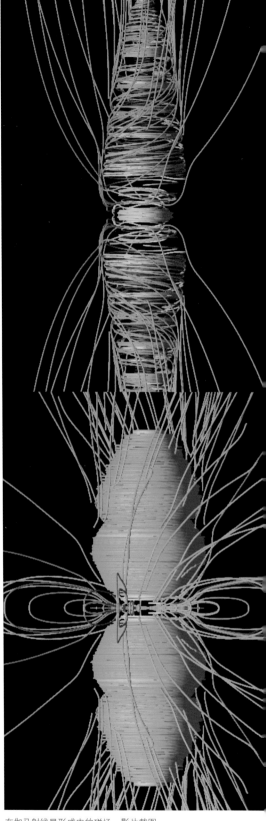

在伽马射线暴形成中的磁场，影片截图。
WWW.ASTRO.PRINCETON.EDU/~BURROWS/

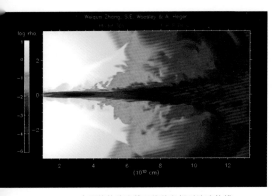

一个坍缩体喷流的三维狭义相对论流体模拟。HTTP://COSMO.NYU.EDU/~WQZHANG/MOVIES

这些中子星被完全毁灭。它们合并成某种迅速旋转的东西。该天体在其丧失旋转后，由于质量过大而成不了中子星，因此坍缩成一个黑洞。在此过程中，你拥有巨大的可获取的能量。你能产生非常大的强磁场，而那磁场可以实际上对产生喷流起作用。

对面是就像那样的两颗中子星模拟的故事情节，但现在附有磁场。那些磁场能被缠绕，而且我们看见喷流的必要因素。下一部是我最后的俊俏的影片。而我是为了其他理由而展示它。你看到这些正在合并的中子星，随着它们靠近变得越来越迅速。接着发生一桩奇迹，而你看到这个暴。那个暴也许只延续0.5~1秒。它就是所谓的"短硬"的伽马射线暴。在发生这个的同时，引力波正被发射出来。它们是这一现象的特征。如果你在观测伽马射线暴的同时观测到引力波，这将是非常重要的事件。我们将能够预言某些东西，然后证实它，那是许多年前只能被暗示的某些东西——我们将会理解这种伽马射线暴的特征。

现在请允许我总结我认为最重要和突出的要点。我们处理的是具有诞生、存在和死亡的恒星。它们的演化。不同类型的恒星以不同方式演化。有时在它们死亡时，它们非常暴烈地死亡，不过在此过程导致下一代恒星的诞生，产生了存在的元素，并且以我们在地球上存活需要的东西来充实银河系。我们开始理解超新星和伽马射线暴的机制。这种理解需要计算技术。我们有测量宇宙的尺子，我们要试图测量之，关于这些，我们将会从约瑟夫·西尔克的讲演中获知更多。

宇宙导致一些怪异天体的诞生。不过，对于我而言，最有趣的事情之一是，人们在几十年间能够弄清关于宇宙基本现象的一个复杂的故事、一个场景和一族也可能是真的普遍观念。这只有在当代才有可能，因为我们正身处物理、化学、数学和计算伟大进步的洪流，它赋予我们在头脑中，借助于电脑，去体验和弄清宇宙的暴烈和再生的伟大戏剧的能力。

非常感谢你们的耐心。

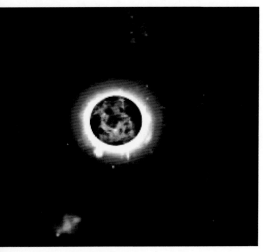

短硬伽马射线暴模型。WWW.ASTRO.PRINCETON.EDU/~BURROWS/

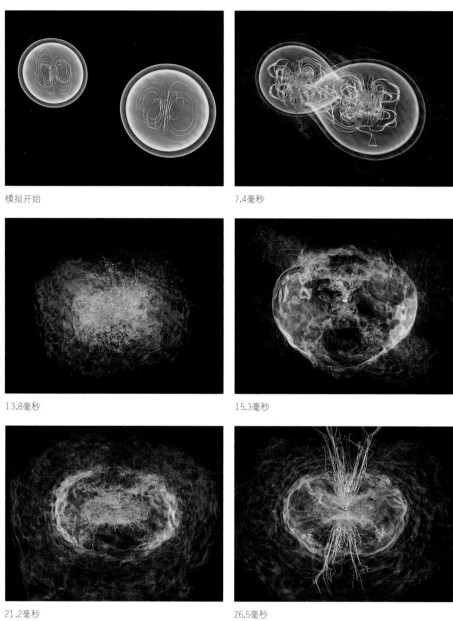

模拟开始

7.4毫秒

13.8毫秒

15.3毫秒

21.2毫秒

26.5毫秒

短硬伽马射线暴模型：中子星合并——撞击中子星能产生伽马射线暴喷流。WWW.ASTRO.PRINCETON.EDU/~BURROWS/

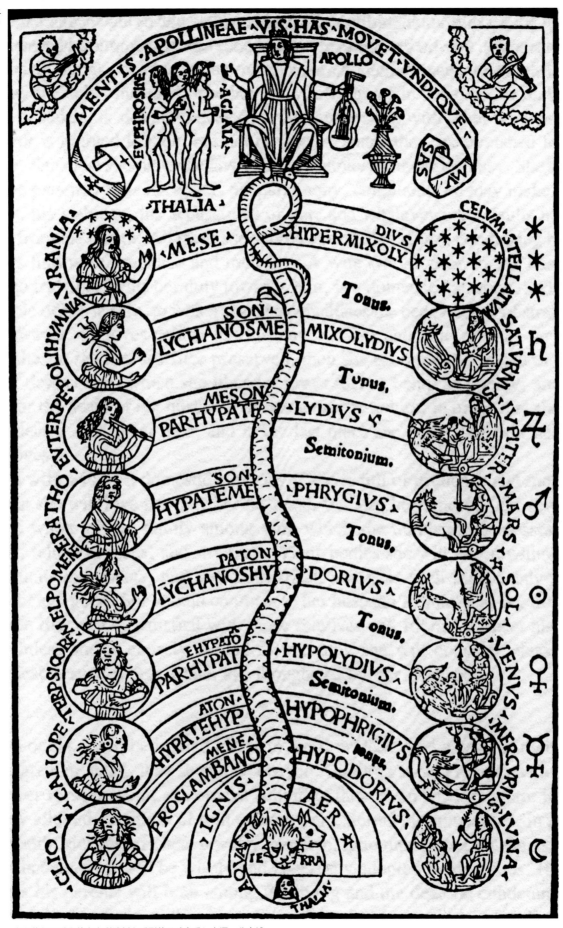

在文艺复兴时代的意大利雕刻上看到的天球音乐。来源：公众域

加里克·伊色雷列

我们的声学宇宙

STARMUS的创立者加里克·伊色雷列于1963年诞生于亚美尼亚，是西班牙加纳利岛特内里费的天体物理研究所的天文学家。他利用光谱仪作为首要工具，专注于天体物理的几个领域。他主要的研究领域是银河系的化学演化、太阳型的恒星、拥有系外行星的恒星以及重质量恒星。他还研究过致密双星，包括X射线双星和中子星黑洞系统。2010年他由瑞士科学院提名和合作者米歇尔·迈耶以及努诺·桑托斯共同获得维克多·安巴楚勉国际奖。伊色雷列还为我们带来超越可见光和光谱学手段理解宇宙的新视角。他关于光谱学的TED大众讲演被成千上万人欢呼为"激动人心的"。他大学时代就在摇滚乐队担任吉他手和键盘手。声波赋予我们以另一种理解周围宇宙的手段，并使我们沉醉于我们在地球上制作的音乐之中。

加里克·伊色雷列在STARMUS

迄今为止，人类总是不得不去想象代表空间、时间和行星的声音。我们一直有种直觉，星空之声是神秘而费解的。不过恒星、星系、行星或其他宇宙成员制作声音和旋律吗？如果果真如此，我们何以聆听？这些声音是否和产生它们的宇宙天体一样神秘？

我们从大学物理得知，声波是气体或固体中的压力波。相比之下，所有物体，无论无机或有机的，都发射电磁波。宇宙天体也发射它们。一些音乐家、热心人，甚至科学推广者在对宇宙的聪明分析中，从星系、行星或中子星获取射电发射的电磁波，并将其翻译或转换成我们人类能听见的声音。不过，这些电磁射电波和真的声波毫无共同之处。这也许解释了为何科学家们根本不理睬宇宙的"声音"。带电粒子的热或非热运动能产生这些电磁的低频射电波，因此这些现象和声波无关。

几千年来恒星被认为是人类的无声的伙伴，沉默地凝视着我们的善恶行为、日常生活、我们的梦想、悲伤以及欢乐。在我们看来，它们仿佛永恒静谧；它们见证了我们最丑恶和最美丽的方面，但从未有人听到过它们的片言只语。我们听不见它们，但它们的确有声音，而实际上它们从未沉默过。啊，星空演奏音乐，这绝非仅仅比喻！

千百年来宇宙和谐秩序的观念是灵感的一个源泉。音乐理论可追溯到公元前6世纪，希腊哲学家萨摩斯的毕达哥拉斯发现，和谐的音程可以按小整数的简单比例来表达。他的追随者，毕达哥拉斯主义者们坚信，所有物体都在发射音乐的音调，但我们往往听不到它们。按照毕达哥拉斯，尘世的音乐只不过是一个普世万有的"天球的和谐"的黯淡回音。在古代宇宙论中，行星天球从地球沿着天梯上升到天界。每个天球都和伟大音阶的不同音符相对应。

毕达哥拉斯在确立了音阶的音程对应于简单的数字比例后，认为由行星发出的特殊音调应取决于它们各自轨道的比，有如七弦琴的音调取决于其弦长一样。另一公认的天体音阶将行星音符和它们围绕着地球的视旋转率相关联。天球音乐从来就不是一个确定的对应系统。不过许多哲学家和天文学家同意，行星和恒星运动创生在地球上听不见的宇宙之音。

17世纪初期，德国天文学家约翰尼斯·开普勒把天体轨道和简单的比例相关联。他还相信行星轨道位置是像音乐音阶那样安排的。和较早的固定音调的行星音阶方案不

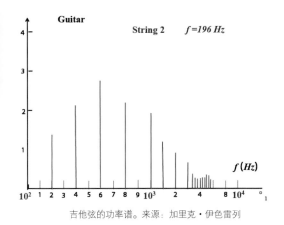

吉他弦的功率谱。来源：加里克·伊色雷列

同，开普勒的测量揭示了随着行星在近日点和远日点之间徘徊不断变化的和弦和和声。他还进一步把天体和谐的焦点从地球转移到太阳上。"从此以后，和谐不再是为了对我们行星有利而设定，"他写到，"这是宇宙为它的主和它的中心唱的歌，是太阳的标示。"那个时代的科学和哲学是日心的，开普勒自然地把最高的重要性归于太阳。

开普勒学派的弗朗西斯·华莱因推广了开普勒的研究，而且发现，在开普勒生前未知的天王星、海王星和冥王星的角速度也对应于和谐比例。天球音乐不仅是美丽的诗意直觉。开普勒数学天才首先揭开的太阳系动力学和音乐谐音的定律相似。20世纪最伟大的天文学家之一弗雷德·霍伊尔评论道，音乐和谐比率和开普勒描述的行星速度之间的对应是"令人震惊的好"。

这纯粹是巧合吗？数学和音乐和谐有何相关？恒星与所有这一切有何相关？

人类要等待几千年才制作出超级电脑、大望远镜、人造卫星以及非常先进的技术，以检测、计算并最终听见宇宙的声波。从毕达哥拉斯试图将音乐和宇宙合并，并确定天体和谐的定律到现在，已经过去了25个世纪。现代天文学使我们得以详细地揭示这丢失的联系。

大爆炸的现代理论提出，首次"爆炸"，也即最早无限短的时刻，从未被听见。并不只是没有人去听它，而是因为这一特别的爆炸事件是在特别的基本粒子汤中发生的。不存在环境——没有任何种类的波，没有声音。然而，几十万年后情形改变了。早期宇宙由热的密集的电子、质子和中子等离子体构成。它太热了，原子形成不了。在这宇宙中运行的光子基本上被俘获住，运动不到任何相当距离就要和粒子相互作用。这意味着，早期宇宙中的气体是雾状的。随着宇宙膨胀，等离子体冷却到3000开以下——足够低的能量时，才使得电子和质子可以合并而形成氢原子。

当宇宙年龄在大约38万年时发生这个过程。没有自由电子，雾变澄清，而宇宙突然变成透明的。光子的平均自由程变成和宇宙尺度一个数量级。1963年阿尔诺·彭齐亚斯和罗伯特·威尔逊发现的宇宙微波背景辐射(CMB)正是在重新结合后发射的光，现在才抵达我们的望远镜。

普朗克CMB天图。来源：ESA AND THE PLANCK COLLABORATION

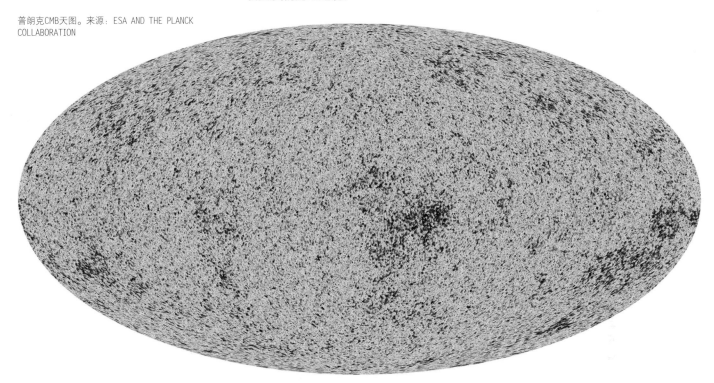

因此，当我们看CMB天图(诸如威尔金孙各向异性探测器的数据)，我们是在时间中往回看到宇宙年龄在38万年时的图像。1992年NASA发射的COBE卫星确认了CMB是起源于热气体。然而，更令人吃惊的是，它还在发射亮度中测量到斑块——从一处到另一处的非常小因子的变化。亮度的变化是由从一处到另一处的压力、密度和温度的小差别引起的。显然，该斑块是由在3000开热氢气中的前后运动的声波引起的。现在被束缚在恒星和星系中的所有物质在38万年年龄的宇宙中被均匀地散布开去。那么，这些声波又是如何被激起的？

让我们想象太初氢气的一个超密区域。这一超密度引力地将物质向自身吸引，同时光子的热制造了一个向外的压力。这些引力和压力的对抗产生了声波，和在空气中产生的声波类似。超密区域包含光子、暗物质和重子(质子和中子)。压力产生了重子和光子的球面声波，而只有引力相互作用的暗物质停留在声波的中心——超密度的起源处。

现在能从CMB的数据中获取声音并且听见它们吗？让我们考虑声音的三个参数：振幅(响度)、频率(音调)，以及波形(功率谱、音色)。声音的响度取决于压力波的振幅——压力和平均压力比较，从波峰到波谷变化多少。我们从CMB亮度变化得出结论，压力波的强度在一万分之一和十万分之一之间，大约对应于110分贝。请注意，吵闹的摇滚音乐会产生大约115分贝，枪声140分贝，而低语只有15分贝。因此我们的早期宇宙是摇滚的！

这些波的频率非常低，大约是$10^{-12} \sim 10^{-13}$赫兹。这表明在每2万年至20万年才有一个声波，它以大约50%~60%光速的速度传播。而这大体比在440赫兹共振的A音低48~52个八度音程。没有人可以听见这个频率。这是由于振动区域的极为巨大(几千光年)的尺度。不过，我们如何测量这些声波的波形(音色，功率谱)？这是最困难的任务，几百篇论文就是研究这个问题。斑块分析揭示了不同波长的波的相对丰度。功率谱的最重要性质是，和任何乐器一样，它具有谐音的基本频率。我在这张图中展示CMB功率谱以及吉他的功率谱。

大爆炸的声音大约在大爆炸后400000年出现。这在宇宙历史中是唯一的特殊时刻。该声音是稳定的、刺耳的、粗鲁的、难听的，而非优美的。其部分原因是功率谱的谐波非常宽，而基调本身就几乎包含了两个八度音程！尽管如此，这个太初的声音包括着在形成星系团、星系、恒星和行星中起作用的所有丰富性。在这个意义上来说，它也许是宇宙中创生的最和谐的声音。

在可观察的宇宙中，气体是占支配地位的物质状态。然而，这并不意味着声波——气体中的压力波应是普遍的频繁的并处处存在。必须存在一种激发这些波并为它们传播提供能量的机制。如果某些物理条件满足的话，声波可以延续非常长的时间。即便所有(或几乎所有)恒星都是由气体构成，并非所有都能制造声波。而且即便这些声波被制造出来，它们也会很快地失去能量并消失。事情并非如它们初看上去那么明显。

一颗恒星是一个气体球，如果存在合适的激发机制，它就会以不同的模式震荡并形成声波。声波的频率和振幅取决于在波动穿越的层面主导的物理条件(密度、温度等)。观测声波获取恒星年龄、内部旋转、成分和结构的信息。以任何其他方式都不能得到这个重要的信息。

1962年在太阳发现声波开启了天体物理的新领域。天文学家在太阳光谱中发现，某些光谱线在做微小的前后摆动，其周期大约为5分钟。因为当光源朝着或背着观测者运动时，光谱线频率会移动(多普勒效应)，天文学家得出结论，太阳的表面在前后振动。显然，太阳表面的某些部分在朝着我们运动，而其他部分在离开我们运动。就仿佛

1983年加里克在莫斯科物理和技术研究所弹奏布莱恩·梅的作品《39》

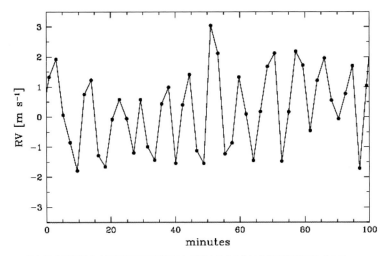

径向速度测量的放大图展示塞万提斯星在周期大约为8分钟的时间序列声波的存在。
来源：F. BOUCHY AT AL. ASTRONOMY & ASTROPHYSICS, 440, 609-614 (2005)

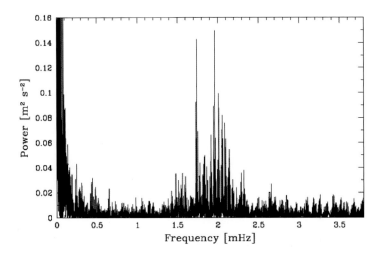

塞万提斯星起因于该光谱中声波的径向速度测量的功率谱。来源：F. BOUCHY AT AL.
ASTRONOMY & ASTROPHYSICS, 440, 609-614 (2005)

存在波，在太阳表面上涨落起伏。已经弄清，事实上，该波正是被束缚在太阳表面之下的声振荡(声波)的表面显露。经过多年勤奋的研究并得益于高精度的光谱技术的发明，从1999年起已经报道，在几个太阳类型的恒星上检测到了低频声波，即次声。

这些振荡就是用诸如CoRoT和开普勒的太空望远镜在许多类日的恒星上经常观测到的亮度变化的原因。然而，我们不能直接地把光的变化转变成声，因为声波幅度(压力)并不线性地依赖于光强。这种依赖性非常复杂，只有进行仔细的模型计算才能拓清。

太阳振荡被认为是在邻近表面的骚动的对流激发的。具有大约低于7000开温度的类日恒星在其外壳拥有对流层，因此人们会预料，所有这些恒星都产生声波。但事实并非如此。甚至太阳的声学谱在小时、天或者星期的时间尺度里都会变化。单独模式的振幅在几天的时间尺度里能变化两倍。波的形状高度变化，并且迄今我们还不能指明引起这些变化的物理机制。

天文学家对在类日恒星中声波的形成和演化所知甚少。所谓的星震学的领域还非常年轻，而且我们还不能理解它如何运作的一切东西。尽管如此，理论模型在解释和预言在这些恒星中的声波的复杂频率分布上取得可观进步。解释观测的最重要问题是我们对

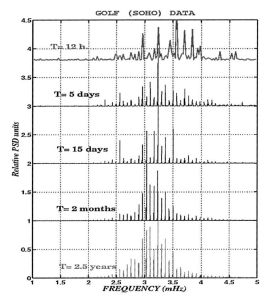

GOLF/SOHO：单独模式的振幅在小时、日和月的时间尺度里会遭受大的变化

所预料的振荡的幅度很不了解。我们能够预言振荡的频率，而非其幅度。大约10年前，我的来自瑞士的日内瓦天文台的同事帕特里克·厄根贝格和我利用理论模型，计算大量类日恒星的波形(功率谱)。我们假定，幅度分布(所谓的包络，或者作为振动频率的函数的幅度)和我们从太阳观测的类似。我们还假设，速度大小和恒星的亮度质量比成正比。

我们的目标很简单：去比较具有不同温度、质量和化学成分的类日恒星的声波。接着，鉴于那些声波具有非常低的频率，在我们听时，我们必须将它们在不变其波形(即音色)的情形下，转变到可听见频域。我们很想知道，我们能否鉴别，例如，具有相似温度、质量和年龄，但非常不同的化学成分的恒星的声波。我们还比较了拥有类似质量和化学成分但不同温度的恒星的声波。

此外，我们还能跟随着在恒星演化时的声波演化。显然，我们能够鉴别出当恒星演化超过10亿年的不同的声波。在几亿年的时间里恒星的声波没有遭受到重大变化。然而，恒星发声的方式在10亿年后发生显著变化。鉴于这些恒星年龄范围在1亿至120亿年之间，我们可以欣赏它们的"歌声"。不同的恒星会唱不同的歌！显然，我们的实验没有科学目标。我就是以这些声波取乐。

在我与这些恒星音乐游戏之际，曾和大名鼎鼎的科幻作家阿瑟·克拉克爵士，科幻"圣经"《2001：太空漫游》的作者联系。不知为什么，我给他发电邮，谈论我做的这些声波的"实验"和游戏。

阿瑟爵士提出了"说话恒星"的思想。的确，一个双星系统中的恒星声谱受它邻居的影响。如果它独处的话会有不同的"声"。我为从一位不熟悉星震学的人那里收到这个电邮而感到震惊！(尽管阿瑟爵士具有天文学的背景)。事实上，我打电话给他，讨论这个主题。我将永远记住阿瑟爵士的长时间的交谈、他的声音、他沉重的呼吸。我为能和我少年时代的英雄之一阿瑟·C.克拉克谈话而狂喜！

他表达了一个思想，即恒星如果有伴侣(即在双星系统中)，它们会改变其声波。我回复了他的电邮，并收到他惊人的回答："回顾已经过去的一年，过去的时光都到了爪哇国去了，我很快乐地报告，这是相当安宁和富有成果的一年。最好的是，和平真的似

阿瑟·克拉克爵士致加里克·伊色雷列的电邮。

SUBJECT:
RE:TALKING STARS, VERY IMPORTANT

DATE: MARCH 2, 2004 10:32:56 AM GMT TO:GARIK ISRAELIAN <GIL@LL.IAC.ES>

DEAR GARIK,

THANKS FOR YOUR EMAIL OF 1ST MARCH I AM FLATTERED! NOT SURE I CAN CLAIM THE IDEA OF TALKING STARS! STILL I AM PREPARED TO TAKE THE CREDIT AND RUN. . . . I FEEL THERE IS A POSSIBLE TITLE COMBINING SERENADE AND SERENDIP — THINK IT OVER!

I EXPECT YOU'VE SEEN MY LETTER IN THE MARCH SKY AND TELESCOPE. ALSO, SENDING YOU MY NOTE ON 'LUCY.'

ALL BEST,
ARTHUR,
2ND MARCH 2004

FRIENDS, EARTHLINGS, E.T.S LEND ME YOUR SENSORY ORGANS!

乎返回到斯里兰卡。一年来了50万游客！而且世界已经脱离了"9·11"的阴影：我仍然为这个事实后怕：30多年前，我恰好选择世界贸易中心暴行的同一日子作为科幻小说《遭遇拉玛》的灾难开端。"

制约恒星结构和演化的自然定律赋予每一颗恒星以唯一的声波谱。正如每个人都有他或她自己的嗓音，许多恒星拥有随自己演化而改变的自身的典型的声波模式。永恒的恒星之歌不能到达我们，那是由于它们不能在星际空间传播：它们被束缚在恒星中，不过仔细的研究者可以把它们揭露出来。

例如，超新星是非常强大的恒星爆炸，它突然使整个星系在相形之下黯然无光，并发射出比太阳一生发射出的更多的能量。只有质量比太阳至少大8倍的恒星才能成为超新星。在该大质量恒星燃烧了至少800万~1000万年后，它才耗尽燃料并形成一个大约地球尺度的密集的铁核。铁核长大直至其密度大到它在自身的重量下坍缩。该核收缩，不过接着几乎立即再膨胀回去。这一突然膨胀产生了一个冲击波，冲击波往外急驰并引发超新星爆发。

与驱动超新星冲击波可获得的能量相关的问题长期得不到解决。在许多模拟中，冲击波不足以强大到靠自身突破围绕核的超热气体层。许多理论家专注于研究，究竟是什么使冲击波再生为超新星爆发。20世纪80年代中期有人提出，鬼粒子——中微子——也许能提供需要完成爆发事件的额外能量。尽管如此，结果发现甚至这个能量也还不够。

显然，旧的超新星爆发模型在它们模拟中没有考虑质子-中子星核的存在。核的行为被认为无关紧要。亚当·保罗的小组在最近的模拟中考虑了中子恒星核的效应（见本卷他的文章）。保罗小组利用他们的模拟发现另外的机制接手并完成了爆发事件。保罗的模拟显示，上升的热物质和下降的冷物质引起恒星核几百毫秒中振动并在产生声波。核把下落物质的引力能量转变成声波，声波在恒星的相反一边向外传播。声波互相冲撞并合并成强大的冲击波，该冲击波拥有足以将恒星大部分物质驱逐出去的能量。典型的声频大约是200~400赫兹，在包围中央C的听得见范围内。尽管如此，还需要用三维的模拟来确认二维模拟得到的这些结果。

在许多不同的环境中存在声波。向中子星和黑洞双星中的紧致天体的吸积过程能导致声波形成。具有大角动量的吸积物质的某些部分形成一个碟，其他部分(参与次开普勒旋转)实际上经历自由下落吸积，直至离心的壁垒足以将其阻止。这样，我们可以预料到，在紧致天体邻近能形成两个截然不同的区域，一个碟和一个壁垒。有人提出，驻在围绕着中子星的热的领域的声波可以解释由X射线卫星检测到的准周期振荡，这是很有趣的可能性。X射线观测揭示了大量的高频X射线变化，据信这起因于在吸积的中子星或黑洞上或在它非常邻近之处发生的过程。

数值模拟显示，吸积气体在穿过一个冲击波后卷入复杂的主要切向的涡旋运动。导致的图像和简单的球面的吸积相当不同：它允许围绕中子星的热的冠状的后冲击波区域的存在，它极适宜声波的传播。声波驻波可以在两个面，恒星表面和外边界之间振荡。这些面能反射、吸收甚至发射声波。这样区域的声振荡表明它们是高频(从几赫兹至一千赫兹)准周期振荡。

星系团中能存在携带大量能量的大尺度声波。20世纪70年代天文学家们在星系团——成百上千个星系的巨大集团中发现庞大的气体库，它们发出非常明亮的X射线。这暗示着随着气体辐射出能量，它要冷却并收缩。天文学家多年来试图理解在星系团中为何存在这么大量的热气体和这么少的冷气体。发出X射线的热气体应该冷却，因为它带走了一些气体的能量。邻近星系团中心的密集的气体，由于那里的X射线发射最明

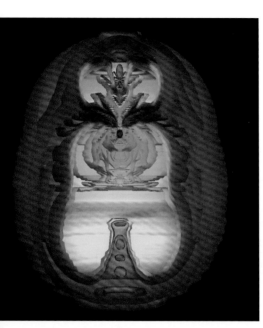

声波的超新星模拟。来源：亚当·保罗

亮，应该冷却得最快。随着气体冷却，压力应该减小，使气体向中心下沉。在这些气体流中可以形成几十亿颗恒星。

然而，为冷气体流或恒星形成找到的证据很少（如果有的话）。这就迫使天文学家去提出若干物理机制解释容纳在星系团中气体如何保持炽热。2003年对此加热得到一个可能的解释，那是在钱德拉X射线天文台在英仙座星系团中的气体观测到巨大的涟漪——横跨几千光年。天文学家提出，在星系团核的一个活动星系产生声波。该星系由于其中心的超大质量的黑洞把辐射和物质的喷流散开到它的周围。这种声波可被认为是星系团中气体被加热的原因。

英仙座星系团的观测揭露了从中心黑洞扩张出的两个泡状的空洞。这些空洞是由物质喷流把星系团气体往回推而形成的。该喷流是黑洞吞噬邻近物质的有悖常理的副作用，长期以来就被怀疑是它将周围的气体加热。不过，准确的机制仍然不知。在钱德拉观测中看到的从空洞发散开的声波能够提供这个加热机制。有趣的是，这些波拥有几百万年的周期。

声波处处存在：在恒星、气体盘以及超新星中。它们总需要通过某种媒介来传播，需要一定条件来形成。这个媒介可以是恒星和行星大气、液体水，甚至是行星和超密恒星的固体外层。因为声波导致某些观测效应（气体加热、光谱线多普勒移动等），所以多数时候它们是被间接检测到。在不同的宇宙环境中监测和研究它们是非同小可的观测和理论挑战。

我们和光学宇宙打了几千年的交道，只有最近才晓得宇宙的另一"类型"——声学宇宙！声学宇宙就和电磁宇宙一样神秘。令人吃惊的是，如果我们继续理解围绕我们的物理世界的伟大奋斗，我们就能"听见"声学宇宙之音。

天鹅座X-1黑洞。来源：NASA/CXC/M. WEISS

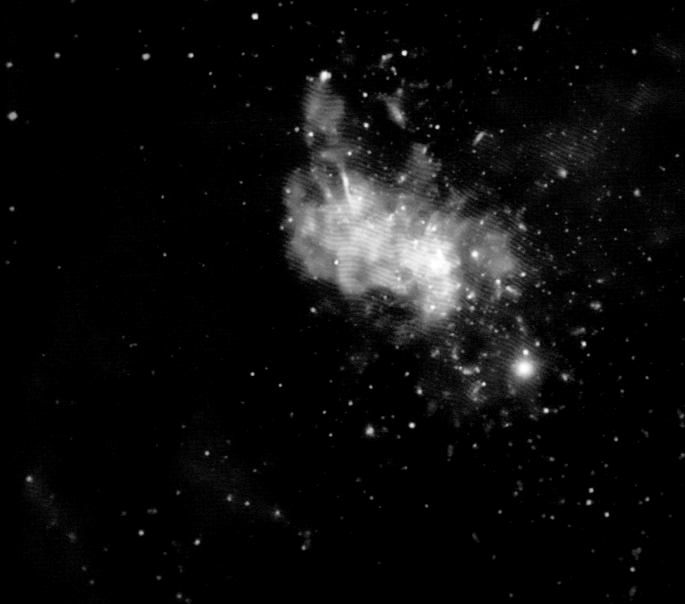

位于银河系中心的一颗黑洞，它在明亮的天体SGRA*
中，由钱德拉 X射线望远镜观测到。图片来源：NASA/
CXC/MIT/F。BAGANOFF，R.SHCHERBAKOV 等

基普·索恩

黑洞：宇宙中最明亮的物体——但却没有光！

基普·史蒂芬·索恩于1940年6月1日出生于犹他州罗冈，他对天体物理和理论物理作出了突破性的贡献。他是黑洞和广义相对论世界级的权威之一。1962年，索恩从加州理工学院毕业，1965年，他从普林斯顿大学获得博士学位。

1967年，他以副教授身份加盟加州理工，继而晋升为费曼理论物理学教授，最后以荣休教授退休。目前他参与影片和写作项目。他是电影《星际穿越》的科学顾问。

基普·索恩在STARMUS

1984年，他和其他人共同开创了LIGO(激光干涉仪引力波天文台的缩写)项目，打开了通往宇宙的引力波窗口。LIGO 是美国国家科学基金会支持的有史以来最大的项目。1988年索恩引发了物理定律是否允许时间往回旅行的现代研究。1973年，他和查尔斯·米斯纳以及约翰·惠勒合著经典的教科书《引力》，当代绝大多数科学家都从该书学会了广义相对论。

大质量恒星靠燃烧核燃料维持其发热，当它耗尽其燃料时，内部的压力下降。引力征服压力，把恒星往里拉向自身。恒星向内自爆，越缩越小，而在它收缩表面上的引力越来越强(由于牛顿的反平方律)。最后，当恒星尺度收缩到几十千米时，它的引力大到如此程度，任何东西，甚至包括光，都不能从它逃逸。恒星就围绕着它自身产生了一个黑洞。在黑洞中的恒星本身继续收缩，并被处于黑洞中心的具有无限的混沌的引力奇点的毁灭。这一切都是阿尔伯特·爱因斯坦的广义相对论的毫不含糊的预言。

在我们的银河系中存在数以百万计的黑洞，而在宇宙中存在数以万亿计的黑洞；而它们会肆虐四周的环境。

如果内爆的恒星拥有围绕它公转的伴星，那么该黑洞就会接纳该伴星。黑洞引力能从伴星将气体拉出，气体就会向黑洞往里以涡旋轨道流去，产生了一个气体盘，它这么热以至于发出X射线，而不是光线。天文学家观测到环绕重的暗的天体的许多这类的盘，这些天体必然是黑洞。

在诸如我们银河系的星系的中心，超重黑洞不知怎么形成了——也许是因为超重恒星的内爆，也许是由多颗较小黑洞碰撞并合并形成的。这些具有一百万乃至几百亿太阳质量，其尺度可和整个太阳系相比较的，能将恒星撕开的巨大黑洞，把恒星的残余围绕其自身撒开，形成一个热的气体盘。嵌入在这样一个盘子中的磁场和从黑洞伸出的扭曲空间的涡旋(我在下面还要讨论)相互作用，产生了巨大的射出能量的喷流。这些喷流扫到星系际空间，有时其亮度和银河系所有恒星亮度的总和相当！天文学家观测到并研究了数以百计的这种喷流以及它们围绕的气体盘，但从未观测到中心的黑洞，因为它们是黑的！它们不发射光。

黑洞由何构成？不是由像你我一样的物质构成，而是由弯曲的空间和时间构成。

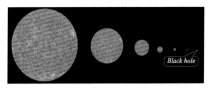

一颗恒星内爆形成一颗黑洞

为了解释这个我做一个类比，想像一个小孩的蹦床，一大片橡皮连在支撑物上。一个重物把橡皮往下坠，就像这张图显示的那样。现在把你自己设想成一只蚂蚁，一只瞎的蚂蚁。这片橡皮是你的整个宇宙，你测量它的形状，从而研究它。你

一颗黑洞被一个热的气体吸积盘所环绕，而两束喷流从黑洞附近喷出。

图片来源：基普·索恩，《黑洞和时间弯曲》(诺顿，1995)

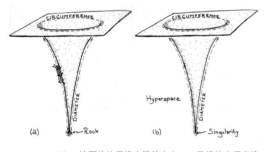

(a) 一块石头处于橡皮膜的中心，一只蚂蚁在探索橡皮膜的性质

(b) 从一个高维超空间看围绕黑洞的空间，超空间不是我们宇宙的部分

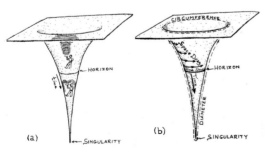

(a) 我落入黑洞，在我下落时把微波信号传给你

(b) 时间的弯曲和空间的拉曳引起围绕黑洞的运动

要测量围绕这中心一块岩石的圆周长就绕着它走，然后你测量圆周的直径。你沿着直径一直走，发现这个距离很长，发现事实上它远比周长长。作为一只智慧的蚂蚁，你得出结论，你的宇宙空间是弯曲的。它并不拥有欧几里得描述的平坦几何；而拥有一片橡皮膜的几何。

如果我们能在宇宙中通过一个黑洞的赤道取一个二维的切片并测量其形状，我们就发现一个和蚂蚁橡皮膜相同的形状：其直径比周长长得多，正如在这张插图中所显示的。在某个高维的不是我们宇宙部分的"超空间"中黑洞的空间被往下弯折。而在中心，也就是沉重岩石之处，存在一个所谓的奇点，该处的空间被无限尖锐地弯曲——一个将迷失到其邻近的任何物体都毁灭的危险的奇点。

设想我落到一颗黑洞里去，正如在左下插图(a)所提示的，正当我即将落进时向你传递微波信号。当我到达我们称之为视界的黑洞的边缘，引力变得如此强大，使我的信号不再能逃逸出来。在视界内，信号和我一起被拉到奇点。我付的最后代价是我无法发表我探索的结果。我也死了，而我的成果和我同归于尽。

视界与其势不可挡的引力实际上是由极度的时间弯曲产生的：在视界附近时间的流速极其缓慢，正如左下插图(b)所显示的。如果你飞到一颗黑洞视界附近并在那里盘桓几天，然后再返回地球家园，你就发现地球上已经过了几百万年。你只不过老了几天，但你的朋友早已过世。

爱因斯坦的时间弯曲定律是说："事物喜欢到它最不易老之处生活，是引力将它们拉到那里去。"在地球上，时间流逝得比在外太空慢百亿分之四，而(根据爱因斯坦的理论)这就足以解释把我们束缚在地球表面上的引力。因为当一个人靠近黑洞视界时时间极度迟缓，在那里引力拉力变得极大；而正好在视界，时间迟缓到完全停止，因此引力拉力是无限的。

在视界内，时间仍然流逝。但是，极其奇怪的是，它沿着你认为是空间的方向,朝着黑洞中心的奇点流去。这就是为何任何物体都不可以逃离黑洞；为了逃逸，物体就必须往上旅行，也就是往时间后面倒退，而无物可以做到这一点。黑洞之黑的这一解释等效于"无限引力拉力"的解释。这两种解释由于爱因斯坦的时间弯曲定律而相关联。

下一张图准确地描绘了围绕着一颗快速自旋的黑洞的弯曲时空，正如爱因斯坦相对论预言的那样。二维表面的形状正是从超空间看黑洞的在其"赤道面"上的空间。

颜色表示邻近视界的时间变缓。底部的黑圈是视界(如果我们考查黑洞的整个三维空间而非仅仅其二维的赤道"面"，它就成为一个球面)。白箭头表示由黑洞旋转引起的空间回旋速率。

如果两颗重质量的恒星在一个双星系统中相互公转，而且两颗恒星内爆而形成黑洞，结果是两颗黑洞相互公转：一对黑洞双星。随着这些黑洞相互围绕着运动，它们在空间的结构中产生向外传播的涟漪，犹如当你扰动平静的池水时水波从你的手指散开。那些涟漪被称作引力波。它们以光速行进到宇宙中，携带着它们公转的黑洞的详细的但编码的图像。引力波也携带能量。

随着公转的黑洞将能量损失给引力波，它们逐渐涡旋到一起，接着合并，并形成一颗单独的较大的黑洞，正如这张图所表示的。当它们碰撞时，黑洞们发射出极其强烈的引力波。引力波亮度(单位时间发射的功率)比在宇宙中的所有恒星放在一起的总亮度大10000倍。10000倍的宇宙亮度，没有光！只有引力波。

如果黑洞拥有小质量，比如10倍太阳质量，那么碰撞和堆积如山的波动是短暂的：几毫秒。如果黑洞是超重的——两个自身碰撞并合并的星系核的栖居者——那么碰撞和引力波就延续得较长：几天甚至一年。引力波携带碰撞的仔细的编码的图像，这是我们想获取并研究的图像。我将会回到这上面来。

当黑洞碰撞时，附在双星中的每颗黑洞的回旋空间的龙卷风的行为令人惊叹。为了对此解释，我必须首先更仔细地描述龙卷风。

正如这张插图显示的，设想两个人悬在黑洞两极之上。顶上的人的双脚比头更接近黑洞，这样她们被黑洞回旋空间(粉色箭头)拖曳得比头更甚。由此，她的头看到脚被拖往逆时针方向(下面红色箭头)，而令人注意的，她的脚看到头被拖往逆时针方向(上面红色箭头)。这就像把湿毛巾拧干；你的左手看到你的右手往逆时针转，而你的右手看到你的左手往逆时针转。在这个意义上，在黑洞北极的回旋空间拥有逆时针的扭转。

和我一起研究的年轻团队最近在爱因斯坦方程中发现了这个扭转，而且我们发现了我们称之为涡旋线的东西，换言之即携带并且控制这扭转，我们是从流体理论借用涡旋线这个术语的。存在许多逆时针涡旋线，集束成从黑洞北极伸出的单独的涡旋线(图中用红色标示)，而从南极伸出顺时针涡旋线(标成蓝色)。这些和从地球伸出的磁力线很类似，但不像磁力线那样引导指南针，它们控制空间的扭转，而且它们扭转所遭遇的所有东西。我们在黑洞视界画出了从它伸出的涡旋线的颜色。

我的团队利用大电脑阵模拟两颗自旋黑洞的旋进和碰撞。我们的模拟揭示，当黑洞碰撞并合并时，它们扭转空间的四个涡旋被安置到合并黑洞的视界上。随着合并的黑洞自身旋转，它把这四个涡旋往外并向后张开，犹如从一个旋转喷水头冲出来的四股水流一样，正如下页上端插图(a)部分所显示的。随着这些涡旋向宇宙外面螺旋出去，它们就变成引力波。

如果不是公转双星涡旋到一起，而是黑洞的当头对撞，那么附到合并黑洞的四个涡旋得不到一个向外的螺旋。相反的，每个涡旋在顺时针和逆时针之间前后晃动，而随着每一晃动，黑洞抛出一个环形的涡旋圈，正如一个烟圈，如(b)部分所示。所有这些圈往外运行，它们成为引力波。

下页的底部插图表达黑洞涡旋的威力，显示一颗自旋的黑洞把一颗中子星伴星扯开的电脑模拟的快照。中子星质量是太阳的1.5倍，其直径为25千米。黑洞质量是太阳的4.5倍，围绕着红线标的轴自旋。在图的(a)部分，恒星和黑洞起先在水平面上相互公转。随着它们公转，它们能量转变成引力波而损失，导致向内旋进。在图(b)部分，随着它们靠近，黑洞引力开始将恒星撕开，而黑洞的涡旋接着把扰乱的恒星上抛，抛到黑洞的赤道面上[垂直于红线；参见插图(c)(d)部分]。试想象将1.5倍太阳质量的核物质从水平面往上抛到赤道面所需要的功率！黑洞的涡旋真令人震撼！

根据康奈尔大学的马特·杜尔兹及其合作者的这一模拟，黑洞迅速地吞食了被撕碎的恒星物质的大约70%。余下的30%成线地进入一个非常热的气体盘，气体发出短促的中微子和伽马射线暴，而且接着发出极亮的光线。

引力波、中微子、伽马射线和光的协同观测会揭示黑洞及其涡旋，中子星及其核物质，以及它们在这个剧变事件中行为的大量信息。和电脑模拟进行比较对理解观测很关键。这被称为多信使天文学，当它在大约2017年启动时会是一项激动人心

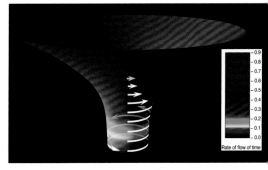

围绕一颗快速自旋的黑洞的弯曲时空的绘图

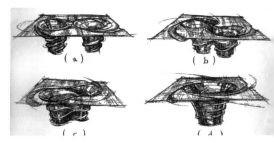

一位艺术家的构想：在双星系统中一对向内螺旋的黑洞，它们碰撞并合并形成一颗单独的黑洞

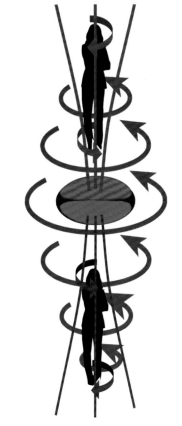

两个人悬在一颗黑洞的两极之上

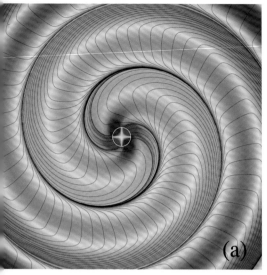

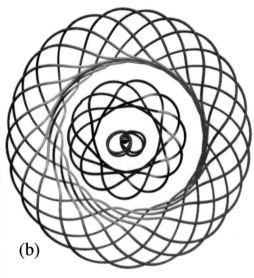

(a) 从一颗合并的自旋的黑洞伸出的扭转空间的四个涡旋。(b)由一颗合并的非自旋的黑洞弹出的涡旋圈

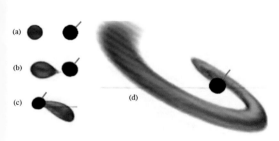

一颗自旋的黑洞把一颗由核物质构成的中子星撕开

的事业。

我们如何才能检测并跟踪引力波？每个波都含有扭转空间的涡旋；不过涡旋在穿越过星系际的广袤空间后，它就变得极弱。现在技术远不能测出它们过于微弱的扭转。

幸运的是，引力波还伸缩空间。这种伸缩虽然微弱，但是用所谓的激光干涉仪去检测和跟踪它则很理想。因此，1983年我的合作者麻省理工学院的雷·外斯和加州理工学院的朗·德勒韦以及我构想出激光干涉仪引力波天文台——简称LIGO。

这张图画出了LIGO引力波检测器的原理图。从顶部支撑物悬下四面镜子(每面重40千克)，两面镜子朝着同一方向(比如东西向)；另两面朝着垂直方向(比如北南向)，在每个"臂"上的镜子相隔4千米(在图中用L来标示)。当引力波来临时，它把东—西的镜子相互推开，而把南—北镜子相互拉拢非常微小的距离：ΔL大约为10^{-17}厘米。随着引力波从波峰运行到波谷，拉伸和挤压的方向颠倒，然后再颠倒；而这些颠倒的时间模式(称为波的波形)携带并编码这波源的图像。

在LIGO中利用激光光束来监测这些运动——超高精度激光测量学，而引力波源的图像可从观测到的波形和电脑模拟相比较而得到。

发明这一思想的外斯才识过人。我有好多年对它是否能够成功极为怀疑，但我错了。为了理解我的疑虑，只要考虑镜子的运动是何等微小：人的头发粗细大约为10^{-2}厘米，将它除100你就得到LIGO中用的光的波长——1微米。如果再除以1万，你就得到一个原子的直径，那是用任何显微镜能成像的最小的物体。再除以10万，你就得到一个原子核的直径。如果再除以1000，你就得到LIGO必须监测的运动：10^{-17}厘米！

这个距离如此之小，在这个精度上，LIGO的运动镜子的运动并非由经典物理定律制约，而是由量子物理定律制约。例如，海森堡的不确定性原理要求，在这个精度上测量40千克的镜子的位置将不可避免地扰动镜子的速度，其扰动大小是LIGO可以觉察出来的。人类从未看到人类尺度的物体的量子力学行为。我们将在几年内在LIGO上做到这一点，而为此我们必须吸收来自称作量子信息理论的21世纪的新技术的原理。1980年代早期我的学生和我花费大量时间在理论上探讨需要的技术，并在2000年代早期又为它发展了具体的设计。

LIGO现在已接近成熟。1990年代，我的实验合作者(在加州理工学院的巴瑞·巴里什的领导下)建造了放置我们引力波检测器的设施，而从2000年至2005年，他们安装了第一代检测器并一丝不苟地纠错直至达到设计的灵敏度。从2005年至2010年我们进行了最初的一族宇宙引力波搜索，不仅从碰撞的黑洞，还从许多其他的源。我们没有发现任何东西，但这却是在预料之中。

在我的合作者和我提出LIGO时，我们警告说，这第一代检测器可能没有好到足以看到引力波。然而实验者必须建造它们，并将之当作第二代称为高级LIGO的检测器的先驱，以得到经验，后者在技术上远为复杂并远为敏感——敏感到足以观测到丰富多彩的波。2010年10月我们的实验团队开始把高级LIGO安装到LIGO设施里去，而且安装进行得很顺利。到2017年或许更早，这些检测器就应能看到许多引力波，而和在欧洲的检测器(法国−意大利−荷兰VIRGO项目以及德国——英国GEO项目)，还有其他类型的天文仪器一道，它们必将迎来多信使天文时代。

LIGO和它的同伴只能观测到质量小于约1000个太阳的黑洞。质量更大的黑洞——在像我们银河系的星系核中超大质量黑洞——产生波长长得多的(数量级为地月或日地之间的距离)以及频率低得多的波(每分每时甚至更长时间一周)。正在太空飞行的类LIGO检测器将检测并监控这些波：利用激光光束相互追踪的三颗卫星。欧洲太空总署计划这类称为LISA的太空使命，即激光干涉仪太空天线，并且将在2014年发射一颗先驱太空使命以检查其技术。(美国太空总署NASA过去是LISA的参与者，但由于花费在James Webb空间望远镜上的大量超支，只好从这个项目和其他天体物理任务中退出。)

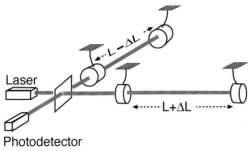

一台激光干涉仪引力波检测器

对于甚至更重的黑洞，那些比太阳重几十亿倍而非几百万倍的，需要第三类的检测器。这些黑洞的引力波拥有远超过太阳系尺度的波长以及多月至多年的波周期。正在利用类LIGO的检测器寻找它们，其中的一面"镜子"(实际上不过是一个运动的质量)正是地球，另一面是在遥远的星际太空的一颗脉冲星。地球上的射电望远镜监控来自几十颗这种脉冲星网的射电脉冲，寻找由引力波引起的脉冲到达时间的微小振荡。这个称为国际脉冲星定时阵可能在未来的十年，也许五年检测到它的首次引力波。

黑洞是由弯曲的时间和空间构成的——这种弯曲展示了印象深刻的丰富性。我只不过告知你其中的一部分：当黑洞碰撞时它们相互转移扭转空间的涡旋，它们产生向外飞行的引力波的圈或者螺旋。还存在从黑洞伸出的称为螺线的物体。它们以一种有趣的方式伸缩空间并参与到黑洞产生的引力波中。

数字模拟是在理论上探测这些涡旋和螺线的有力工具。引力波观测将在自然界中揭示它们，而且将它们在实在宇宙中的丰富多彩和影响向我们展现。这些工具——数字模拟和引力波探测器——正在为我们开启黑洞研究的黄金时代。

LIGO的两个引力波天文台。上图：华盛顿州，汉佛德。下图：路易斯安那州，利温斯顿

罗伯特· 威廉姆斯

乔治· 斯穆特

132

第五卷

创生毁灭

关于宇宙的起源以及命运的剧烈争论延续了许多世纪，直到半个世纪前答案才逐步显现。随着COBE、WMAP和Planck卫星为大爆炸建立的确凿证据，以及倾向于(但绝非确定的！)一个暗的、冷的、令人失望的宇宙的命运，宇宙学家研究古老的细节和新的神秘。

牛津大学的天体物理学家约瑟夫·西尔克在讨论宇宙创生时描绘了一幅历史全局的生动图像。

加州大学伯克利分校的乔治·斯穆特带领人们穿越宇宙距离的尺度,讨论来自宇宙太初的消息，时间和空间在穿越这个壮丽宇宙历程中相互交织。

空间望远镜科学研究所的罗伯特·威廉姆斯对五个突破性的发现稍做回顾——宇宙背景微波辐射、暗物质、系外行星、暗能量以及诸如脉冲星和黑洞的紧致天体。

约瑟夫·西尔克

中世纪的宇宙版画；来源不明

约瑟夫·西尔克

宇宙的创生

英国天文学家和宇宙学家约瑟夫·艾弗·西尔克于1942年12月3日诞生于伦敦。他是暗物质、星系形成和宇宙学的世界级的伟大权威之一，他任牛津大学的萨维尔天文学教席兼比克罗夫特粒子物理和宇宙学研究所所长直至2011年。

西尔克在剑桥大学学习数学，1968年从哈佛大学获得博士学位。他于2011年由于他早期宇宙的研究获得巴尔赞奖。宇宙微波背景各向异性的结构的无碰撞衰减以他的名字命名为"西尔克衰减"。

我们是如何达到现在这种状态，我们又会变成什么样子？宇宙中存在许多惊喜，所以我们最后要问，对于宇宙我们究竟理解了多少？

研究这些问题的主将是爱因斯坦。他觉察到，天文学中有些东西弄错了。天文学家对此非常困惑，因为它是一个被多年观测证实的非常非常特别的观测结果。这启发他去建立一个崭新的引力理论——广义相对论。从这个框架中涌现出一个宇宙的激进的新构想，这也是他刚发明的引力理论的推论。爱因斯坦从空间几何是弯曲的、欧几里得几何定律不再适用的观念出发，形成了描述引力的新方法。他把引力之源看成空间的曲率，空间曲率接着被认为是引力的呈现，而物质是所有这一切的最终祸首。他有一道非常著名的方程，告诉我们物质如何弯曲空间和物质如何运动以响应空间的曲率。这就是引力。所以我正在做一些坏事，我正在描述方程，而接下来我将要把方程撇在一边。

从爱因斯坦理论最终得出的是宇宙膨胀理论。但是无论如何这不能归于爱因斯坦，因为他试图理解宇宙，并意识到，宇宙由于引力和物质将会坍缩，所以他提出了某种在他看来非常丑的东西，那就是对抗引力的宇宙常数。这是某种反引力，他用来稳定宇宙。后来的一切都要被重新审视，这在很大程度上要归功于一位俄国人。

我们在此开会，俄国人对空间探索具有伟大影响，的确我们还应该庆祝他们对宇宙学的贡献。变革宇宙学的俄国科学家是一位相对早逝的伟大理论家。他名叫亚历山大·弗利德曼，他在爱因斯坦的计算中发现了一个错误，该错误导致爱因斯坦忽视宇宙的一个简单得多的解释。宇宙的确可以正在膨胀，而且也不必有点随意地加上这个反引力。

弗利德曼原先在1924年前后用俄文发表他的研究，显然在西方没人知道他的结果。正在此时，在加州的帕萨迪纳，一位对理论不在乎的观测家埃德温·哈勃正忙于测量星系的距离。他利用其他数据以及最终他自己的一些数据，意识到星系的确正非常快速地向外运动。你看得越远，它们似乎飞离得越快。哈勃的主要贡献是确定了拥有显著红移的邻近星系的距离。哈勃画出距离对照由红移导出的星系速度的图，并发现了我们现在称为"宇宙膨胀的哈勃定律"。这个关系证明了，如果你把红移解释为速度，那我们就是从一个非常密集和紧致的阶段演化而来的。和爆炸相当像，你越往远看，天体就显得运动得越快，正如在一个膨胀的气球上似的。很久之后人们将此称为大爆炸。

并非所有人都接受宇宙正在膨胀。因为哈勃和他的一些同事对红移等效于速度

约瑟夫·西尔克在STARMUS

不信服，这是这种解释被延迟的主要原因。另一位宇宙学家，荷兰天体物理学家威廉·德·西特又把水搅混，他找到爱因斯坦方程的一个解，该解描写按照类哈勃定律膨胀的完全真空的宇宙。这里很清楚，正是空间在膨胀。事实上，我们现在的宇宙观点是，正是空间在膨胀，而星系被携带着同行。

不过让我们回到1929年哈勃发表了他的发现的时候，没有那么广为人知的是，另一位名叫乔治·勒梅特的，独立于弗利德曼也发现了膨胀的宇宙。此外，勒梅特还比弗利德曼往前多跨了一步，至少在哈勃宣布他的新定律前两年就做了这个。勒梅特做的是检查星系距离和红移的数据，其中部分来自哈勃所发表的，而且画成红移对照距离的图，正如哈勃后来所做的。

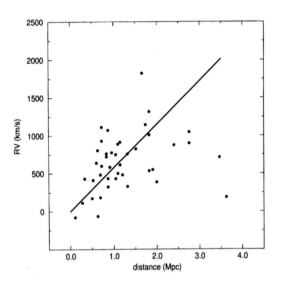

这插图是一张在20世纪20年代从未发表但本应发表的图。这是1927年勒梅特编辑以拟合一个膨胀定律的数据。他用法语撰写该论文，直到哈勃的研究发表之前西方根本就不知道。由于亚瑟·爱丁顿爵士的鼓励，它于1930年被翻译成英文并发表。轶事中令人印象深刻的部分是，这篇论文中勒梅特对我们今天称为哈勃常数的拟合的数据都被删去了。

近代的一些研究证明，勒梅特把拟合数据删除并非由于审查而被禁用，恰是出于勒梅特的谦虚。我们从最近发现的通讯得知，他告诉《皇家天文学会月刊》的编辑，在他自己翻译的他的1927年论文的英语版本中，他决定删去宇宙膨胀率的推导，恰是因为哈勃后来得到了类似的结果。

如果你审视哈勃的数据，并和勒梅特的数据做比较，你可以看到，哈勃和勒梅特基本上得到相同的斜率，甚至是相同的数据。事情的来龙去脉便是如此，直至哈勃作为膨胀宇宙的发现者而理所当然获得世界性的声望。这样我们本应称为哈勃-勒梅特宇宙定律的被叫作哈勃定律。依我的意见，我们应该期待未来的勒梅特空间望远镜。不过我们会看到这是否会成真。

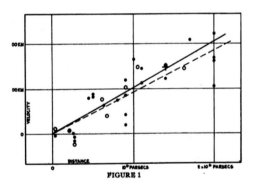

1928年勒梅特拟合的数据(上图)和1929年哈勃拟合的数据(下图)

哈勃发现后一年，爱因斯坦到帕沙迪那造访哈勃。在一张著名的照片中，似乎是为发表而摆拍的，爱因斯坦在哈勃身旁窥视威尔孙山100英寸（2.54米）的反射望远镜，仿佛确认宇宙膨胀的发现。后来爱因斯坦因作为实现反引力的机制引进宇宙常数而非常后悔。在以后的几十年间以膨胀的宇宙为框架的宇宙学继续发展得相对平顺，不必在简单的物理学外再添加古怪的东西。事实上，爱因斯坦打开了潘多拉盒，半个世纪之后宇宙常数又风风火火地返回。

20世纪前半叶的天文学是相当经典的领地。天文学家被训练使用光谱仪等仪器测量恒星光度以及它们的距离，而整个宇宙学领域只是收集越来越多的资料。这就是天文学家喜欢做的事，积累越来越多的资料。只有在20世纪40年代其他科学家群体参与进来后，情形才发生变化。

在那之前，仅为了正确地通观全局，我们可以先将哈勃和勒梅特在膨胀对照距离的图占有数据的范围和所有现代占有数据的范围作比较。随着望远镜威力的增加，这把我们从部分光速带到几乎接近光速，并无情地继续下去。当然，勒梅特和哈勃得到的斜率不很正确。不过，这是距离测量错误引起的细节问题。现在宇宙的膨胀定律已经很好地被确认到几十亿秒差距那么远的距离。

尽管天文学家们日以继夜地工作，导致宇宙学的下一次变革的却并非起因于他们的研究。究竟发生了什么改变？嗯，核物理学家也长期关注膨胀的宇宙。他们意识到早期宇宙非常密集，所以如果它也是热的话，在原则上它会重演恒星内部的过程。因而它应是研究核反应的理想场所。

这对所有核物理学家并非都那么显而易见，不过有一位特别的天才，从俄国来美国的流亡者——乔治·伽莫夫，和他的研究生拉夫·阿尔法一起，计算了膨胀宇宙的最早几分钟会发生什么。他们意识到，由核聚变反应可以产生某些化学元素。在最早的几秒钟，宇宙由电子、质子、中子的热汤以及辐射组成。中子是非常活跃的，并提供了建造化学元素的主要成分。

轻元素是最早被合成的一批元素，例如，氦、氘以及锂。此刻，伽莫夫希望它们在很快就被称作大爆炸的最早几分钟内能够产生所有元素。然而，结果他错了，因为质量8的元素是不稳定的，所以人们不能从质量4的氦过渡到质量12的碳。不过他和合作者的确弄出了大多数轻元素，而这已成为物理学最伟大的预言之一。从那时起我们已经测量了它们的丰度，其结果成为宇宙一度是完美的火炉的绝妙的证据。伽莫夫研究的结果之一是意识到，会存在来自宇宙的这一早期炽热的余辉。

我们很快就会回到这意味着什么的问题，此前让我先简要地告诉你构成我们的元素是如何形成的，这是来自于从你在前面的报告听到的爆炸的恒星。爆炸恒星理论的一个结果是，随着恒星耗尽它的氢，它接着制造较重的元素。由于它燃烧核燃料，一颗重质量恒星在中心越变越热。它最终变得不稳定并且爆炸。其碎片散落到可以形成更多恒星的云中。瞧，好家伙，我们就在此登场！

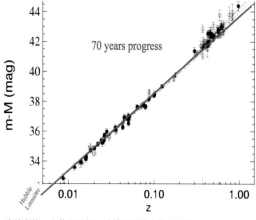

哈勃定律，大约2000年，哈勃探测的在图中用黄色标出

最早定量地理解我们由之构成的灰烬的起源，以及其中多少成分是来自恒星的研究者是20世纪50年代的玛格里特和杰弗里·伯比奇、弗雷德·霍伊尔以及维里·否勒。尤其是否勒和他的更天文的合作者将核物理引进了主流天文学，并得出这些结论。物理学和天体物理学的有趣的社会学因素之一是，这四个研究者中只有一位因这项研究获得诺贝尔奖。这是在物理学中经常发生的。

故事的下一步是来自伽莫夫和阿尔法猜测过的，来自宇宙最早几分钟的余晖。它必然在太空中。他们从未仔细想过如何实际地去测量这个余热。几十年后，来自大爆炸的余晖终于被发现。它是由两位研究者通过回声望远镜检测到的，该望远镜原先是早年在新泽西贝尔实验室用作卫星通信的。后来工程师们将这台望远镜抛弃，给两位射电天文学家阿尔诺·彭齐亚斯和罗伯特·威尔逊用来绘制银河系图。

该望远镜的新奇长处是大射束的敏感性，而彭齐亚斯和威尔逊很快意识到，他们测量到的微波强度不可能全部来自我们的星系。部分强度在整个天穹都是完全均匀的，与银河系或者和天穹的任何其他特征都毫无关联。当然他们是发现了来自大爆炸的残余辐射，即宇宙微波背景。这是1964年的事。从此这个辐射就被认为是大爆炸模型的另一个支柱。

在随后的几十年间，天文学家改善了微波背景的绘图。1991年2月的某天，罕见的现代科学发现之一成为世界媒体的头条，搭乘COBE卫星的一桩实验的设计者乔治·斯穆特公布了首批背景辐射的全天图，大约20年前彭齐亚斯和威尔逊只测量了其中的一两个频率。这是真正的进步。像这类发现真正引起了全世界的注意。1991年，COBE卫星制作出令人惊奇的微波天穹图。我们正看着天穹中平均温度十万分之几的微小偏差，平均温度本身仅比绝对零度高3度。这是美国媒体的头条，在英国更为轰动，在报纸首页头条横栏写着"宇宙如何开端"，甚至在法国《世界报》第3页写着"宇宙汤的疙瘩"。

这个发现当然最终得到更好得多的数据的确认。这张插图显示从WMAP卫星得

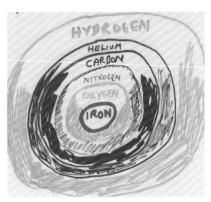

大质量恒星在其生命末期

到的另一张卫星图，WMAP是十多年前发射的，在轨道上运行大约11年后仍然在采纳数据。你看到一张微波天穹图，3开氏度的平均辐射强度已被减除。银河系的前景污染已被清理。余下的温度微小涨落是引起所有星系出现的结构的籽。我们正在看着以前宇宙又热又密集时的快照。微波光子直接朝我们飞来，携带来关于大爆炸最初大约30万年的信息。宇宙正是从这些微小的涨落成长为它现在的形式。

该涨落的发现也值得给乔治·斯穆特和他的同事约翰·马瑟领导的COBE卫星的开创性的结果颁发诺贝尔奖。马瑟为了测量辐射光谱，设计了卫星上的第二个激动人心的实验。我们在天穹发现了完美的黑体辐射谱，是伽莫夫和他的合作者在多年以前猜测的大爆炸最早几分钟的理想火炉的证明。下一张插图展示微波中的黑体谱，对你们中在乎误差棒的，这些是400根标准误差棒。这是我们在任何地面实验室能见到的最好的黑体，而它在天穹上遍及全宇宙。如果你把电视机失谐，调在两台之间，并在屏幕上看到雪花，其中的1%是来自遥远宇宙的这个普适的信号。

当另一组科学家参与到这个领域来，天文学又掀起一场"变革"。看到某一外部的团队如何经常带进某些新观念并成功地引起巨大影响，在科学中在社会学的意义上是有趣的。这似乎在物理学、天体物理学并肯定在宇宙学中发生的，而这回轮到了粒子物理。正如伽莫夫在几十年前就意识到的，宇宙的最初几分钟是处于高密度高温度下的核反应的丰硕领地。粒子物理学家注意到，回到猜测的大爆炸的甚至更早的瞬间，人们会达到如此极端的密度和能量，可以比任何想象得到的粒子加速器做得更棒。你必须建造一个从地球一直通到月球的线性对撞机才能复制大爆炸最初的几分之一秒的能量。即便在获得任何可以想见的预算的最好时刻，这都是不可能的。

因此早期宇宙是粒子物理的乐园，这就是何以宇宙学作为物理学的分支而走红。人们意识到，当你到达非常高的能量时，仅有的四种基本相互作用就会变成统一的了。而我们当今处于拥有非同寻常地差异的力的宇宙中。我们生活在由电磁力主导的宇宙中，在极小尺度下存在核力，但核力被如此地束缚，很难被直接观测到，而引力和这些力相比较是不可思议的微弱。不过到达更大尺度时，核力和电磁力都会被屏蔽。而当你到达更高的能量时，这些力被统一了。我们在当今的对撞机上测量到朝向这一情况统一的趋势，倘若用粒子理论外推就会到达核力与电磁力被统一在一起的一点。

将这一旅程往更高能量推进，我们就到达我们只能猜测的终点，对此我们还没有理论。这就是引力和量子物理统一之处。我们最终到达越来越高能量，也就意味着，往越来越小尺度长途跋涉的终点。这真正是我们认为的宇宙大爆炸开端。它是在某个不可思议的短的时间，某种不可思议的高的能量，我们将它称为普朗克尺度，它是用原子量子论的开创者马克斯·普朗克命名的。这就是我们认为万物起始之点，但我们手中还未掌握量子引力论去正确描述它。我很快就要告诉你量子引力论的一些推论。

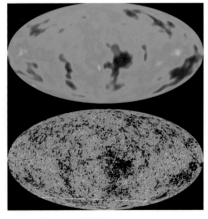

COBE(上)和WMAP(下)的比较

我们现在处于低温的宇宙中。在时间上回溯，这把我们引向何处？嗯，从关于宇宙起始的猜测出现了某种新宇宙学。开创性的粒子物理学家安德烈·林德和阿伦·固斯意识到，随着宇宙经历从统一到基本力的分解隔开的这些转变，存在一个不可避免的相变。它有点像水冻成冰；你释放出大量潜热。在此情形下，来自这个相变的额外能量促进膨胀，它在短暂的时刻剧烈地加速。这很快就以暴胀理论而众所周知。而它具有一个惊人的效应。

宇宙变得非常非常大。宇宙原先可以是完全混沌和任意的。想象一个充满皱纹的气球。你把气球极度地吹胀，它变得非常平坦，非常光滑，而在这个比喻中，我们生活在这个二维面的某一很小范围中，那里的空间显然多多少少是平坦的，多多少少是欧氏的。几乎所有非平坦的东西都被暴胀出去。这意味着你多少可容忍在开端的任何东西。它解释了为何宇宙这么大，为何显得这么规则又这么均匀。还有一个红利：在一切尺度上产生了无限小的密度起伏。它们注定成为大尺度结构的原因。

这里也许有点随意。但此刻我们要到何处？嗯，1980年之前的旧的大爆炸有一些巧合的事。我们不能理解为何宇宙大小约有140亿光年那么广：和你从量子引力自然预期的微小尺度相比，它极度庞大。仅仅是个巧合，不过在新版宇宙中，在某种意义上，你可认为它还要糟糕，因为此地此刻，宇宙是如此不可思议地广袤，却是有限的，我们可以理解它为何如此无限地广袤，不过我们为何都生活在不一般的非随机的小区域中却又引起一个问题。

也许这仅是时间的问题，因为如果我们等待得足够久，我们最终将看到越来越多的宇宙，并能更好地评定我们的小区域是多么特殊。除非它继续加速，在那种情形下我们也许会看得越来越少。不过那是另外一回事。

暴胀即将发生之前，宇宙是完全混沌无规的。暴胀的美全在于此：它解释了为何宇宙是相对简单相对大的。这就是我此刻一般地谈论宇宙学的全部。现在让我转到宇宙学中的最重要的议题之一，即我们如何达到这种状况，请允许我更明确些，询问宇宙中的结构为何并如何形成的？为何是这个宇宙，它在二维比喻中类似于气球的表面，本应是不可思议地光滑的，却充满了称作星系、恒星和行星的疙瘩。

答案要再回到很久以前，回到这个课题的两位先驱：伊萨克·牛顿和詹姆斯·金斯。当回到17世纪牛顿写下他美妙的引力论时，他意识到引力会使物质分布不稳定。他说道，想象你有一均匀的物质分布，它会自然地不稳定，那是因为会存在微小的起伏，而由于与之相关的额外的那么点自引力，起伏会成长。用更现代的话语说，它有点像资本主义：富人变得越富，穷人变得越穷。因此，高密度的小范围越发紧密，而低密度的小范围就越发稀疏。他说，宇宙就是以这种方式形成结构并形成恒星和行星的。

这里牛顿遇到了小麻烦。他无法理解为何是某些恒星发光，而诸如行星的其他物体是不透明的。牛顿在这一点放弃，他说道："我祈求某种其他解释。"他是一位宗教人士，由此他把任何进一步的启示留给更高的权威。

然而，还要耐心等待稍长一点时间，事实上是两百年，英国伟大的物理学家兼数学家詹姆斯·金斯意识到有一种非常自然的、他称作引力不稳定性的方法来理解牛顿的两难。金斯论证道，这些起伏会自然地形成云，而从这些云形成碎片，根据金斯的思想，最终形成恒星。这就是我们现代理解恒星形成的基础。

两位先驱研究者实际上已经把所有这一切都纳入宇宙大尺度结构的现代背景里。一位是俄国人，一位是以美国为基地的加拿大人，雅可夫·捷尔多维奇和詹姆斯·皮伯尔斯。这两位可以说是创立了物理宇宙学的现代宇宙学家。我们目前所知的关于结构如何形成的大部分几乎都出于他们在20世纪的最后三四十年独自的研究成果。

那么，我们对结构究竟知道什么？利用金斯开创的理论，存在美丽的数值模拟，模拟在膨胀宇宙中的起伏成长，形成了将变成银河系和许多其他星系的东西。这样，其思想是我们从暴胀给定的起伏出发，它们接着长大。

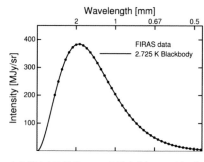

宇宙微波背景的谱，COBE上的光谱仪FIRAS测量的完美的黑体谱

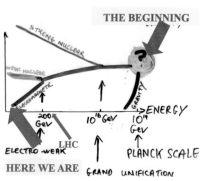

相变如何控制宇宙中的物体状态演化

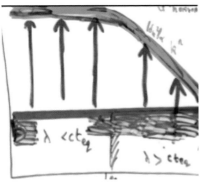

(上)有皱纹的气球被吹胀并被抹平。(下)从原初的尺度不变的起伏在所有尺度上产生密度起伏,在小尺度上较大的起伏起支配作用

这张插图显示密度起伏的示意。惊人的事情是暴胀理论的最简单预言,也就是青色的线,和我们能掌握的所有数据都相符,而这包括了从微波背景、从星系、从星系际云以及从星系团获得的数据。所有这些数据都落在这一同样的曲线上。

这张图告诉你,你测量它们的尺度越小,则密度起伏越大,这意味着,小物体先于较大天体形成结构,成为恒星或星系。宇宙是等级性地从底往上建构。这就是我们从暴胀预期的,这就是模拟展现的,而数据多多少少和理论一致。

这张插图展现数值模拟的结果之一。它给你展示一个与真正宇宙相比较的虚拟宇宙。惊人的事情是,你必须盯着看一会才能找出差别,由于我们这里拥有你在乔治·斯穆特讲演中看到的所有勘测的数据:星系红移巡天,我们处于中心,随着我们把更远处的星系定位,我们获得了天穹图;为了得到三维图,利用哈勃定律作为距离测量。你能看到巨大的星系团以及甚至你早先看到过的长城。而这边是膨胀宇宙的电脑模拟,这些模拟和数据一样被过滤,而两者似乎是不可区分的。因此,这告诉我们大致在正确的方向上。现在我们理解了引力如何起作用,以及结构是如何形成的。

现在宇宙学中有两个非常大的问题使我们不得安宁。这都和宇宙的黑暗面相关。让我们从暗物质开始,因为这是某种重大的事物。结果发现在这模拟中,物质中的90%是你看不见的暗物质。在某种意义上,数据和模拟比较的伟大成功是我们意识到,宇宙中存在大量的暗物质。

那么谁发现了暗物质?一些人对此有贡献。其中一位关键人物是维拉·鲁宾,当20世纪50年代在山顶上女天文学家还非常稀罕时,她登山观测星系,用胶片照相,冲洗它们,然后在黎明只好下山,因为那时在山顶没有妇女的设施。那时是初创时期。无论如何,她坚持不懈了很多年,并从研究像仙女座星系那样的星系,测量恒星和气体云和星系的旋转。她制作出了我们称为旋转曲线的东西。她发现星系

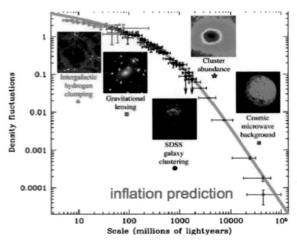

密度起伏对照尺度,和暴胀预言相比较(来自TEGMARK,2004)。青色曲线是上图表示暴胀产生的密度起伏的绿色曲线的精确化

正在自旋，而且如果所有物质都在发光之处，随着你离开越远光就越少，这样恒星的旋转就应缓慢下来。但是它们并非如此。尽管恒星往外离得更远，它们在公转轨道上运行得还是一样快。

这是在几十万光年尺度上的暗物质的非常强的证据。这并没那么令人惊讶。也许对于星系而言是这样，但研究星系团的瑞士−美国天体物理学家弗里茨·兹威基在几十年前就提出过暗物质的思想。他注意到，如果没有某些你看不见的东西，所有星系都会飞散开去。而他说，这就是暗物质。我们现在有测量这个的现代版本。在这星系团背后的这些星系，非常暗淡的那些，它们的像都有微小的变形。正如模拟证明的，这些变形都是由一个爱因斯坦首先预言的引力透镜引起的，这和导致光线偏折具有同样的思想，也是爱因斯坦理论的第一个检验。这些微小的偏折可以帮助你画出暗物质的图。

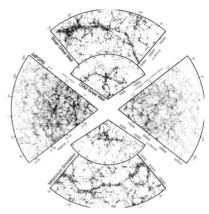

虚拟宇宙(红色)和实际宇宙(蓝色)相比较，后者是在红移空间由不同的星系勘测看到的。米源：斯普林格，弗伦克和怀特，2006年

兹威基是一位奇怪的人，他对他在加州理工的同事有强烈的看法。他还因是真正发展星系编目的第一人而著名，后者是现代天文学基础的一部分。

那么，我们从这一切得知什么？嗯，宇宙外头的大部分东西是不可见的——它是暗的这一结论，对某些人而言是烦恼的，很难理解。而我们肯定，这暗物质不是通常的物质；它不是由和我们相同的东西构成，这是无疑的。它甚至不由也被预见并具有微小质量的中微子构成。它是由某种非常微弱地相互作用的基本粒子构成。

物理学家和天文学家正在非常努力地寻找这种暗物质的证据，因为关于这种暗物质可能是什么的最好理论之一说道，这些粒子是温度非常高的早期宇宙创生的，而只给我们留下其中的一些残余。它们的大多数都相互湮灭成纯能量，而随着宇宙膨胀并冷却下来，只有一些粒子留下来。这些就是暗物质粒子。恰巧一种叫超对称的理论预言，的确应该存在这样的粒子。它为每一个已知粒子都假设了一个新粒子，而其中最轻的一种被预期是稳定的。超对称是美丽的对称理论，它适用于粒子物理，而且它适用于很高很高的能量。我们目前并不生活在超对称的宇宙中；否则我们就会被反物质狂轰滥炸，但我们在最早几纳秒也许便是如此。位于CERN的大型强子对撞机的主要目标之一就是要检验超对称理论并因此找到暗物质的可能候选者。

最轻的稳定的超对称粒子是暗物质的许多候选者之一，那为何我们自以为在正确的方向上？嗯，事实证明，如果该理论猜测的这种粒子与其自身有某种相互作用，而且它作用得太强，那么今天没有一颗会遗留下来；如果它相互作用得太弱，那它今天就遗留下太多；所以我们精准地知道它们应如何相互作用。它有点像金发姑娘和三只小熊的故事。而这个准确的相互作用率恰好是理论预言的。它被称为弱相互作用率。这告诉我们，我们的确可能在正确的方向上。这激发了世界范围的大量天文学家去寻找来自这难找到的粒子的信号。你会说，如果它是暗的，我们怎么看到它？嗯，如果其中的一个粒子和另一个粒子相遇，它将会与之湮灭，正如它在早期宇宙进行的，那时它们几乎都消失了，仅余下辐射，但是今天发生这个的机会非常非常稀罕。然而，因为太空非常广袤，你还是有机会看到湮灭事件，尤其是当它们是高能时。

这些暗物质粒子充满我们星系的晕，事实上它们穿透过我们。每秒有几百万颗穿透我们的身体。用正确的检测器，这些粒子会从检测器反弹，并释放某些小能量，这就是我们能寻找的。用某些极不传统的望远镜进行过一些实验。有些安在山下的隧道中，有些在矿井中，在地下深处以避免宇宙线，去寻求由这些难以捕捉的粒子在灵敏的探测器的反弹引起的微小热量或电离。其他的望远镜是位于亚利桑那、特内里费或纳米比亚的暗天区域的面积非常大的简陋反射器，这是设计来寻找纳秒闪光的，后者是当粒子穿过大气，产生和宇宙射线沐浴相关的所谓切连科夫闪光时引起的。

你还能看到冰或水的深层。因为这些粒子，或不如说当它们聚集在太阳中时湮灭的产物，通过地球并产生高能缪介子，而缪介子产生微小的闪光。人们可以监视一个巨大的透明媒体，诸如在南极的冰立方体或者在地中海的ANTARES，其检测器指向太阳，当太阳围绕银河系公转时，粒子就聚集在太阳。还有另一台在太空运行的望远镜，费米伽马射线空间望远镜，寻找由暗物质湮灭产生的伽马射线。所有这些实验都在进行之中，不过我们还没有检测到任何暗物质的信号。

让我现在转到另一个拥有上述一切问题的巨大的神秘上来，在某种意义上，这甚至是比暗物质还要大的神秘。对于暗物质我们知道寻找什么，根据我们不同的模型，我们知道去哪里找，我们正在进行或计划实验去寻找它，我们将会找到或找不到它。暗能量是更深刻的神秘。暗能量是什么？我们当然可以责怪爱因斯坦，由于在他写下场方程时，人为地加上产生反引力的一项以平衡引力，而阻止宇宙坍缩。他后来对此极为懊悔，但损害已经造成，宇宙常数不会隐退。

固然人们用了很多花哨的数学来分析其含义，但这数学有一极简单的描述。爱因斯坦将宇宙常数项作为以与物质弯曲空间相反的方式弯曲空间的平衡力而引进的。只要简单地重新安置它。你把它从他这个著名引力方程的左边移到方程的右边。右边包含引起引力的质量和能量。这意味着刚才说的反引力现在被当作负压力来处理，并被我们称为能量动量分布，即引力源分布的一部分。负压力是排斥的。这样，我们早先说的反引力现在是我们称为暗能量的排斥能的源。正如我们现在马上就要看到的，除了相对现代的对非常遥远的宇宙的研究外，它从未被检测到。

问题在于，我们究竟看到了暗能量，还是没看到？新闻是，在爱因斯坦(于1930年)抛弃了宇宙常数许多年后，我们找到了它返回对我们作祟的证据，宇宙常数的现代用语就是暗能量。以下是证据：超新星或爆炸的恒星，是美妙的爆炸，而特别是某种类型由于它们释放特定数量的放射性镍而被非常精准地标定。它们是完美的炸弹，这使我们认为它们应是测量宇宙膨胀的极好的尺子，如果我们知道它们的距离的话。当你在远处发现一个，你就能推断它的距离。而哈勃定律告诉你，对于给定的红移，它的距离应是多少。当天文学家看到遥远的外太空，发现了令人惊讶的结果，超新星太黯淡了，它们显著地黯淡了，相当于减小了25%那么多的光。那是1/4的光度，对于遥远的超新星这是可以用大望远镜非常精确地测量的。

如果宇宙在加速的话，这种过度暗淡可以被最简单地理解。在这种情形下，超新星位于比在匀速膨胀宇宙中更远之处。这是我们发现某种新东西的最佳证据——加速。你用超新星测量的是引力和暗能量之间的竞争；即在某种意义上是反引力和引力之间的竞争。我们在测量两者之差。

将此当作一个方程，A减去B等于我们知道的某种东西。很显然，一个方程中有两个数，你无法解它。有太多未知数。因为说"阿哈！存在暗能量！"的某人，就会去凑引力以及引起引力的物质以抵消它。那我们如何避开这个问题呢？嗯，存在一个漂亮的方法做到这一点，因为我们现在有了测量宇宙中的所有能量和物质密度的方法，而这是从宇宙微波背景来的。

其想法如下：在微波背景，或物质和辐射的等离子体中的波中，存在这些非常微小的涟漪，它们是存在的太初密度起伏的印记。它们来自非常早的时刻，并在早期宇宙中像声波或压力波那样表现。随着宇宙冷却，它们转变成基础结构，并制造

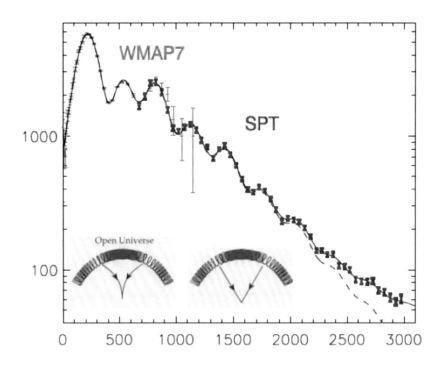

宇宙微波背景中的温度起伏。该功率谱包含了
WMAP和南极望远镜的资料

星系。我们的理论基本上就是如此。在测量辐射场中的微小起伏时，我们可以把这些转换成我们称之为功率谱的东西，这是一种表示依密度涨落尺度增大的涨落强度分布的一种方法。我们精确地、极精确地测量起伏强度。这张插图显示了这些声波之一的峰，接着是相应的极小，以及下一个波的极大等。你看到这一大堆声波逐渐变弱。

这里是两个不同实验的结果。一个是WMAP 卫星实验，另一个带蓝点的是基地在南极的一个实验，又是最近发布的对太空中甚至更小的角度的数据的测量。你能看到在这些声波中的不可思议的趋势：它们精确地相符。那么这个告诉我们什么呢？它告诉我们有关光在早期宇宙的传播。想象在两个不同宇宙中的一个声波。其中一个宇宙中空间是弯曲的，也就是非欧几里得几何。回忆一下，引起宇宙曲率的是总能量，动能加势能。这样其和就不等于零。

正是总能量的某个值使空间平坦。它实际上是零，所以负引力能刚好平衡动能。在这种情形下不存在空间净曲率。向我们飞来的光线在一个空间中被弯曲了，而在另一个宇宙中是笔直的。这意味着，你看到的所有这些峰都可能被移动。如果空间在开放宇宙中那样弯曲，你会看到这些峰会向较大角度移动。但实际上起伏的峰并没有移动。这就告诉我们，我们可以不含糊地测量宇宙中的总能量，即所有能量加上所有物质。而空间是平坦的。

这是一项进步。我们现在对两个未知数有两个方程。使情况变得更佳的是，我们还能从利用引力效应，诸如引力透镜的实验直接测量暗物质。现在我们拥有三种截然不同的观测技术测量归结于两个暗的未知量——暗物质和暗能量。我们认为，我们已经确切知道了宇宙的物质内容，但起初有点扫兴，因为宇宙的大部分内容毕竟是暗的。

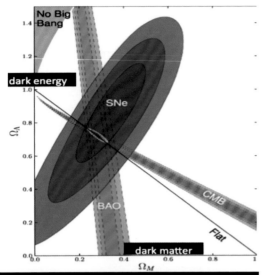

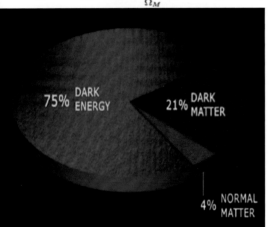

暗能量对暗物质的限制（上）
宇宙的组成（下）
来源：AMANULLAH ET AL.

天文学家喜爱显示的这张插图把暗能量和暗物质相比较。我要你们从这张图获知的是，利用我们的独立实验限制，我们在将两者都确定下来。通过暗物质和暗能量的不同组合，我们把它们逼近到不确定性非常小的区域。这意味着，我们已精确地测量到两者，既然我们拥有了一个宇宙模型，它从非常小起始、膨胀，随着它的年龄形成结构，然后接着加速，那么我们现在的结论是，首先宇宙是由暗的一方制约的。而这个暗方究竟是多少？

这里是暗方的总结。你在宇宙中有75%的暗能量；21%的暗物质；以及余下的那是构成我们的东西，恒星、星系、恒星之间的气体云和灰尘，总共不过4%。这就是宇宙。而这导致在当今物理学中所谓的最伟大的问题，因此现在让我解释这是什么，而我将告诉你一个可能的解，以结束我的讲演。

什么是当今物理学中最伟大的问题？它是这个：我们测量这个有时称作真空能的暗能量，从来不在乎用什么单位，因为除了仅用非常小的一定数量表示的均匀的能量外，实际上别无他物。我们现在可以转向理论，由粒子物理引进的漂亮理论，它为我们非常非常简单地预言了在暴胀开始的真空能。其预言是，它应该是一个非常大的数。测量和预言的这两个数之间的差异是10^{120}。这是物理学中你可想象的最大可能的不一致，它使许多物理学家彻夜难眠。

我们如何应付这种情形？嗯，我们拥有一个旨在提供解释的理论。它来自暴胀，其思想是存在各种各样的从不停止暴胀的暴胀理论。暴胀归因于突然开始并在比1秒短暂得多的时间内极度成长的量子起伏，不过在原则上这能随时随地发生。如果你晦气，你椅子下的原子会分离，你会落下穿过地板。这要花费许多许多年，许多许多亿万年；不过量子物理断言，存在一个有限的机会。

同样地，存在新宇宙接连发生的有限机会。而在某种版本的暴胀理论中，这不仅可能发生，实际上已经发生过。不断重复地发生。存在我们看得见的宇宙，但还存在我们永远看不见的其他泡和其他宇宙。这就导致已被称作多宇宙的整个网络，它包含所有这些平行宇宙的全体，而且存在数不尽的平行宇宙。也许不存在无限数目的平行宇宙，因为至少在理论的某些版本中，我们只有有限时间，但仍然存在巨大数目的平行宇宙。

这接着导致我们可能理解暗能量和这个宇宙常数之微小。它是这样：我们生活在一个宇宙中，这个宇宙拥有以真空能形式的基本常数的某一高度不大可能的值，还有大量其他都具有不同的值的宇宙。但在具有所有这些不同值的所有这些其他宇宙中，我们现在根本不能存活。其条件不允许形成恒星、行星及星系，也许生命。因此我们的环境具有某种特殊之处。相当大量的物理学家主张这一观点。

不过，存在非常强大的相反观点，至少同样多数目的物理学家持这种观点。他们说尽可以假设存在其他宇宙，那里有我们不可能存在的所有这些不友好之处，但你何以证明这个？我们无法观察或与这些宇宙交流。在标准的意义上，这不是物理理论。它是一个不能做预言的理论。它能解释任何东西。

我们的现状如此，其他希望在何处？嗯，关于宇宙学家你要记住的一件事是列夫·兰道的断言：他们经常犯错，但总自信满满。那么我认为什么是对这个问题最可能的解？我相信，我们正在等待下一位带来新理论的爱因斯坦出现，它纳入所有这一切，并使我们理解，为何存在某种对暗能量的更自然的解释。那是一种可能的方法。

　　存在另一种观点，那是说该加速也许正捉弄我们，那毕竟稍有些间接；我们甚至没有把握如何去探索临近的超新星，更不用说充分理解它们在条件肯定非常不同的早期宇宙如何行为。因此也许存在对这个表观加速的更天体物理的更复杂的解释。也许引力不同于爱因斯坦理论，而也许有朝一日一个新理论能同时解释暗物质和暗能量。我们再次需要更多数据和更佳理论，才能真正把它解决。

　　数据从何而来决定我们领域的未来。存在许多大项目。其中一项是ESA发射的普朗克卫星，正在太空采纳数据，并将在以后约两年发布其背景辐射起伏的远为精确的测量数据。紧接着我们有大镜面的望远镜项目：美国领导的20米和30米望远镜，欧洲的39米望远镜；一台进行前所未有的星系大巡天的8米望远镜；一台1平方千米的射电望远镜，以及一台被设计以来以前所未有的精度测量暗能量的新的太空望远镜。

　　谨让我以值得刻入科学家意识的这一段格言来作结束：非同寻常的宣布应由非同寻常的证据支持。我以为，为了理解充满当今宇宙学的这些神秘中的若干，还有很长的路要走。

哈勃深场。来源：NASA

乔治·斯穆特

来自太初的信号

乔治·菲茨杰拉德·斯穆特于1945年2月20日出生于佛罗里达州尤空，他是一位广被尊崇的天体物理学家和宇宙学家。1966年他从麻省理工学院数学和物理专业毕业，并于1970年从那里获得博士学位。斯穆特在加州大学伯克利分校和劳伦斯·伯克利国家实验室开始研究生涯，他在那里利用粒子物理实验研究反物质。

斯穆特强烈关注1964年发现的宇宙微波背景辐射。最后，斯穆特提议发射宇宙微波背景探测器(COBE)卫星。COBE于1989年发射，至1992年检测出大爆炸余晖即微波背景中的起伏。

2006年斯穆特因对宇宙微波背景辐射的研究和他的同事约翰·C.马瑟分享物理诺贝尔奖。他现任加州大学伯克利分校和法国的巴黎狄德罗大学的教授。

我今天的讲题是关于来自宇宙起始的消息。这通常是把我卷入宗教麻烦的一类东西。它就像看到上帝和类似的某些事物的脸。然而，我准备讲的是，我们是如何得知有关宇宙行为的大量知识的。我们从光得知了这些，那是来自时间起始的，来自稍后一点时间的，以及来自较靠近我们的时间的光。它让我们得到关于宇宙本性及其对地球效应的大量信息。看到西班牙人参与其中，一点都不令人吃惊，因为你会发现，我们在探索的这个阶段，正像1500年代伟大航海家们从葡萄牙和西班牙出发去探索地球一样。不过，我们现在要探索的是整个宇宙。

我只想让你们知道，我正关心着宇宙场景的研究。我们刚好碰上了这个宇宙，而我们试图弄清发生了什么。这就像来到犯罪现场，调查并弄清发生了什么。嘿，那里有隐藏的指印。如果你们能澄清它，你们就能精确明了发生了什么。你们看电视都知道，仅仅分析一些东西，做一些电脑模拟，就能重现整个犯罪场景并指认谁是罪人并做了什么。嗯，这就是我们要做的。请允许我提醒你们，在我说我们试图重现场景时，不仅是这间屋子和它里面的所有物质，我们试图去重现的正是整个宇宙。

你们在讨论中听到一点的最伟大事件之一是在这里展示的哈勃超深场。我年轻时，我们拥有单独的星系或者一两个星系团；现在我们拥有像这样的星系团，你们在其中可以看见2000多个星系。你们在这幅像上看到的，除了四个恒星，基本上全是星系。你们能看到星系具有不同颜色，有些比其他大。也有些是不同的；它们较小，而且形状不同。你们看到椭圆形的，还有螺旋形的。仅从这幅图你们可能会意识到，有人制造宇宙，并把很多星系放置其中！你们听到过存在一千亿个星系，显然只要有一个太阳系就足矣，何需一千亿个星系？

对于生命而言，一个太阳系就足矣，你为何需要四千亿颗恒星和一千亿个星系？这是你要解释的一件事情。

如果你稍作阐明，就会看到这里正进行着某种进化。较小的也因此较远的星系具有较无规的形状，而令人惊奇的事是，我们知道宇宙正在膨胀——它们实际上更白更蓝，这意味着它们本身温度要更高。而它们应更热得多，因为它们必然已被红移，尽管如此，它们的温度却还比附近的星系，也就是我们在这里看到的黄色的星系还要热。

斯皮策太空望远镜看到的仙女座星系。
来源：NASA

因此，我们仅从这张图就意识到这绝不是一个简单的故事，不过比起试图理解生命又简单得多，所以我们运气很好。我们拥有一个简单的工具。我不打算花费这个讲演去描述为了达到这目的的其他工具。我们的主要工具是光，尽管它行进得非常快，但宇宙非常大，而光速是有限的。当我们往外观测大距离，比如观测太阳，光花费8分钟抵达地球。因此如果我此刻给太阳拍照，那记录的是发生在8分钟以前的事情；或者如果我去拍摄木星，那就是发生在40分钟之前。

如果你观测我们四周的典型的一族恒星，看到的便是它们比10年还早的景象。如果你看这银河系中心，你看的是几千年前的事。仙女座星系则是200万年。如果你有一张200万年前地球的照片，它和当今的地球一点都不像，没有长城，没有都市，没有其他任何东西。没有人类的迹象，我们认为直到那时人还没有出现。

不过这里的问题是，如果你看到向你飞来的光，作为观察者，你可认为自己处于一族套在一起的球面的中心，其中的每个球面都是往外距你给定的距离，不过也是给定的往后时间。这样如果你能重建在每个球面上进行的一切，你就能重建从最开始到终结的宇宙的时间历史。

让我们将宇宙的开端想象成一个球面，它是离开我们的最远距离。现在的球面是距离我们最近的，在我们和月亮之间的东西是在1光秒之中。我们处于一个螺旋星系中，我们在其中一个往外旋臂的半途，而我们拥有这一族围绕我们的同心球面。如果你向邻近看，你就看到了我们认定相当发展和现代的星系。这样你就能看到这些螺旋星系和椭圆星系，等等。

如果你看到更外面，你就开始见到无规的星系。这是些还没来得及演化的，还没有和其他星系合并的，还没有完全变成要么椭圆状的要么球状的星系。这样让我们想象宇宙，这个宇宙时间球面的整个概念，其中时间的开端处于最远的这边的一头，而我们在特内里费的此刻在这里；而围绕我们的是几十亿个星系。我们不能把它们全画出来，因此想象存在一千亿个，而邻近我们的是像我们生活其中的演化了的星系，而外面更远的那些，过去被认为无规的星系的东西，不过我们现在知道，它们是正在形成的星系。

我们研究的这些就能画出整个太空图，我们的图不仅使你知道驾驶月球漫游者何去何从，你还能看到宇宙的整个历史在眼前展现。这就是我们的目标。

我要在讲演中短暂地描述两部电影。我要提到的一部是因为吉尔·塔特在场。你们中的一些人知道1997年首演的一部电影。这部电影是《接触》，其中朱迪·福斯特启程去会见外星人。吉尔·塔特是朱迪·福斯特扮演角色的灵感之源。如果你们看《接触》，会看到白光代表朱迪·福斯特，而非太阳。你们会听到其中有一段音乐非常糟，不过它表示的是发出的无线电波的声音。现在我们正掠过火星和小行星带。如果你仔细聆听，就会听见登月，接着是肯尼迪被刺，等等。

这部电影的一个重要部分是掠过所有行星。这太酷了，因为航天员知道所有行星都完好排列，好让你飞行掠过。这样你就得从土星边上过去。他们为何这么做？这是为了提高商业价值，他们为了使观众印象深刻，而我们在1997年拥有多少数据？这似乎是古代时光。我们到过这些行星，并拍过伟大的照片。我们把探测器送上过这些行星；我们拍下了这些行星的伟大照片。此刻我们到了柯伊伯带和奥尔特云外头，你开始看到其他恒星，从这里开始他们就必须大部分编造故事直到朱迪遭遇到外星人。不过存在一些照片，因为哈勃太空望远镜已经上天。然后你必须通过一个尘埃云(在天鹰座星云，M16)，一个著名的尘埃云，它被称为"众生之柱"。它是我们星系中许多恒星正在形成的地方。当这些恒星变热，它们就蒸发围绕自己的物质，并迫使物质进入柱子。

我的研究小组也制造了一些模拟宇宙构成的影片。一部展现我们的星系，以及仙女座星系。那里存在一大堆星系。你要知道，当航天员告诉你，地球显得非常微小，在此你如果伸出握着钢笔的手臂，笔尖就能遮住我们的星系，更甭说行星了！

哈勃太空望远镜的标志性的形象"众生之柱"。
来源：NASA

去年夏天我们完成了另一部影片，其主题音乐非常异类，非常富有灵感，尽管还不完美。这部影片从地球上开始，显示地球的真实图像；没有任何模拟的东西。我们从展现西藏开始，因为那是一个印象深刻的地方，也因为那里万里晴空。在做谷歌地球时你要拍大量照片，并且必须在少云时拍。我很欣赏的一件事是，加进了新的特色。我们在此，在地球上，而我们已经把东西放在太空中。这不是通往太空的门被关闭的问题；人类，不是作为人，而是作为机器在太空存在。

随着我们小组的影片继续，展现了一些轨道。因为我要熟悉一些俄罗斯的轨道，所以现在必须注意了。它展现了这些非常极端的轨道，俄罗斯轨道。它还描绘了著名的克拉克带，地球同步轨道带。它被极度地使用。最后，它展示了月球，只不过1秒的距离，而当你看到月球的轨道时，你几乎看不见地球。这就是你可用拇指遮住的地方。存在内行星。如果你乘太空舱来到那里，你将会感到极其寂寞。

影片还展现了外面的星座，至少是那些熟悉的。当你到足够远之外，它们就会被畸变。它显示了邻近的恒星由于视差而如何移动。这就是在《接触》中信号何以本应在那里。现在影片揭示了银河系。并展现了我们周围的两个近邻星系。这是很有趣的形状，因为我们还没有将它绘制出；不是说那里没有星系；只不过是我们没往那里看过。我要提醒你的是，所有这一切都是真实的。我们影片中的每一小点都是一个实际的星系。

你到了影片的这一点，它展现了你能看到的最远的太空；这是宇宙微波背景，从大爆炸，事实上是时间起点来的残余辐射。接着影片将你带回家园，这样你就不觉得自己这么微不足道。

我将向你解释，我们是如何完成其中一些事情。它是将很多很多人的有合理产值的工作组合在一起。这仍然还没达到简单描绘DNA分子那么复杂，那是一项不可思议的事业。纵然你会看到用等效原子代表的星系的数目在我们的一族画面中多于百万个。这样我们只好作某种印象派式的星系图。一会儿我将给你展示稍低质量的——我们实际上知道5亿颗恒星的位置。我们正取得进步。根据我的计算，我做与他人稍有不同的计算，结果是，在这星系中粗略地有1%的恒星也许在它们可居住带有一颗合理尺度的岩石行星。那是大约20亿至40亿颗的行星。这就相当于地球上的每个家庭仅在我们星系中就能摊上一颗这种行星。

随着我们的影片继续，它展现了你最喜欢的行星之一。不可思议的是，我们仍然违反了光速，因为我们仅在3.5分钟时间内去了宇宙边缘又返回！是太快了一些。接着我们终于回到这高原。看到地球很有趣，看到这些广阔的平原真有趣。影片正展现月球上的暗色玄武岩区域，而你认为在上面并没有和印度德干平原非常类似的东西，等等。

这部影片的主旋律相当优美。布莱恩·梅将要告诉你的一件事是，尽管音乐和画面一样美丽，不过音乐会把我们的情感表达得更加淋漓尽致。这就是为何声响效果如此之好。这是很有趣的。你会认为，在《接触》中他们比我们更知道这一点。

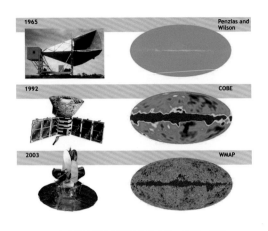

宇宙微波背景发现后的五十年。来源：NASA

因此，如果你看到我们小组的绘图，你不仅在看宇宙的绘图，而是在看沿着光锥的特殊东西的空间和时间中的绘图，光锥面实际上是光球面。

我们是如何完成这个的？我耗费了大量精力试图制作更早期光球面的绘图，在这个过程中我们不可思议地好运，也不可思议地强大。我们的研究从COBE卫星起始，由此看到了初始涨落。WMAP接着继续，而现在，在2009年5月，我们发射了普朗克卫星。在特内里费这里以及西班牙的其他地方的一些人参与到这个项目中。我们正制作出更佳的绘图，它们能展现这些小结构，它们不仅是星系和结构、星系团、星系和我们看到的其他东西的起源，还给出了大量宇宙由何构成，以及其结构是什么的信息。稍后我会稍作解释，以告诉你有关空间和时间本身是如何被创生的。你们将会亲眼看到这些。

我们正在迎来2015年的宇宙微波背景发现50年纪念，所以我们要稍作等待，这一年标志着彭齐亚斯和威尔逊完成他们伟大发现后的50年。如果他们能够扫描整个天穹，他们就会制作出像这样的绘图。你真正能看到的只是星系；其余你能看到的只是来自宇宙本身的均匀的弥漫的背景。正是因为它们处于这么长的波长，星系才得以显现出来。

接着是用COBE，我们将灵敏度和分辨率提高了超过10000倍。我们看到银河系横跨整个视场。我们看到这些大尺度结构，凉的区域在一起，暖的区域在一起，那些是我们能展现的起源于宇宙的最开初的结构，相当于你寿命中从你妊娠后的12小时的那一刻的结构。

我们跟随着具有更高得多的角分辨率的WMAP，我们接着就能够研究这些，我们仍然可以看到这些凉的区域聚合在一起，暖的区域聚合在一起。不过现在我们有了多得多的细节，而它允许我们去说存在多少物质，通常的就像构成我们的物质又有多少，存在哪种其他结构。我们能够得知宇宙和DNA的内容，为了知道将来会发生什么。我们很快就要发布来自普朗克卫星的高分辨率绘图。而我们拥有我愿意称为胚胎宇宙的不断敏锐的图像，纵然它是我们能见到的最大的球面——它是地道的胚胎宇宙，以人类的说法，这正是宇宙诞生之前事物所处的方式。

这样，在1992年我们有了非常粗糙的绘图；2003年我们获得了较好的一张；今年底或明年初某天我们要发布来自普朗克的还要较好的一张。而且我们有两台在地面上运行的大望远镜，一台位于阿塔卡马的安第斯高山的宇宙望远镜，另一台是位于南极的望远镜，它们制作宇宙非常高分辨率的绘图。

为何我们要做这个？回答是它获得非常丰富的信息，并且是非常非常仔细。我们能够以非常高的精度描绘在真正古老的时刻宇宙发生什么，而且我们现在甚至改善到不仅能看到第一阶甚至是第二阶的效应。那就允许我们分析事物，并且在高精度上真正理解我们认为的在早期宇宙进行的事物。而随后我们必须要看，它们是否都连接在一起，是否其中的每件事物都和我们以为已被揭露的模式相符合。

这样我们就有了一个简明的故事。我给你展示一个"垃圾桶"的版本，以取代同心球面。如果我要标示时间，就只好压缩一个空间维度。存在于现时刻的球面就在这里，而如果你随着这个球面在时间上倒回去，我们认为存在一个瞬间，那时我们会看到宇宙处在一个比一颗原子还小的区域，而量子力学极其重要。那些量子力学涨落最终会变成星系和星系团以及其他的任何东西。因此，这真是一个非常酷的故事，你在起始时只要取一个小范围，它就会转化成一个美丽的星系。

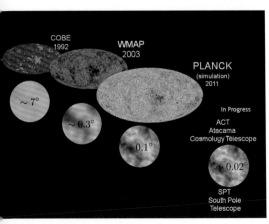

我们胚胎宇宙的不断清晰化的图像

我们经历这一阶段，这时宇宙成为透明的，而辐射自由地到来——我们将它精确地描绘出来。接着我们经历一个黑暗时代，我们得到第一批正在形成的恒星和星系，而它们随时间演化直至最终形成我们太阳系的这一时刻。

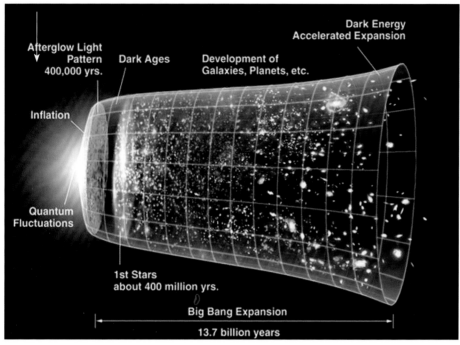

宇宙简史。来源：NASA/WMAP科学团队

不过我们还发现发生了某些奇怪的事。我们认为早期宇宙加速它的膨胀率，它接着必须缓慢下来使结构形成，而后来宇宙在大约500万年前再次加速它的膨胀率。这样我们就具有所有这些额外的配料，但它们比一个细胞中的配料少多了，所以我们算是走运。

这就是为何我们花费了可观的时间与努力以及大量的金钱来研究这个。我们是说30年内三颗卫星，不是微不足道的钱，只为了以不可思议的高精度来描绘宇宙的起始。而40万年，或更精确的38万年，似乎是很长时间。不过要记住，我们是说宇宙年龄接近140亿年。

我们还做了什么？我们开始了描绘星系的项目。其中的第一项是斯隆数字巡天。这张插图展现100万个星系的绘图，而它是如此有趣的扇状。我们自己的星系遮挡了其中一些测量，但在另一端你只是要把望远镜朝着天空并拍照片，地球在旋转，你拍另一张照片，你获取跨越天穹的这个扇形，而接着你画出星系在何处以及它们的角度。并且你还要估计它们的距离，而之后你对另一个平面做同样的事，并得到另一扇形。

你可以在英特网上看到一个旋转的版本，这样你就会意识到我们可能在哪里看到过。看见那样的一个版本，你会看到某些惊人的东西。那里的每一小点都是一个星系。但星系不是随机分布——它们拥有非常复杂的模式，而且存在一个无人不着迷的东西。这个东西，这个结构获得长城的名字，它看起来像是一大串星系，也许是100万个星系，因为事实上我们用他处的例子得知，它实际延伸到比这一串更大的区域。它真是一座长城。

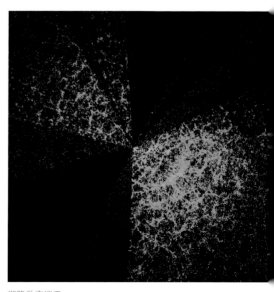

斯隆数字巡天。
来源：M. 布兰顿和斯隆数字巡天

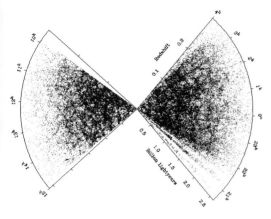

两度场(2DF)星系红移巡天。来源：马修·科里斯(ANU)等

现在问题来了，是谁建造了星系长城？这是一项工程师的任务。它需要大量人力才能完成。其答案是，我们认为，宇宙一开始就被设置好这么运行。

这里是观测这些星系的两度的视场，这是一个竞争者的，是欧洲人的。我们在此要粗略地浏览一百万个星系，而你会注意到有时有颜色、形状，因为我们在编分类表，这表已列了一百万个星系，而所有这些星系都有图像。我们知道星系的光谱类，我们知道所有这类东西。此刻我们要出来，回顾我们看见的东西。不过你们会注意到，你已得到更多信息，你得到这一信息超立方体。作为这个项目的一部分，我们有称作星系动物园的项目，人们可因此将星系的图像下载到个人电脑，然后扫描并且撰写回馈评论。星系动物园的创造者做了大巡天，看星系从左向右转动的是否比从右往左转动的更多，而答案是，它们是这样的，因为人们有偏见。即便你把星系的镜像给他们，他们仍然发现同样的东西。

我现在给你们展示的插图是来自巡天。不过事实上，我们做的比这还多。我现在合作的项目之一称作BigBOSS，那是重子振荡巡天的大版本，是用所有光谱图进行的天穹调查。我们刚被批准用一台4米望远镜做此事，但为何我们要做？嗯，大约到2015年我们应调查了五百万个星系。五百万个星系是很不错了，不过那是一千亿个中的五百万个，因此我一直鼓励我的同事再接再励。我们只在争论要做多少。我要求五千万个星系。他们说让我们做两千万个星系，让我们也做一百万个类星体。

现在观看下一张插图。你们在此会看到所有这些小手指往外伸出，在其末端各有一颗类星体。你给类星体拍下好照片，再研究其光谱，你会看到光正被星系中形成的东西所吸收。所以这被称作赖曼－阿尔法森林，而这是一种研究当时正在或将来要发生的事物的方法。

这些最早的家伙在非常大的红移点亮，它们把后来即将点亮的家伙照亮；现在这个演化仍然在进行着。如果你设想一下测量五百万个星系的问题，你就意识到，如果你的效率足够高的话，你每年能做一百万个。我们做这个的方法是试图一下子测量一千个星系的光谱。其做法是做这块大板，在所有星系所在的正确位置上钻洞。所以在制作之前你必须弄清星系在何处，接着就让人在板的每一个洞都塞进一根光纤塞。然后你将它组装，而光纤被通到光谱仪，而你把它们排列成行，那你一下就得到所有星系的光谱。

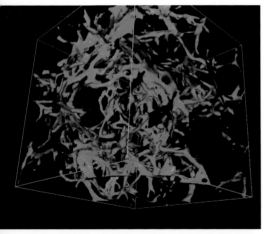

赖曼－阿尔法森林。来源：J.莎尔弗，Y.张(UIUC)等，GCCC

这是我的小组和法国－西班牙小组的国际合作。这就是为何我说我们就像伟大的航海家；我们正试图描绘宇宙。如果摩尔定律对我们一直适用，那我们只需要花50年就能描绘整个宇宙。困难的问题是你如何从一张图的5000个星系到50000个，再到500000。不过我们快到下一步，而我们到2015年必须准备好开始。

那为何把它叫作BOSS？嗯，事实证明，你在宇宙微波背景看到的这些涨落最后都反映在星系上。也就是说，如果你有一大团，它就会变成一个星系团。光压有这么大，它将通常的物质吹得非常远，粗略地讲450兆秒差距，但暗物质还留下。而接着暗物质把这些东西吸引回去，不过在外头东西的一小点留下，并形成未来的星系。

现在，你看到在天穹大约1度的这些大块头。我在此将把它们显示出来，有450兆秒差距。而你看我们现有的斯隆巡天的数据，就会看到这个小块头。围绕着这个东西存在我们称为重子声学振荡引起的百分之几的额外星系，那时光子把重子吹出来，而我们要非常精确地测量它，因为那是一把尺子——它是固定的尺度——我们知道那是取决于宇宙的常量，而我们所要知道的一切是从它被吹出后起宇宙膨胀了多少。

我们已拥有现成的尺子，使得能够测量宇宙随时间的成长。这样，我们就能同时测量宇宙如何随时间改变，以及多么快速地成长；而且还能测量星系和星系团多么快地形成。而两者允许我们去区分我们称为暗能量的和某种修正的引力，等等。因此还要进一步作科学研究，这就是为什么称作BOSS的原因，它不是我们要卖断给Hugo公司的，它是某种别的东西。

BOSS团队还创造了某些模拟。他们展示涨落；我们让引力起作用。你们之前看到过这个，但没有旋转。你取在微波背景中看到的这些微小的涨落，并让引力作用约几十亿年，就会开始形成显得非常奇怪的结构。它们并非随机地突然出现，它们是长的细丝。你首先看到小热点，接着你看到热点连起来。事实上连接已在那里，它们只是要花一段时间发展并坍缩，从而形成这种网络。这是一种宇宙网络，这是简单的引力。因此这就是暗物质所为。

BIG BOSS迭加到WMAP图像上。基特峰上的历史性的4米梅耶尔望远镜的新检测仪表

你也能做较大的模拟。我们制作的另一个显示，物质对照暗物质的这个分布随时间看起来是怎么样的。暗物质要成为白的，而通常物质显得是像恒星和太阳那样黄的。大多数恒星在颜色上是浅黄，并且比太阳稍小。

我们的模拟允许我们拉近我们认为的宇宙今天应该的样子。它在大尺度上显得非常均匀。不过当你拉近，它就显得像是一个生物系统。那里会存在细丝，在它们相互交叉之处就有了星系团，或甚至巨大的星系团。我们制作了100亿粒子的模拟。其宽度代表30亿光年。它在平均上是均匀的，但是这里有大量的结构，而杰克·绍斯塔克会告诉你，这看起来像一个生物系统，它像一个脑子或某种东西。不过你看到空洞，还看到细丝。

真正发生的是引力使一个原本相当均匀的分布崎岖不平。引力使之轮廓分明。不过当有大量细丝聚到一起，你得到一个大星系团。这样，我们不仅不在太阳系中心，或者星系的中心，我们甚至不在一个大的星系团中——我们在一个精致的小星系团中。如果我们生活在一个大星系团中，我们会在天穹到处都看到星系。而随着我们的模拟移得稍微更近些，它会显示两个小东西，它们就像这两个那样相当靠近；我们和仙女座星系就大约离得这么开。

不过，如果我们生活在中心，那就像住在城中似的。那完全是另一回事。我愿意从我们的模拟退出。身为模拟者或者物理学家或上帝是很好的，因为你能看到大图像。另一方面，如果你处于内部——马克斯·普朗克学会的沃尔克·斯普林格尔进行了其中之一模拟——现在你只看到出自暗物质晕的白色以及在晕中心的一些恒星。或者是，通常的物质，不但会把能量消耗掉并坍缩形成恒星，还创生了包围这些恒星团的白色的晕。我们认为是可见星系的实体，不过是更大得多的结构的一部分。当你处于其中，就非常困难弄清身在何处。你必须实际做出绘图并以开阔的视界来看待它。

现在我们可以做大时间模拟。我们制作一个能展示和你在其中的空间上是往外看，而在时间上回溯过去——回到过去的几十亿年相同的宇宙网络。早期宇宙相当温暖，相当均匀，万物均在进行。但是，慢慢地，结构开始形成，而我们的模拟显示，结构变得越发壮观。这里有些小技巧，因为宇宙正在膨胀。随着宇宙年龄增加，你得到越来越尖锐的边缘。那是因为非线性引力使这微结构最终连接在一起，而所有都协调地迭加在一起。

这是来自COBE卫星的绘图，在减除了银河系的一个模型后被稍微圆滑了一些。它之所以被圆滑是让你能看到大的特点。不过你现在看我们从WMAP和Planck

获得的绘图。你是在看相同分辨率的一张绘图。

现在请看地球的绘图。毫无疑问那两幅图是不同的。你看到这些长的线性的特征——大陆的边缘、大西洋海岭、太平洋、南太平洋和南印度洋中的各种特征。地球拥有长的线性的特征。那告诉你存在样式的混合，也就是说，许多相以不同方式排列。地球表面的形成，大陆的形成是一个非线性的步骤。

请再次看宇宙微波数据，你会看到热斑和冷斑。不过，就我们所知，冷斑和热斑的相关性基本上是微不足道的。那意味着结构，即产生空间和时间的机制在非常高的水平上，直至我们能看到的水平上都是线性的。而这是了不起的本领。

因此，我们真的看到，制作空间和时间的步骤是最简单的。这真的给我们希望；我们能计算它。它和生命正好相反——我们越近看系统，系统就越简单。因此，当我们寻找来自时间的信号时，我们正是通过光来看到的，不过现在我们看到发生距宇宙开端的1秒的极微小部分时间发生的实际的事，那时我们经历暴胀，或制造宇宙现在所处的大的阶段的任何东西。

我们还制作出不具高商业价值的绘图，以及主要基于来自依巴谷卫星数据的像。有一张显示最近的5亿颗恒星的位置。我们可以缩小退出以包含更大范围。这些要求大量的电脑资源。不过，你接着意识到你获得了一幅法国印象派画，因为在每个星系中有大约4000亿颗恒星。因此你只显示星系中所有恒星的千分之一。我们还要制作更多绘图。

我们还制作了表示我们本星系群的模拟。如果你从这些模拟之一缩小退出。你能够实际上看到我们最近邻在何处。我们相当孤独。我们的银河系？你可用拇指遮

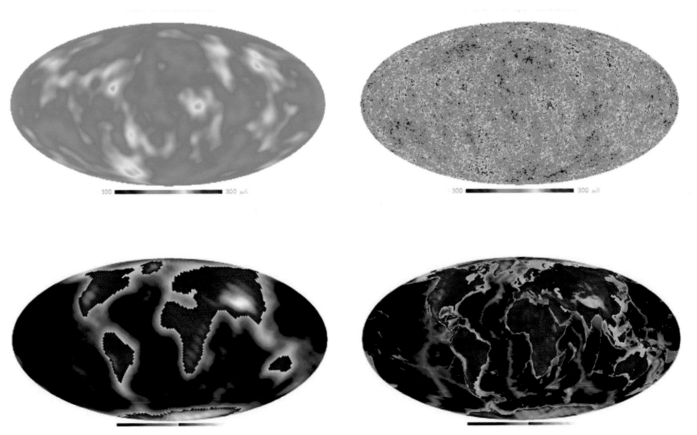

(左图)COBE DMR, (右图)WMAP 和普朗克

盖住它。

现在设想旅行到这些楔形之一，而我们要稍快一些。记住，光要花费两百万年才能走过两个最近的邻居之间。现在你开始看到一些红的——那是些大的红的发光的星系。你可以在很遥远距离看到它们。还有类星体，它们这么亮，你可以看到它们。在这么遥远的距离上你看不到正常的星系。

我们要在我们的绘图中把细致程度提高10~50倍，而我们实际上已经开始描绘出这个体积的相当部分。首先你必须说明从一开始你用哪种尺度——距离、时间或别的什么？

这就是我们的宇宙项目，去描绘出整个东西，看看我们是否理解它，然后把它计算出来，这样我们就能做模拟以保证我们得到整个图像。然后我们能够沿着这条路线计算出每一步骤，并和我们获得的进行比较，并且看我们是否很仔细地理解了宇宙。

亚历克斯·车尼和乔治·斯穆特在STARMUS。
亚历克斯获得受尊敬的STARMUS 2011年天文摄像奖

在智利安底斯山的查南托高原的天穹下巨大的毫米/亚毫米天线阵。来源：ALMA, AUI INC., ESO/B. TAFRESHI

罗伯特·威廉姆斯

过去50年的五个突破性发现

罗伯特·威廉姆斯是杰出的研究学者和位于马里兰州巴尔的摩的空间望远镜研究所前所长。该研究所和NASA的哥达德太空飞行中心一起操作哈勃太空望远镜。

1962年威廉姆斯从加州大学伯克利分校毕业，1965年从威斯康星大学获得博士学位。20世纪70年代早期他任伦敦大学学院的教授，并任图桑的亚利桑那大学天文学教授多年。他还是托洛洛山美洲际天文台，即美国在南半球的望远镜的最大联合体的台长。

威廉姆斯研究星云、新星以及牵涉发射线光谱的项目，专注于银河系的成员。他是国际天文联合会的前主席。

天文发现是天文发展之源。关键的发现改变我们思索宇宙的方式，而且它们推动当代的研究。那么人们如何认真地认证那些深刻影响天文学以及人类对宇宙认识的发现呢？我大范围地考察了在一些天文大设备上正在实行的现代观测和理论的项目，并接着指明启发它们的主要发现。我在这个基础上，从过去半个世纪选择了五个最具影响力的发现。我承认这个选择是主观的判断，我之所以选择这些特殊发现，并非为了这么强调它们本身，而是为了明白这些发现的过程如何激发研究，以及这些研究如何影响我们对宇宙以及人类在其中作用的理解。

人们不能把关键发现和导致它可能的技术发展截然分开。非常偶然的，一项新奇的发现出自于纯粹的坚持和好运气，依赖新方法使用旧装备或者就凭机会抓住一个新现象。脉冲星的首次光学发现就是以这种方式发生的，那是在1968年利用了一台小口径的老望远镜。然而，更正常的是，揭示在太空中天体运作的新能力是最有可能成功地寻找以前既未被发现也未被理解的东西的那些技术。

发现是由人做的，而人利用工具来研究天穹。近几十年来，技术的爆炸改变了天文学家通过望远镜观测的对象和手段。特别是，存在三个技术发展，这些发展巨大地影响了一些最引人注目的现代天文学发现，而且它们创造了现在覆盖全部天文学的文化。

人眼拥有许多卓越的功能，诸如识别模式的能力。不过，作为能够检测弱光并储存它的装置，它有明显的缺陷。正因为如此，照相底版在超过一个世纪期间是天文学家最好的检测器。在照相底版上的10小时曝光能使比人眼能看到的黯淡几十万倍的遥远的星系成像。人们可以很容易将照片存档，眼睛做不到这点。然而，尽管这些品质，照相底版在把储存在底版上的信息转换成定量的信息方面有局限。多年来发展了抽取定量信息的复杂的机器和算法，但在20世纪70年代，拍照成为新的大型望远镜的严重限制。

幸运的是，工业和军事寻找更好更敏感光检测器的需求推动利用光电效应的物理过程的研究。爱因斯坦首先在数学上描述了这个效应，它导致发明用硅的底层覆盖的电子器件，生产出敏感的检测器。这些称作电荷耦合器件或CCD的器件是极有效的光检测器。它们可以以一种使利用电子学容易储存和研究的方法检测光，所以可以用一种普通的方式电子学地获取并储存激增的成像信息。CCD是现代电视摄像

罗伯特·威廉姆斯在STARMUS

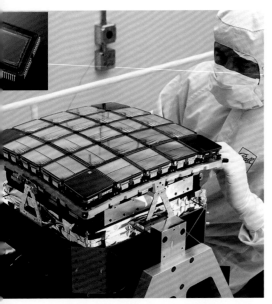

CCD检测器。来源：BALL BROS. RESEARCH CORP

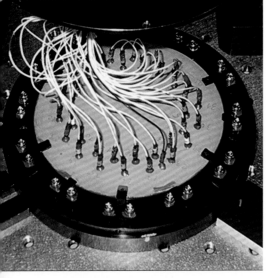

可变形镜。来源：欧南台

在关闭(左)和开通(右)自适应光学时观测到的恒星团。来源：凯克天文台

机和你的袖珍照相机的首要检测器。它们安全、耐用并且精确，而且它们代表了天文检测的一场变革。

这张插图展现了一个CCD检测器。现在它们的大小和大照相底版比较相对较小，因此为了获取大视场就要制作很多排列在一起的CCD马赛克，正如这里看见的。CCD马赛克是重要的NASA开普勒卫星的照相机的核心，例如，它发现了这么多围绕着有别太阳的恒星的系外行星。

地球的大气层对于生命是基本的，它为人类和动物提供氧。然而，这一生命给养的确限制了天文学家，大气层扭曲并遮挡了来自天体的辐射。它严重地限制了望远镜成像的质量。这就是天文学家要这么努力把新望远镜放到围绕地球的大气层以上的轨道去的主要原因之一。

最近，科学家为纠正大气失真发展出了新奇的方法，他们利用安插在望远镜光学元件序列中的激光和可变形镜。这就使得望远镜实际能成和在大气层之上一样好的像。因为它要求可变形镜在短于1/10秒的时间内连续改变其形状去对消空气的失真，所以这个技术被称为"自适应光学"。这个过程的关键是可变形镜，插图中显示了其中之一，它是由许多非常薄的反射材料片组成的。大气中的尘埃把一束激光散射回望远镜，作为执行器对来自尘埃反射光束产生的电信号的反应，相应地改变可变形镜的形状。

自适应光学需要别致的电子设备、强大的激光以及复杂的光学元件，不过事实证明，它非常神奇地得到极好的天文成像。这张插图展示两张一个恒星团的相同的像，一张是在关闭衔接着的自适应光学时拍的，另一张是打开时拍的。利用自适应光学成像的清晰度的改善是令人印象深刻的。最大型的望远镜上广泛使用这个技术，而且它使天文学家能够检测出早先不可能获得的恒星天体的细节和分辨率。

在望远镜上操控自适应光学有许多有趣的实践。特别是，来自射向望远镜要观测的方向的天空的强大激光束的光对飞机构成潜在危险。因此，所有这类系统在事先必须知会民用和军事航空部门，而且他们要求在望远镜穹顶外头布署几位观测者去搜索天空中飞经的航行器。一旦辨认出试图经过天文台附近的飞机，那就必须立即关闭自适应光学。做出发现决非轻而易举！

科学要求精确测量许多量，而且它还要求用复杂计算去模拟各种现象。在天文学的情形下，人们要处理一个星系中的聚集在一起的几十亿颗恒星。相互有引力作用，并且其运动和物理状态会因为被描述的天体数目之大而把人吓昏。设想一下试图跟踪相互作用的几十亿颗恒星的所有轨道是何等困难。

事实上直到现在这都是不可能的。新品种的快速大型的超级电脑能够以有意义的方式处理几百万个相互作用的天体。人们假定天体诸如引力和磁场根据已知的自然定律相互作用，然后给超级电脑编程序，将这些定律应用到所有天体上去。其结果将是我们称为"多体系统"的行为的复杂图像，否则无法作预言。从恒星团和星系演化的模拟获得美丽的影片，它们展示恒星和气体云长期如何演化。这张插图所展现的只是一台非常大的计算机模拟结果的一个镜头，画中包含好几百万颗恒星的两个星系因它们巨大的引力吸引而相互碰撞。

大电脑和它们的分布网络的一个关键作用是把有价值的天文资料存档。现在在所有望远镜上使用的CCD每晚产生几千兆的数据。现在这些数据被常规地储存以供将来分析，还提供给教育使用。世界上最受欢迎的网站是那些包含了所有世代的天文图象的网站。包含许多来自哈勃太空望远镜的处理过的图像的网站hubblesite.org是全世界最受欢迎的网站之一。而美国新闻杂志《时代周刊》就在去年把非常有名望的和微软研究公司合作的世界范围天文网站列为全世界50个最好的网站之一。

大型电脑是科学的基本部分，如果天文学的美没被望远镜及其CCD检测器揭示出来，而且其图像只被储存在大型电脑里，那么它就只是一个模糊的领域。拥有了这些背景，现在我们就能更智慧地理解，什么是我认为的过去半个世纪的令人信服的最重要的天文发现。

超级电脑和分布网络。来源：MIT实验室

1. 大爆炸残余辐射

我们现在的宇宙起源于一次创生的巨大爆发的观念原先并没被普适接受。著名的宇宙学家弗雷德·霍伊尔嘲弄地将此假设称作"大爆炸"。事实上，我们现在毫无疑问地知道，宇宙的空间以及处于其中的星系都在相互膨胀离开，而且这个膨胀是从在大约140亿年前的一个不可想象的紧致炽热的相开始的。在那事件之前是什么？科学只能谈论我们拥有事实和数据的问题，关于大爆炸前的事态这些全无。这样，"在大爆炸之前存在什么？"对于哲学和宗教是个问题，而硬科学对此尚无事实。如果将来一旦我们发明从早于大爆炸时期获取数据的方法，这种情形也许会改变。

在20世纪中叶出现的大爆炸的早期预言之一是，如果人们往外在太空中看得足够远，由于光需要花费时间从它的起始点穿越空间到达我们的望远镜，这就意味着看到时间的过去，那么天文学家应能够看到热大爆炸的残余辐射。人们预言这一辐射非常黯淡，并且要检测到非常困难。

两个星系碰撞模拟的定格画面

1964年的大爆炸辐射被首次检测到是科学的激动人心的故事之一。那是在新泽西的贝尔实验室进行实验的一次意外事件，人们利用一台非常敏感的射电接收器去寻找会阻碍在地球上通信的噪声源。两位贝尔实验室的工程师罗伯特·威尔逊和阿尔诺·彭齐亚斯被指定去建造一台新奇的射电接收器（见右下图），去寻找从任何可以想得到的源头来的射电噪声。

他们的确检测到了一个奇怪的辐射"噪声"，但无法认证其来源。他们意识到它似乎来自天穹，利用某些牵涉到来自邻近的普林斯顿大学的天体物理学家的检测研究，他们意识到可以将此解释为，他们正在检测来自大爆炸的残余辐射，确认它的存在。他们的发现及其含义的宣布引起科学的轰动，全世界范围的报纸都在头版发布。彭齐亚斯和威尔逊因他们的重要发现而获得1978年的诺贝尔物理奖。

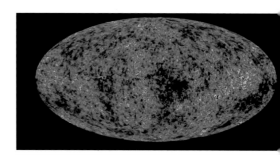

2. 暗物质

很难想象能存在于宇宙中的，科学家却不能通过它自身的辐射去检测到物质，因为宇宙中的所有正常物质，不管是人还是物，都用吸收和发射，或(在黑洞的情形)用引力的扭曲，与辐射相互作用。这就是天文学家研究宇宙中所有天体的方法。不过，在过去几十年中，越来越清楚的是，宇宙中的某种大量的物质似乎不在发射或吸收辐射；它们与辐射只通过它们自身的引力相互作用，担任弯曲通过该暗物质聚集处附近的来自更遥远天体的光的透镜角色。这种物质确实是怪物，并且我们对其一无所知。我们无论如何看不见它，所以我们将其称作"暗物质"。

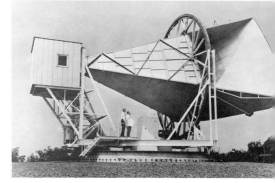

大爆炸残余辐射的发现(1963)。贝尔实验室，WMAP/NASA

暗物质是由某类奇怪的基本粒子构成吗？也许是，因为它的确呈现了引力，那是一种表征宇宙中所有物质的力。因此，它可能就是自然中的又一种奇异的微小粒子，我们最强大的原子粉碎器尚未能设法将它制作出来。在日内瓦的CERN大型强子对撞机正在进行能够检测一种粒子或场的实验，该粒子或场能更清楚地指示暗物质究竟是什么。

这张插图给出一个梗概，显示天文学家能够如何绘出暗物质分布，并且确定在太空存在的数量，即便我们并不知道该物质究竟是什么。这图像是哈勃太空望远镜拍摄的，并且展示了一个显眼的星系团。围绕着明亮星系的美丽的弧是更遥远的星系的变形像，它的光被和明亮星系相关的暗物质"透镜"了。这样我们从这些弧得知，被望远镜成像的天穹的一块为我们看不到的物质所制约。

天文学家观测到其他由物质引力透镜引起的物质的弧，而这使我们能确定暗物质自己在太空中和正常物质相关。也就是说，它仿佛集中在正常星系的周围并且比正常物质的质量要大得多。换言之，我们宇宙的大部分是由这种奇怪物质组成的，它比正常物质普遍多了。正如自然中的一些正常的基本粒子，暗物质任何时候都能穿过地球和我们的身体，正如宇宙线和中微子一样。

3. 系外行星

科学史给我们的基本教诲之一便是，只要有人宣称一种场景是在宇宙中唯一的，它通常会被证明是错误的。人们一度以为地球在宇宙中是唯一的，并且是太阳系的中心。我们现在理解，这并非如此。天文学家们研究了太阳系中的行星形成，并且早就得出结论，它们和太阳作为和从巨大气体云引力坍缩的恒星形成相关过程的一部分一起形成的。因为许多恒星栖居于我们的银河系中，科学界很早就假设，围绕其他恒星一定存在很多行星。我们相信宇宙到处都有行星。

因为行星比恒星小得多，并且起源于自身的辐射毫不明亮，所以检测围绕其他恒星的行星绝非轻而易举。不如说它们首要反射来自与它们相关的恒星的光，因此比它们的主星黯淡得太多了。甚至离太阳最近的恒星都这么遥远，去辨认出行星的存在非常困难，它们被淹没在其主星的夺目的强光中。这情形就像在耀眼的太阳背景下试图检测一只飞蚊。

哈勃图像显示光线受到暗物质的透镜作用。来源：哈勃太空望远镜/NASA

　　天文学家在过去二十年间发展了若干克服这一障碍的技术，这样我们可以毫无疑问地确定一颗恒星是否拥有行星。第一种技术是不去检测行星本身，而是由行星作用在它所围绕的更重质量的恒星上的弱引力推出它的存在。牛顿引力定律告诉我们，和一颗行星诸如地球围绕太阳公转的方式一样，地球也把非常微小的吸引作用到太阳上，使后者围绕着太阳——行星系统的引力中心的自身微小的轨道运动。恒星的微小抖动是一个很清晰的信号，表明它被自身的一颗或多颗行星伴随。

　　用来检测恒星的微小公转运动的装备非常精妙。观测到恒星的变化速度比其位置的实际变化较容易。天文学中的一个有趣事实是，确定一个天体的速度经常比确定其绝对位置容易。在20世纪90年代早期几个国际小组承担大型巡天，试图检测表示行星存在的恒星速度的极小改变。1995年日内瓦天文台的米歇尔·迈耶进行了第一次检测。迈耶团队将恒星来的光分解成谱，成功地观测到飞马座51恒星速度随时间的极小变化，这种变化表明一种周期抖动，它是由非常接近该恒星的具有比木星更大质量的一颗行星引起的。终于获得天文学的圣杯。我们并不孤独，至少就其他行星的存在而言。我们对他处的生命仍然无发言权。那是有待揭幕的甚至更为神圣的杯子。

　　在此发现后不久，迈耶和其他团队强化寻找行星，这最初发现17年后的现在，已经积累了围绕其他恒星的多于450颗行星存在的坚实证据。有些恒星显示出复杂抖动的证据，这表示多颗行星的存在。有一颗恒星被确定至少拥有五颗分离的行星，在那个意义上，也许类似于围绕太阳的行星系统。

　　鉴于被我们找到的行星围绕着的恒星实例，我们能够推理在银河系中绝大多数恒星拥有行星的可能性。其结论是：绝大多数恒星很可能拥有至少一颗，也许很多颗行星。这样，几乎可以肯定，在我们的星系中行星的数目比恒星还多，而后者至少有4000亿颗之多。然而，这些行星多数不像地球，而是诸如木星、土星和天王星之类的巨大的气体行星。

　　如果具有固体表面的行星离开主星的距离恰好使其表面具有液态水的温度，即0~100℃之间，则被称作"可居住的"，"处于金凤花带"。就我们所知道的生命需要液态水，所以任何像我们自己的生命就必须在这样的可居住行星上才能发展。即便如此，也无法保证生命的在这类行星上发展或进化过，不过探索那种可能性是这个时代的基本驱动力之一。

　　行星的实际检测和研究迄今几乎已进行了二十年。有好几回，哈勃太空望远镜被用于观测来自主星穿过它的行星大气的光，尽管该行星并没被直接看到，而我们能够确定大气中含有气体钠。单独这个事实并未告诉我们很多有关行星及其大气的情形，但和仅仅一代之前我们对其他行星系统一无所知相比，我们甚至能够得到这么黯淡遥远天体的数据的事实就足够把人吓昏了。

　　除了检测恒星抖动，还存在其他证明行星存在的方法。公转小行星在主星盘前越过引起的亮度的周期性微降能表明行星的存在。每小时每夜有规律地监控具有许多恒星的天穹区域，寻找规律性的亮度微降，是发现围绕其他恒星的行星系统的精妙方法。NASA最近将称作开普勒的卫星发射到围绕太阳的轨道上去，它携带用灵敏设备每夜连续监控几万颗恒星准确亮度的小望远镜。这张插图展示开普勒以及它每几小时曝光的银河系的区域。开普勒成功地认证了几百颗拥有行星的恒星，令人印象深刻。天文学家现在正忙于训练我们地面大型望远镜去研究这些恒星，试图表征这些行星的物理性质。

　　最后，正如去直接检测在明亮主星附近看到的隐约的行星一样困难，对于一些最

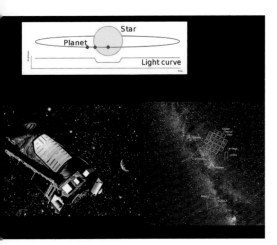

开普勒卫星每天拍摄100000颗恒星，寻找表示存在行星的周期性的光变弱。来源：NASA

靠近太阳的恒星，如果一颗行星恰巧位于离开恒星很远的巨大轨道上，我们也许用日冕仪技术能实际上看到它。日冕技术是把一个小圆盘放在望远镜的焦点上，尽量把来自恒星的光阻挡住，只让来自黯淡小行星的光被检测到。对于一些相对近邻的恒星，人们已经用大望远镜试了这个步骤，特别在一颗恒星上得到了激动人心的结果。

这张插图展示了称作HR8799的恒星的周围状况图。它显现了一个暗的中心洞，那里的星光被阻挡住，洞被一个亮圈环绕着，后者是由在望远镜内被散射的星光引起的。仿佛处于围绕恒星的轨道上的物围绕着该中心的恒星，并且被相信是和行星系统相关的物质。存在三个亮点，被认为从这尘埃物质形成的行星。如是，则行星应围绕恒星公转，在那种情形下，亮点的运动在下面的几年应能被证实它们的确是行星。这张图像可能代表围绕有别于太阳的其他恒星的行星系统的首批照片之一。

4．暗能量：宇宙的加速膨胀

两支独立的国际团队最近发现了宇宙的膨胀正在加速，这是20世纪最出人意外的科学结果之一。这个结论是从时间跨度超过15年对遥远超新星的严格观测推出的。天文学家用这些超新星作为尺子来确定宇宙在过去膨胀得多快，那时光从这些非常遥远的爆炸的恒星出发始朝向我们的长途行程。科学界最初对此有些怀疑，但最终接受了它，这样报告了加速宇宙结果的两个团队的首席科学家，萨尔·波尔马特、布莱恩·施密特和亚当·里斯因为他们的研究获得2011年的诺贝尔物理奖。

加速宇宙发现出乎意料的是，应该影响恒星和星系基本相互作用的仅有已知的力一直被认为是引力，而它永远是一种吸引力。因此科学家在20世纪相信，在相互引力吸引的影响下宇宙膨胀必须缓慢下来，即减速。正是企图去精确确定存在多大减速，才导致证明事实上宇宙现在的膨胀率比过去更大的结果。

哪种可以设想的力能对抗引力吸引的减速力，并导致加速膨胀呢？我们不知道。由于缺乏关于产生加速的无论什么东西的性质的可靠信息，天文学家只好将其称作"暗能量"。存在许多假设，它们必须依赖实验来澄清，还要经受审查，还必须与我们已知和理解的自然力相协调。1917年爱因斯坦表述广义相对论时，所谓的"宇宙常数"概念作为广义相对论的数学表述的结果被引进。宇宙常数是负责引起观测到的宇宙加速的一种排斥力或正能量的数学表达。

必须理解这一常数的物理基础，以及它是否可以是加速膨胀的原因。无论什么东西产生宇宙加速膨胀，它都代表了使宇宙中其他已知的所有能源相形见绌的巨大能量。

5．致密天体的检测：脉冲星和黑洞

正如在对于宇宙中的许多现象都是正确的，具有不可思议的密集物质的非常紧致的物体，在被发现其实际存在之前，其存在就已被我们物理定律的知识所预言。计算机早年对恒星演化的研究得出了结果，恒星的内部由于核燃料耗尽反应该收缩，而因此无法抵抗覆盖的物质引力势不可挡的力量，导致恒星向其中心坍缩。印度–美国天体物理学家苏布拉马尼扬·钱德拉塞卡将物理定律运用到这种情形，并且预言，一颗恒星应坍缩成一个非常小的、高度紧致的物体，其物质和地球上存在的任何物质都相异。这种紧致物质的态被称为"简并电子"。

著名的科学家们拒绝相信钱德拉塞卡的结论，并批驳简并星的存在，直至称为白矮星的这类天体被证实具有钱德拉塞卡在理论上推导出的特征。在理论基础上提

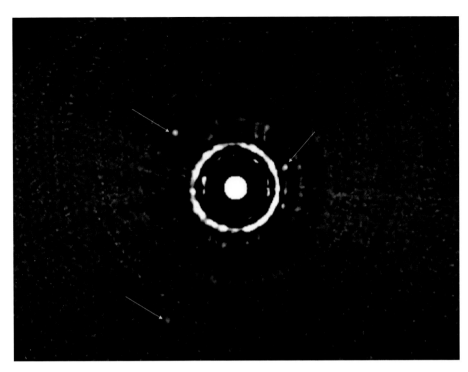

HR 8799的环境。来源：D. APAI，欧南台

出的出乎意料的富有创见的思想最终被观察和实验证实，这在科学中可谓屡见不鲜。在钱德拉塞卡的情形，他因由他详细计算得出的新奇结论而获得1983年的诺贝尔物理奖。

事实证明，诸如电子简并的白矮星，以及更致密的中子星——还有甚至更致密的黑洞——代表了宇宙中最奇异的周围环境。这些奇怪的天体以异乎寻常的方式表现其自身。脉冲星、新星、超新星、低质量X射线双子星、伽马射线暴源、西佛星系和类星体都是这类致密天体的例子，或者与它们相关并以某种方式由这些天体提供动力。如果你要试图解释宇宙中的某一奇异现象，就去祈求紧致天体，这并不太言过其实！

1960年代，安东尼·休伊什和约瑟琳·贝尔开发了能检测射电发射中快速变化的一个新射电天线和接收器。他们进行大范围巡天，以寻找异常的射电辐射，特别是亮度突然呈现峰值的那些。他们在几个月期间发现了一些源，它们发出突然爆发的射电辐射，犹如地面灯塔的光束。这张插图可见到贝尔(现名约瑟琳·贝尔-伯内尔)和这个装置在一起，以及记录她和休伊什检测的信号之一的一张纸。该射电辐射是高度周期性的，并在小于1秒的时距内重复，而不像从任何天体曾看到过的辐射。他们非常迷惑，愚侠式地命名射电源为"小绿人"，简称LGM。由于辐射脉冲的规则性，似乎它们是来自天外文明的信号。

天文界立即着手研究这些不寻常的源，并且进而意识到它们代表着极速自旋的致密恒星，其尺度数量级是10千米，还伴随着由中子组成的极强的磁场。这些恒星由于它们脉冲的辐射被命名为脉冲星，它们被解释成耗尽核燃料的大质量恒星的快速自旋的坍缩残余。强磁场导致自旋恒星把射电辐射定向，这解释了脉冲的射电波。

终极的致密天体是如此高密度，甚至连光都不能从它那里逃逸，所以被称为黑洞。正如其他许多天体，黑洞存在是由已知物理原理预见的。因为无人能看到不发出辐射或光的任何物体，仅有证明其存在的方法是依赖其作用于邻近物体的引力效应。这情形类似于检测围绕恒星的非常难看到的行星。正如行星引起它的主星呈现非常微小的轨道抖动，黑洞的强大引力能够引起任何邻近它的恒星抖动。这导致了天文学家推断，在双星系统还有在星系中心的以暗物质巨大集中的形式的黑洞存在。尽管黑洞不能被直接看到，天文学家们都同意，在各种不同的地方毫无疑问地检测到了它们。

上半个世纪技术更新和这些发现对天文发展的冲击是非常剧烈的。以历史的视角回望过去几乎总对无法预见的进步大为惊讶。我相信这五个发现对我们现在理解宇宙，以及我们正表述的以推进理解宇宙的新项目的目前计划都有巨大影响。

我发现很难把自己仅仅局限于上述的五个发现。很容易将别的也列入此表。我认为马腾·施密特1963年的发现是对开启天文学家研究遥远宇宙的使命具有非凡影

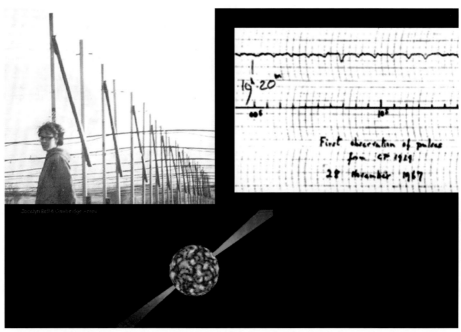

致密天体：脉冲星 1969的发现。来源：约瑟琳·贝尔-伯内尔，剑桥大学

响的创造性成就之一，他发现类星体光谱必须按照宇宙红移加以解释，因此是宇宙中极为遥远的天体。我对是否将其列为最重要的五个发现之一一直拿不定主意，尤其是因为马腾的工作对我自己生涯具有如此重大的影响。不过最终我将它列为第六。在过去半个世纪最有意义的天文发现的表中还有其他应列入的很强的候选者。

摆在天文学面前的是什么？还有如何更有效地利用其发现和对宇宙的理解去影响人类信仰和在地球上的活动？因为自然现象的多样性超越过想象，所以很难预见问题的第一部分。正如进化生物学家J.B. 霍尔丹曾经观察到的，"宇宙不仅比我们想到的更奇怪，它甚至比我们能想到的更奇怪"。从天文研究涌现的任何奇怪现象几乎注定都激起公众的兴趣。

把对宇宙的理解传播给社会是天文学的真正挑战。天文学是少数的纯粹科学之一，其首要动机是满足好奇心，而不像生产直接影响日常生活的具体东西的一门应用科学。正如对待音乐一样，人们可以在对天文学一无所知或毫无兴趣下度过一

生。不过，正和音乐一样，天文学通过它赋予人们思维的全局视野而丰富了生命的内涵。天文学和音乐不同，人们在本性上把音乐当成生命的情感而受其吸引，它把人们拥抱在一起，而天文学未必具有明显的普适吸引力。

这里正是天文学未来的最大挑战。联合国及其教科文组织宣布2009年为国际天文年(IYA)。全世界范围的天文学家们在所有国家创立项目，把外太空的激动人心的信息让所有人共享，取得了令人惊奇的成功。联合国职员同意，IYA是迄今最成功的国际年。在所有层面上，从展览到特别讲座到网站到学校项目，IYA都获得了大众的热烈响应。

天文学必须继续强调传播新发现，让所有人分享。这也许是未来几十年我们科学面临的最大挑战。如果我们成功了，那就有把握说，它有助于理解我们自身以及我们全球和全部的环境，这将加强我们和自身以及我们环境以更大的和谐一道演化的能力。

雷奇·戈尔德曼

莱斯利·塞奇

第六卷

超越天文

天文学影响我们的生活，超过大多数人认为的程度。除了研究我们的太阳和行星、银河系和更远的星系之外，天文学与推动地球上社会的技术进步密切相关。即便是给了我们力量和生命的太阳，有朝一日也会毁灭太阳系中的生命。当前全球变暖是否应部分地归咎于太阳的变化？无论如何，对宇宙以及我们在其中位置的认识肯定以重要而微妙的方式改变我们。

技术总监雷奇·戈尔德曼调查复杂性技术向前突进的方式，以及太空探索如何与技术的伟大进步相关联。

马克斯·普朗克太阳系研究所所长、天体物理学家萨米·索兰奇考察了太阳可能参与当前明显的全球变暖的趋势，这个效应快速地改变地球及其生命栖息地。

最后，天文学如何影响人类的意识？天文学家和编辑莱斯利·塞奇深思我们在宇宙中地位的历史性觉醒，以及它如何改变了人类与生俱来的本身意识。

萨米·索兰奇

斯普特尼克1号的NASA 复制物。来源：NASA

雷奇·戈尔德曼

技术和太空：相互促进

雷奇·戈尔德曼是加州山景城新思企业营销战略联盟的副总裁，新思亚美尼亚的首席执行官，并且入围了2010年美国国务卿的杰出人才奖。他是新思推广基金会和亚美尼亚的慈善基金会董事会主席。戈尔德曼是中国科学院客座教授和高等SOC设计联合实验室学术委员会专员。他也是莫斯科电工学院的名誉教授，目前服务于硅谷技术研究所的董事会与经济学杂志的编委会。

雷奇·戈尔德曼在STARMUS

没有任何产业对世界的变革超过太空探索和技术产业。回顾在过去的60年里，这两个行业深入交织在一起，一个驱动另一个达到新的高度。两者最终的成功都为惊人的新进展铺平了道路，这些进展已经改变了我们生活在自己世界和旅行超越它的方式，并将以今天我们甚至不能理解的方式继续改变我们的世界。为了理解太空和技术的密切联系，关键是看历史上这两个行业之间的接触点。我们的历程开始于六十年前的20世纪50年代。

太空和技术产业都在20世纪50年代处于起步阶段。在这十年里，工程师和宇航员的努力和创造力导致根本的进步，这种进步引发太空旅行和技术行业的巨大发展和成功。

俄罗斯工程师谢尔盖·科罗廖夫是开创太空旅行的关键人物。尽管他许多年被关在古拉格受尽折磨，他的智慧和闯劲从来没有衰退过。他巨大的努力使之最终担任斯普特尼克1号的首席设计师。他与其团队战胜了无数的挫折和似乎不可逾越的障碍。斯普特尼克1号是一个简单的设计，包括一个抛光金属球体、发射机、热计量器和电池。1957年10月4日，苏联发射了斯普特尼克1号，第一个围绕地球公转的人造天体。和今天的能力相比，用来运行斯普特尼克1号的技术是原始的——事实上，所有三个地面导航的电脑的计算总能力只有iPhone 4S的0.00005%！仅仅两年后，苏联使用类似的计算能力，把第一个人造物体月神2号放在月球上。

这些成就使世界惊奇并启发人们想象，人类可以旅行多远。它还促使美国开始投资太空航行。1961年，美国总统约翰·F.肯尼迪曾经讲了非常著名的话："我相信这个国家应该致力于未来的十年之内，实现把人放在月球上，并让其安全返回地球的这一目标。"当然，为了完成这个鼓舞人心的目标，需要为发展航天技术投入巨量的努力。

太空旅行进步是支持这些崇高目标的更先进技术的原动力。在杰罗姆·施内的论文《美国太空计划影响经济》中，他说："行业的第一个十年期间，太空计划和国防市场占据60%的全部电脑销售，而直到1962年商业电脑的销售才超越太空和国防硬件销售。"

斯普特尼克1号和月神2号里程碑之间，1958年是一个关键的技术转折点。就在那时，杰克·基尔比在德州仪器(TI)工作时，创造了第一个集成电路(IC)。因为基尔比在德州仪器是一名新员工他没有攒到足够的假期，因此当其他TI人员暑假回家之际，他却待在实验室里工作。基尔比不但没有放松，而且创造了第一个集成电路，这个壮举使他后来在2000年获得诺贝尔物理学奖。虽然基尔比当时可能完全没有想到，他的发明对航天工业的成功，甚至世界未来的几十年都带来了巨大的影响。

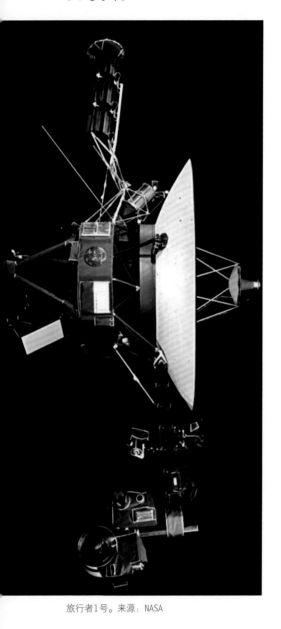

旅行者1号。来源：NASA

20世纪60年代是苏联和美国之间激烈竞争的十年，这真正推动了太空的进步。1961年，尤里·加加林成为围绕地球公转的第一人。这是当时苏联的一个令人难以置信的成就。在发射Vostok 1号时，加加林曾经说过一句很著名的话："我们走吧！"邀请世界进入太空。大约在同一时间，硅谷的仙童半导体公司的罗伯特·诺伊斯首次发明硅集成电路芯片。就像加加林的成就邀请世界进入宇宙，诺伊斯的成就打开了创造力爆炸和技术进步的大门，它们也最终会推动航天工业。

在20世纪60年代，我们改变对技术进步的想法。英特尔一位年轻的工程师戈登·摩尔，在1965年发表了现在被称为"摩尔定律"的一篇论文，该论文为过去五十年的技术进步定义我们的思维模型。摩尔预测，我们在一片硅集成电路上能制造的晶体管数量将每隔18个月翻一倍。后来虽被修改为每两年，仍然是令人难以置信的历史上前所未有的进步速度。摩尔定律适用于一个芯片上的晶体管的数量、一个集成电路的计算能力，或者同样集成电路功能的计算能力成本的减半。这三个测度今天仍然是评估半导体产业的核心。

1965年，当阿列克谢·列奥诺夫成为第一个在太空行走的人时，苏联宣布太空竞赛的又一个胜利。

但美国并不落后很多，1969年7月20日，尼尔·阿姆斯特朗和巴兹·奥尔德林成为首批踏上月球的人——人类历史的一个决定性时刻。阿姆斯特朗的阿波罗11号是由阿波罗导航计算机(AGC)导航的，所有其他的阿波罗登月计划也是如此。由麻省理工学院的仪器实验室在20世纪60年代早期设计的AGC是以集成电路为基础的首批电脑之一，利用4100个芯片，每一个是单路3输入或非门。它在2.048兆赫16位字长下工作，具有2048字可擦写的磁芯存储器和36千字奥尔逊存储器。电脑重达70磅。

同年，乔治·史密斯和威拉德·博伊尔在贝尔实验室完成了对天文学有重大影响的发明：电荷耦合装置(CCD)。CCD在后来的几十年，作为数码摄影的基础，它是非常关键的，它使诸如开普勒卫星和哈勃太空望远镜的卫星能够拍摄宇宙的照片，并将它们发送回地球。在这十年中，空间和国防工业对于半导体行业的发展至关重要。许多半导体公司依靠政府旨在促进勘探空间的基金。

20世纪70年代，无论在空间还是在技术产业，其进步速度都是无与伦比的。1971年，第一个空间站礼炮号发射进入轨道，这是苏联的另一个成就。同年，英特尔推出了特德·霍夫、费德里科·费金和斯坦利·梅佐发明的第一个微处理器。4004是由一个单片集成电路上的令人难以置信的2300个晶体管运行的，并成为我们今天所熟知的计算的先驱。

1975年，第一台个人电脑开始出现。诸如史蒂夫·沃兹尼亚克和史蒂夫·乔布斯等人在加州门洛帕克的家酿计算机俱乐部工作，创建可以安在自己的办公桌上的个人电脑，这是当时一个非凡的成就。到1976年，现代超级计算机被创造出来，表现出前所未闻的速度，表现出强大的功能。

1977年，当旅行者1号和旅行者2号以木星和土星为目标被发射上天，实现了另一个主要太空里程碑。这些卫星上的技术是前沿——事实上，旅行者2号迄今仍然向地球发送图片。但是尽管它们如此先进，五年后英特尔公布了在个人电脑使用的80286芯片，这比旅行者1号和旅行者2号上的电脑强大26倍。

20世纪80年代迎来了一个新的太空旅行的时代，这由1981年的哥伦比亚，第一个可回用航天器和首次载人航天飞机来代表。最新的技术进步使这一壮举得以实现。在那时，和这个成就一样令人印象深刻的是，iPhone4S拥有超过搭乘哥伦比亚的计算机的8000倍的能力，这证明了技术已经走到多么远。现在你的手掌可以握住在新技术上比运行宇宙飞船所需要的先进600倍的电脑。

1981年，IBM推出了成为微电子学和计算机的发展转折点的个人电脑。个人电脑比旧的主机便宜得多，也小得多，允许工程师在办公桌工作，而不必去分享主机时间。

另一个主要的成就是1985年创建克雷超级计算机，世界上最快的计算机。这台超级计算机有八个处理器，一辆车的大小，以及1700万美元的成本。只有大型政府机构，如美国国家航空航天局和美国国防部，以及一些大公司，才用得起这种先进的技术。今天的iPad比克雷更强大，只有记事本大小，成本却只有499美元，千百万人都能拥有它。

1986年，挑战者号航天飞机很不幸地爆炸，使美国国家重新全局检讨其太空计划。它导致了美国质疑太空探索是否值得花这么大的成本——但是，最终国家还是决定致力于推进我们的宇宙知识。在此同时，苏联发射了和平号空间站，这是一个研究实验室，其创建的目标是发展将允许人们在空间永久居住的技术。

技术在1985年也大踏步前进，英特尔推出了80386微处理器，其中包含275000个晶体管。那么多晶体管可以植在单片集成电路上，在当时几乎是不可想象的。这进一步证明了摩尔定律继续适用。

在这个时候，手工设计芯片变得越来越困难。即使是一个工程师团队也不能同时在脑中顾及成千上万的逻辑块。因此，电子设计自动化(EDA)被开发出来，以创建这些复杂的芯片。EDA推进越来越大的计算机芯片设计。这时雷奇·戈尔德曼的新思公司把逻辑综合商业化，使技术提高到另一个抽象的层次，并在设计这些复杂的芯片获得高得多的生产率。

到了20世纪90年代，空间和技术产业越发相互交织，各方推动对方的持续成功和进步。正如前面提到的，CCD数码影像革命，是使1990年哈勃望远镜的使命成功的一个关键部分。数码摄影也对天体物理学家提供了从大型共享的昂贵望远镜的即时反馈。他们可以接着相应地调整望远镜，提供更有用得多的望远镜时间，而不是花时间等待照片冲洗。这导致获取更多的有用的数据，并从而加速发现。它还允许从太空向地球传回图像。仅仅一年以后，同样的技术以第一个商业数码相机的形式来到市场。

1995年，俄罗斯完成了时间最长，即超过400天的载人航天飞行。到了这时，一个英特尔奔腾处理器包含超过500万个晶体管，它提供巨大的计算能力。

20世纪90年代的下半叶，更多的国家利用技术的飞跃，开始自己的空间探索。日本在成功发送飞天号月球探测器之后，把希望号探测器送上火星，成为除了美国和苏联（俄罗斯）之后发射月球探测器到外太空的第一个国家。1999年，中国发射了第一艘载人航天试验飞船。太空飞行已经真正国际化，并更便宜，更多先进的技术使它成为可能。

21世纪的空间和技术成果不断把人类提升到了新的高度。2000年，仅仅12年前，USB闪存驱动器进入市场，使我们能够在我们的口袋里经常携带一个GB的数据。这个小装置包含的存储空间几乎比历史上的任何宇宙飞船包含的都大。

太空飞船1号。来源：CREATIVE COMMONS ATTRIBUTION-SHARE ALIKE 1.0 GENERIC LICENSE

2004年迎来了一个新的太空时代，当第一个私人太空飞船——太空飞船1号——离开我们的大气，空间不再是政府的唯一领域；商业实体有能力探索到我们的星球之外。2009年，开普勒飞船发射，它利用高度先进的包括42个CCD的技术，继续探索太空，并深入研究它的秘密。开普勒提供了高质量的数据，允许我们探测与地球相似的太阳系外行星，它也许有智慧生命栖息。技术在创造开普勒以及分析大量数据，并将其发回给我们方面是关键的。如果没有获得大量廉价的强大微处理器，我们便无法破译从开普勒接收的大量数据。今天，来自近40个国家大约700人离开过这个星球，这主要归功于国际空间站和美国国家航空航天局的空间航天飞机项目。

技术也继续跳跃前进。2010年我们看到在一个芯片上植有23亿个晶体管，而仅仅一年之后，最新的英特尔处理器拥有26亿个晶体管。今天80亿晶体管的芯片正在制造中。手机是技术已经达到何等程度的一个简单例子。在20世纪90年代，手机只是人们用来打电话的。多年来，手机添了很多特性，如日历和地址簿。今天，我们的智能手机使我们从玩"愤怒的小鸟"、微博、查阅电子邮件，到使用全球定位系统寻找任何我们想要去的地方的方向。手机几乎成为可以握在你手掌中的超级计算机设备。持续这样的进步速度，20年后，我们将回顾现代设备，并会惊叹我们多原始，就像我们从今天回顾20年前一样，惊奇地发现，我们的技术在世纪之交是多么原始。谁知道什么进步将使今天的技术看起来像黑白电视一样老式？

在雷·库兹韦尔的著作《精神机器时代》中，他把这些计算威力的所有一切按照这种方式来理解，即展示计算威力的指数级增长所表示的意思。根据他的估计，我们已经将微处理器技术推进到近似于昆虫的智力水平。在短短10年间，电脑将会拥有老鼠的智力。到21世纪中叶，根据摩尔定律，一个集成电路将会有单个人类大脑的计算能力。几十年之后，一个芯片将具有世界上全人类的计算能力。这引出了一个问题——人类用如此大量的处理能力要达到什么目的？

过去60年间的令人难以置信的技术进步来之不易——摩尔定律继续成立需要大量艰苦的工作、钱和研究。随着芯片变得更小和更多的晶体管挤在一个集成电路里，物理上的挑战呈指数级增长。例如，为了验证10亿个晶体管(确保所设计的正是实际上要求的)，需要验证的状态空间数目快速扩张，并远远超出了夜空中可见恒星的数量。另一个关键的技术挑战是功耗。例如，我们要求今天的手机拥有不比它们过去作为简单手机使用更费功耗的一台微型电脑的同样功能。毕竟，我们需要手机能持续运作一整天——没有人愿意携带汽车电池那么大的手机走动。有许多新颖的设计技术被采用，例如，被用于提供关掉某些不被使用的部分电路。不过，功耗仍然是我们将继续要面对的至关重要的困难的挑战。

在制造业方面，能够建立尖端技术的芯片制造工厂成本约60亿美元。世界上很少有公司，甚至国家可以为此负担这个费用。随着我们降低其尺度，制造芯片变得极具挑战性。今天的芯片的一些层只是五个原子厚。仅仅一个原子增减便是20%的差异。此外，通过这样的薄层，电子可以很快并不可控制地泄漏能量。随着我们向前推进，缩小晶体管尺寸不再是足够的。为了继续推进技术，必须将新思想引进目前的发展轨道。

摩尔定律可能最终在硅的身上终结，而过渡到新的技术就能继续进步的速度。工程师将以新范例工作，诸如碳纳米管、石墨烯甚至光波。但是，这并非首次工程师们必须在现成之外寻找解决方案。多年前，英特尔就意识到处理器无法维持它们功耗和速度的发展平衡，将速度从20MHz提升到100MHz，进而达到1GHz及更高。这是关于运算速度的竞赛。然而要实现这样的目标，芯片的功率密度不得不提升，以至于超过了核反应甚至太阳功率的密度——谁也不会把那么热的东西放在自己的大腿上。所以英特尔意识到他们需要返工设计，从而创造了多处理器。不使一个处理器越来越快地加速工作，而是将世界划分为2个、4个、8个、16个或更多个核，使频率和功耗下降。

诸如多处理器的先进技术正在改变我们生活的方式。例如，汽车正成为车轮上的电脑。从安全系统到引擎控制到信息娱乐系统都由电脑控制，它改善了我们的汽车的效率和成本。移动通信正在蓬勃发展。根据"思科视觉网络指数：全球移动数据流量预测更新，2010—2015年"，2010年全球移动数据流量从2009年增长了2.6倍。2009年流量是2008年的3倍，2008年是2007年的3倍，速度比摩尔定律预测的快多了。2010年，移动数据流量是2000年整个互联网流量的3倍。2011，我们的连接速度增加了一倍，而我们的智能手机数据使用量在过去一年翻了一番。

我们下一步往何处去？今天，人们正在探索暗能量、太阳系外的行星和外星人接触的令人兴奋的可能性。人们利用最新的技术，以前所未有的速度去发现。最聪明的大脑正在研究未来的汽车。想象你在城镇的另一端有一个会议。你的车知道会议的时间和地点。在约定的早晨，你的车得知有交通拥挤，所以设置你的闹钟早些叫醒你。你跳到车里，甚至不用你碰方向盘，它就把你送到会议地点。如果你的汽车检测到前方发生一个事故，它就自动导航到一个更好的路线。你的车重新把你的会议计划到当天稍晚的时候，并打电话给你要会见的人，这样你就可以和他们约定新的时间。除此之外，未来的汽车可能是由温室气体驱动，将污染转变成燃料，而且能够更接近它前面的汽车行驶，同时仍然比人操纵得更安全，从而缓解道路上的拥挤。

其他正在发展的项目包括类似于《星际迷航》中全息甲板的虚拟环境。零排放建筑和DNA链操作的计算机。我们需要未来一代半导体工程师专家，驱动他们维持技术的指数级增长，确保我们在太空探索中，不断开拓新疆域。

未来是非常光明的。就像过去的60年里，太空和技术将继续紧密地交织在一起，都在相互促使对方的成功，并改善全球各地的人们的生活。无论未来把我们带到何方，有一件事是肯定的，那就是，因为微电子学的发展，未来的成功是可能的。

SOHO观察到的日冕物质喷射。
来源：SOHO联盟，EIT，ESA，NASA。

萨米·索兰奇

全球变暖是太阳之过吗?

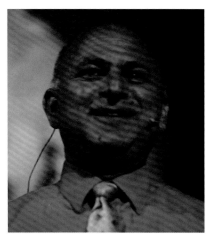

萨米·索兰奇在STARMUS

米·汗·索兰奇于1958年10月2日出生于巴基斯坦卡拉奇,是德国林道的马克斯·普朗克太阳系研究所所长。他是德国布劳恩和哥廷根大学国际马克斯·普朗克太阳系内外物理过程研究学院的主席。

索兰奇还是苏黎世瑞士联邦理工学院天文研究所名誉教授、韩国庆熙大学特聘教授,并是《太阳物理当代评论》的主编。他的研究重点专注于太阳和日光层物理学、恒星天体物理学;引力、元行星盘和系外行星以及偏振光辐射传输理论的天文检验。

索兰奇是用平流层气球携带大型太阳望远镜飞行的日升项目,和欧空局的轨道器任务的极化和日震成像仪(PHI)的首席科学家。他还是欧空局(美国宇航局)太阳和日震任务(SOHO)室女座仪,以及搭乘美国宇航局的日地关系天文台(STEREO)任务的透明度仪和美国宇航局太阳动态天文台(SDO)任务的日震、磁成像仪(HMI)的合作科学家。

当今,全球气候变化,或者更具体地说,全球变暖是一个无可争议的事实。科学界还普遍地、虽然还非一致地同意,人类对此要负著的一部分责任。自然资源在什么程度上参与了这一进程,在过去几十年里更是一直争论不休。除了火山,太阳是主要的自然热源。可以把当前地球的暖化归咎于和太阳相关连的贡献吗?

科学家在20世纪已经观察到全球平均温度的明确上升。在该世纪前一半约0.3℃的第一步温升之后,温度在接下来的30年间几乎持平,此后又上升了大约0.5℃,如本图所示。

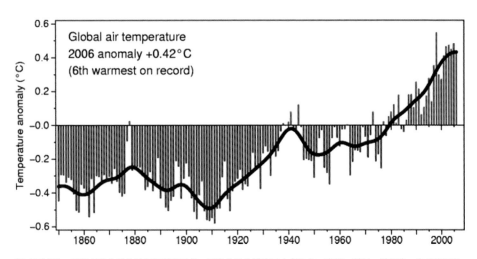

相对于1961—1990年平均的全球年度温度反常。圆滑的黑曲线表示十年变化。来源:英国,诺里奇,东盎格利亚大学,气候研究组

其后果已经清晰醒目。绝大多数冰川正以惊人的速度撤退,如图所示,海平面在上升,还有极端天气事件,诸如重大风暴正日益频繁。基于温室气体排放的进一步发展的不同场景,政府际专家的2007年第四次气候变化评估报告预测,到2100年

阿拉斯加州冰川湾国家公园和自然保护区，MUIR和RIGGS冰川在1941年和2004年的对比照片。来源：改编自ROBERT·A.罗德/全球变暖艺术，基于1941年8月13日威廉·O.菲尔德拍摄照片的基础上，国家冰雪数据中心，还基于2004年8月31日由布鲁斯·F.莫尔尼亚拍摄的照片，美国地质勘探局

全球地表变暖范围为1.5~3.5℃，甚至更多的破坏性后果将威胁我们。

在地球历史中，温度变化是常见的，正如在其统治地球的众多冰河时期以及最近的几百万年岁月里所指示的那样。温度的大幅增加大约发生于12000年以前，那时最后一个冰河时期结束，而现代的温暖期开始。自那以来，气候一直相当稳定。这种稳定的气候很可能在塑造人类发展的过程中发挥了重要作用。农业就在这期间开始，人们放弃了自己的游牧状态，并定居一个地方，而这两者都是人类文明崛起的先决条件。虽然在这段时间内气候显得有些变化，而近30年的温度迅速增加似乎是个例外。各种温度重构研究表明，地球现在比以往的1300年的任何时候都热，正如插图表明的。

以更长的时间尺度看，当前全球气候变暖似乎没有什么异常，不过过去发生的变化通常可以和自然变化相关。而对于当前的全球气候变暖，科学家们普遍认为，这主要是由释放温室气体，其中最重要的是由燃烧化石燃料产生的二氧化碳进入地球大气层引起的。

然而，确定人为排放的温室气体对气候变暖影响的确切程度，还需要对气候变化的自然原因及其影响的程度有很好的理解。这些自然原因可部分地在气候系统本身（包括海洋和陆地表面，包括植被，这些植被经历与大气和气候复杂的交互作用）找到。它们部分地由地球内部产生的通过火山释放的喷出物和灰尘引起的。还有它们部分地来自地球之外，主要是与太阳相关，后者几乎是输入到气候系统的所有外部能量源。这颗特殊的恒星，地球上生命的原祖，有可能短期内构成当前温度和气候的潜在风险吗？现在且让我们专注我们行星系中心金碧辉煌的太阳吧。

我们大家都体会过，在一个寒冷的早晨，被冉冉上升的太阳的第一缕光线温暖的那种奇妙的感觉。阳光轻轻地吻醒世界，把经过一夜的沉睡后的我们再次带回生活。太阳光线不仅在比喻的意义上给我们鲜活的生命，同时也保持地球温暖和舒适，因为太阳能量基本上是地球唯一的外部能源。但是，这个在数十亿年之久的岁月帮助地球维持生命的高深莫测的天体究竟是何物？它的构成是什么？它的能量从何而来？那正是大肆进入太空，而只有微小部分到达地球的能量。它是否就像地球和上面的万物一样在改变和演化？

太阳是颗恒星，就像大多数恒星一样，是由氢组成。它是一个气态的球，非常巨大的气态的球，从一边伸展到另一边超过100万千米。这气体的巨大质量把它自身

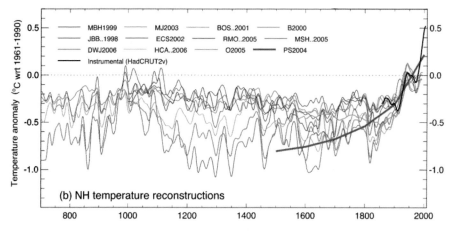

在过去1300年间北半球温度变化。显示的是用多种气候替代物记录的不同重建。仪器温度记录是用黑色标示。来源：IPCC（2007年），图6.1（B）

压缩，使得在它的核心非常密集，那里的温度达到10多万摄氏度。这已经热到足以迫使氢原子核融合成氦。这是用这种力使氢弹爆炸的相同过程。不过在太阳中它是以受控的方式发生，并已安全地进行了超过四十五亿年之久。

以这种方式产生的能量向外转移，最初以辐射的形式，但更外面被加热的气体本身开始运动，从而气体在太阳的表面上开始发泡和沸腾，很像在锅里沸腾的开水。令人难以置信的是，甚至如此混乱而动荡的媒介中也产生一种音乐，刺激太阳以数以百万的方式震荡。太阳振荡的音符比人耳能听到的更深沉得多，但它们发生在明确定义的音程，非常像一首乐曲的音符——一首宇宙的音乐——长期寻求的天球（或至少一个特定的天球的）音乐。

虽然我们也许不太可能从这类太阳音乐得到耳福（如果把音符翻译的话，正如加里克·伊色雷列做过的那样），它们不仅是单纯的好奇，而且具有十分重要的科学价值。它们让我们真正地窥视太阳内部，正如地震波让我们偷看地球内部，两者的方式非常相同。正如使用地球内部的波以确定其内部属性被称为地震学，用内部的波搜集有关太阳内部信息的方法被称为日震学。

太阳表面沸腾的对流被大黑斑，即所谓的太阳黑子打断，黑子似乎很明显却莫名其妙地冒出来，可存活从几小时到几个星期范围的一段时间，然后再次死去，只留下光亮特性的花丝，即所谓的光斑。过些时候这些也逐渐消失，直到抹去可能提醒我们曾经的强大斑点的任何痕迹，如这幅插图显示的，那里曾经的斑点各具地球的尺度。

如果我们离开太阳表面，并旅行到更外的地方——如果我们潜入太阳不断变化的大气层——我们就会发现更多的结构，诸如鲜艳的红色色球和太阳的空灵和美丽之冠，百万摄氏度高温的日冕。日冕本身就是进一步、常常是高度动态结构的来源。它不断把带电粒子流吹向所有方向，即太阳风，它一次次地增强为太阳风暴。在某些关键位置，日冕闪耀，特别是在紫外线和在X射线波段，亮度变得极大，而同时往往把气体的巨大的泡沫投掷进星际空间，正如此图所示。

随着这些气泡远离太阳，它们越变越大，直至使太阳本身相形见绌，显得像侏儒一般，它们成为太阳系的最大结构。如果这种气态泡沫，或日冕物质抛射（CME了解这些结构是相当枯燥的）击中地球，它就影响磁层和电离层，导致如此美丽的现象，诸如在高纬度地区的极光。如果足够强的话，CME甚至可能直接下达至地球表面，损害敏感设备，干扰通信渠道和导航，并在特殊情况下，甚至引起卫星失灵或大面积停电。

这些丰富的活动现象有一个共同的原因：太阳磁场。和地球对比，太阳的磁场是既多变又复杂，只在小尺度下有序——在这样小的尺度，甚至直到最近我们仍不能够解决真正的磁特性，并且只看到了它们许多的平均。

这种可靠的、可信赖的能源对地球气候的直接影响主要是由太阳辐射引起的。基本上，太阳对气候变化的影响有三个方面：通过地球轨道参数的变化，它调节到达地球的不同部分的太阳能量，通过太阳的辐射输出本身的改变，以及通过太阳活动对星系宇宙射线的影响。

地球轨道的三个参数——偏心率、岁差和旋转轴的倾斜或倾角——以20000年至100000年的范围的周期，即所谓的米兰科维奇周期变化。这些循环主要是改变在不同纬度的每一季的接受太阳辐射量。虽然太阳能输入的全球年平均几乎没有变

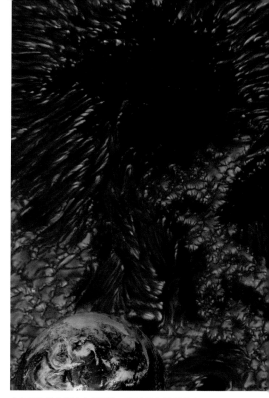

由位于拉帕尔玛（加那利岛，西班牙）的瑞典太阳望远镜观测到的太阳黑子。内部黑暗的部分称作本影，它由外面的细丝状的半影区所围绕。太阳黑子被埋没在因能量对流传输形成的颗粒模式中。单一对流单元的明亮的核心包含热的喷流，而暗的边界(称为晶间通道)由凉的往下流的气体组成。来源：J. HIRZBERGER，马普太阳系研究所

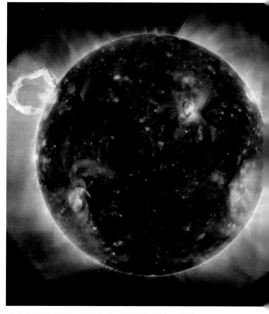

搭乘太阳动态天文台(SDO)的大气成像组件（AIA）记录在此爆发的突出以及与日冕相关的物质抛射（CME）。来源：NASA

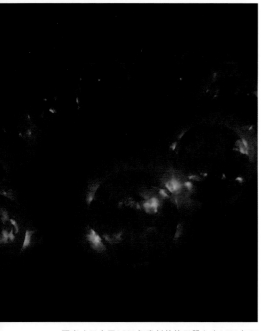

阳光（日本于1991年发射的航天器）在1991年至2001年记录的X射线图像序列显示在太阳活动周期日冕的变化情形。来源：太阳X射线图片均来自日本ISAS的"阳光"任务。X射线望远镜是由NASA和ISAS支持的日本国家天文台和东京大学以及洛克希德-马丁太阳和天体物理学实验室

化，这种局域再分配可能对气候产生影响，由于大量陆地在纬度的不规则分布，它对太阳辐射的反应和海洋不同。如果这样的再分配超过特定阈值，则可能触发反馈回路，从而开始（或终止）冰河时期。

这些轨道的变化被认为是冰河时期和间冰期暖期模式的首要原因，在过去的几百万年的长期气候变迁就是由它们制约的。虽然地球旋转轴的岁差、倾角和轨道偏心率的演化会导致大的气候变化，但所有这些过程都进行得那么慢，它们不太可能在几个世纪的时间尺度发挥作用（尽管气候对一个缓慢变化的触发能相当迅速地反应）。

太阳辐射的变化通常被认为是太阳对相对较短时间尺度的全球气候变化贡献的主要原因。这些变化和黑子，或者更精确地说，和太阳黑子的数量密切相关，黑子数量在大约持续11年的太阳活动周期中上升和下降。下面要更详细地描述这种相关性及其对气候的影响。

冲击的第三种可能方式是指这样的事实，银河宇宙线的通量和太阳磁活动水平大体上成反比。蔓延到太阳系的边缘的太阳磁场部分以及太阳风阻碍星系宇宙射线带电粒子传播到太阳系内。太阳越活跃，其行星际磁场越强，到达地球的宇宙射线通量就越小。有人提出，星系宇宙射线为较低大气层提供云凝结核的来源，从而调节它们的强度可能影响全球的云遮。这会发生到什么程度，以及它究竟和气候变化是否相关，仍然是个研究课题。云遮的变化将影响被反射到太空的太阳辐射的份额，以及地球的红外线冷却的量。

自从太阳黑子在大约1610年底或1611年初发现之后，它们就是一个深入研究的课题。一个特别迷人的特性是，太阳黑子数量随时间按照11年太阳活动周期变化。伴随着黑子，几乎在太阳变化观察到的每一个特征都和这个周期相关。例如，X射线的亮度和日冕结构剧烈变化，如这张图说明的，正如耀斑和CME的频率也是这样。

所有这些变化是由一个单一的量，即太阳的磁场驱动。太阳的大尺度磁场是由一个在太阳对流层深处运行的发电机机制产生的。在太阳表面，磁场表现为太阳暗的黑子和由许多小亮点组成的明亮的光斑。可以合理地假设，不同亮度的这些特征都影响太阳辐照量。

自1978年以来，携带辐射计的航天器几乎无中断地记录了太阳辐射。这张插图显示太阳总辐射被测量到的变化——直接在地球大气之上测量的对波长积分的总的太阳辐射通量。

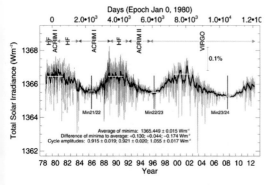

几乎3个周期的太阳总辐照度序列。来自四台仪器的数据被用来创造这种复合，这是由达沃斯的物理-气象天文台制作的。来源：C.弗罗利希，PMOD / WRC，DAVOS

这是在各种航天器中通过不同的辐射计测量的复合。除了强大的短期变化，还有一个明显的太阳周期变化（在实心黑色线可最容易看到，这是三个月运行平均）。高太阳活动的时刻（许多暗的太阳黑子，许多明亮的光斑，明亮和复杂的日冕）太阳最明亮，不过在太阳活动周期内总的辐照量变化仅为0.1%。因此，虽然太阳是一个变星，在直接测量存在的期间其变化非常轻微。

是什么原因导致太阳辐射输出的变化？在太阳表面的下层，向外能量通量几乎完全由对流来携带。一个强大的垂直磁场阻碍发展倾覆对流，而因此强烈阻碍对流能量传输。结果是，太阳黑子显得是暗的。因此，当一个黑子出现于太阳表面，太阳应该稍暗一些。的确是这样的，而图示的窄的亮度跌落（特别是在高活动时期标记的）是起因于太阳黑子在太阳盘面的经过。

对于形成光斑的小而多的磁性特征，由场对对流的压迫被从侧面往内辐射能流

过度地补偿。光斑是发生在太阳表面水平被磁场压力压下之处，从而使太阳表面积增加。因此，更多的辐射通过太阳表面正常"安静"部分逃逸。

在总量上，太阳周期的辐照度变化应该由太阳黑子阻挡的能量和光斑释放多余的能量来解释。基于这个假设的模型已经非常成功地再现所测定的辐照度变化。

在最近的几十年间，太阳27~30天的旋转周期和约11年的太阳活动周期已经主导了太阳活动的时间特性。然而，如果我们考虑到17世纪，我们就会发现，太阳黑子数目在几乎70年间都极低，而且其循环行为远非清楚，正如本图所示。

这种所谓的蒙德极小期是太阳活动"巨极小"被最透彻研究的一个例子，还是

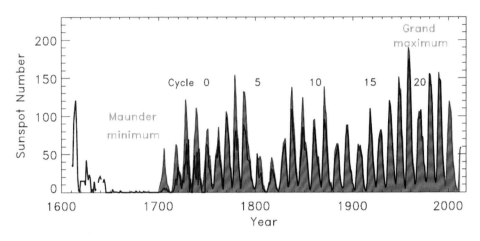

从大约400年前望远镜观测开始的黑子数目记录（年度平均值）。在17世纪下半叶实际上没有黑子的时期被称为蒙德极小期。来源：　H.沃尔，基彭霍伊尔太阳物理研究所

在直接观察太阳数据中检测出的唯一一个。这是尤其耐人寻味的，因为它与"小冰期"的高潮一道下降，小冰期是欧洲严寒和痛苦的时期。这引发了这样一个问题：是否发生过太阳低活动的其他时期，它们对太阳的辐照度意味着什么。

这个问题可以通过研究太阳活动的替代物来着手解决，使我们能够进一步回到早于我们能观测太阳黑子的时期。最广泛使用的替代物是宇宙成因同位素，特别是碳-14（14C）和铍-10（10Be）。这些同位素是高能银河宇宙射线（主要是质子）与地球大气的成分，特别是氮原子相互作用之时形成的。它们形成后，同位素在地球大气中被运送（碳-14通过包括海洋和生物圈的碳循环运送），直到被积淀在自然档案中。

借助于物理模型，科学家从这类数据可以重建太阳黑子数。下图显示了，基于从(可靠测定年代的)大树年轮得到的14C记录的重建了过去7000年的数据。可以见到在这个时期多次巨极小和巨极大——不寻常低和高的太阳黑子数的延长间隔。另一个显著特点是，在过去几十年里，我们一直处于太阳异常活跃的时期。纵观全新世（过去的11400年），太阳处于类似于20世纪后半叶的高活性状态下的时间不到10%。但太阳周期23和24之间的延长极小，以及周期24的相对疲软表明，太阳正处于离开其巨极大活动期的过程中。

一个关键的量是在巨极小（如蒙德极小期）和巨极大之间太阳幅度变化大小，这是一个非常强的循环的时期，比如过去的50年。基于磁场的演变的简单物理模型

以及从它计算出的辐照度，最近的估计表明从蒙德极小期起太阳增亮了大约0.1%。其他最近的估计从蒙德极小期起增亮范围在0.06%~0.6%。这么大不确定性突出说明，需要继续研究这一课题。

太阳辐射按太阳光谱中的变化一般不是均匀的，注意到这一点很重要。它向较短的波长迅速增加。虽然在紫外线范围（比400纳米更短）辐射的贡献约占总太阳辐射的8%，它却至少负责总辐照度变化中的60%。这和如下事实有些关联，即大气的不同高度吸收不同的波长的辐射，而且它们可能以不同的方式影响大气。

当试图确定太阳变化对气候的影响时，我们需要首先把全球气温趋势和太阳辐照量趋势相比较。在没有直接的气温记录可用的相当长的时间内，必须使用温度的替代物。因此，海洋沉积物已经用于重建北大西洋的温度。矿物质通过筏冰沉淀在海底。在寒冷的气候中在冰熔化并释放矿物质之前已经漂移到更远的南方。在下图中，这个纪录和过去的近12000年的上述的太阳活动替代物，树上的14C沉积做对比。显然，温度的测量和太阳活动的测量合理地齐头并进，朝向较冷气候的短期行为和朝向太阳较不活跃的短期行为匹配得特别好。

在较短的时间尺度，可能把温度记录与（重建的）太阳辐照度做直接比较。下图显示与自1980年左右起可用卫星数据的近年的测量相结合的太阳总辐照的两个重建，大概涵盖过去的150年（红色曲线）。它们与地球上的温度相比（全球平均温度和北半球平均温度；蓝色曲线）。所有曲线已被进行过11年平滑化，以消除个别太阳活动周期，以及大气中大的、逐年之间大气温度短期行为的影响。大约1980年之前，曲线大致平行运行，虽然1910—1950年的运行温度稍微领先于太阳辐照度变化。太阳在20世纪前半叶很可能对气候变暖有贡献，但显然不是唯一的贡献者，大概也不是主要驱动力。1980年后，这两个量之间存在明显的分歧。地球继续以较快的速度变暖，而在对太阳活动周期平均其辐射输出却略有下降。

这个数字支持，但绝非证明如下观点，即太阳在过去对我们的气候有过一个重要的，甚至可能支配性的影响(至少对于北大西洋)。下图的信息对于20世纪前半叶

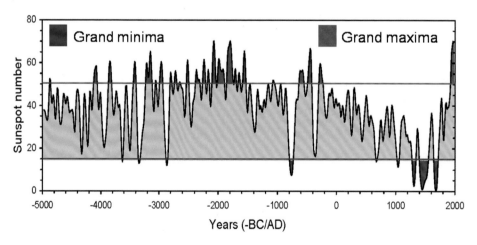

从14C树轮重建过去7000年太阳黑子数（十年平滑半均值）。过去70年太阳一直异常活跃。
来源：USOSKIN等。（2007）

不清晰。然而，大致1980年之后，太阳不是这最近的温度上升的主要来源，而人为温室气体可能是主导替代者。

由于太阳辐射是地球能量的主要来源，人们会很自然地预期，太阳净辐射输出

的任何变化都会影响地表和大气的能量平衡。但我们还不能很好地理解太阳变化输入影响气候变化的过程。一种有前途的途径牵涉到太阳紫外照射，其相对变化量比太阳总辐照度要大得多（10~1000倍，这取决于波长），并且这种变化对地球大气上层的化学，特别是臭氧产生和破坏之间的平衡有明显的影响。

困难在于，太阳信号不仅仅是进入一个被动系统的起伏。地球大气、陆地和海洋复杂的相互关联的系统可以转移、抹平、放大或抑制该信号。太阳能被沉积并从热层重新分布到对流层以及地球表面，而且该过程涉及一些不同机制：太阳辐射的直接吸收，化学活跃物质的产生和改变，以及行星波动。这一切都使得太阳和气候的关系高度非线性，使得为了可靠地评估太阳对气候影响的幅度和机制，需要考虑地球系统的动力学和物理反馈。

太阳目前被公认为是一颗（弱）变星。因为它是外部输入能量的主要来源，这显然对地球的气候有影响。相关分析认为，在近期全球温度迅速上升之前，太阳可能对气候产生可觉察的影响，但对太阳的可变性影响的幅度尚不明确，这是因为太阳变化的幅度本身是未知的。

然而，在过去30~40年间全球温度的快速上升不大可能是由太阳可变性驱使的。

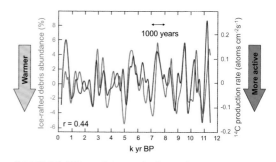

将14C记录和根据BOND等人(2001年)堆叠海洋记录的时间序列作比较。来源：由M. LOCKWOOD慷慨地提供

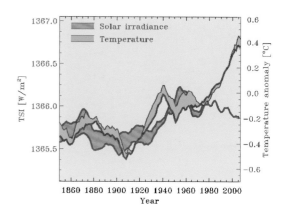

大约跨越150年的太阳总辐照量的重建，它是用能得到的测量(内附红影)和两个气象记录（全球和北半球温度，内附蓝影）结合而成。所有曲线都进行过一年平滑。来源：N. A. KRIVOVA和S.K.索兰奇

在太空飞船STS-82修理任务期间的哈勃太空望远镜。来源：NASA/HST

莱斯利·塞奇

天文学如何改变人类的意义?

莱斯利·塞奇是《自然》杂志物理科学的高级编辑,也是马里兰大学帕克分校天文学的研究助理。塞奇在新墨西哥技术大学和马普射电天文研究所担任过博士后。他还是加拿大皇家天文学会杂志专栏作家。他在加拿大多伦多西郊长大,不过现在和他的家人住在马里兰的波托马克。他在空闲时间研究星系的气体和恒星形成特性,还烹调妻子发明的新食谱。

莱斯利·塞奇在STARMUS

我要尽量用充分理由证明,天文学已经对我们如何看待自己,我们如何看待我们和周围世界的关联产生深远的影响。让我们首先想象这个世界在我们的远古祖先眼里是什么样的。暴风雨、洪水、地震、干旱和瘟疫无来由地随意发生。

虽然这些祖先不具备我们的知识,他们却在许多方面,是比大多数现代人更热心也更成熟的自然观察者。他们观察了季节的规则轮替,还有四季与天上的星星特定的模式相关。夜空的规律性和可预测性和他们在周围日常生活中看到的不可预测性成鲜明的对比。

约公元前585年,一位前苏格拉底的、生活在现代土耳其的海岸米利都镇的希腊哲学家泰勒斯,确定了月食和日食的周期。他还成功地预测了发生在公元前585年5月28日的日食。除此之外,他还作了如下表述:我们周围看到的万物都有一个合理的解释。我们可能不知道该解释是什么,但它在那里有待我们去发现。这便是科学的开始。

将秩序赋予观察到的东西正是人性的好奇心。例如,星星在天空中随机分布,并具有大范围的亮度。为了将某种秩序赋予这种明显的混乱,发明了星座。古人为他们的神和英雄编造故事,以及他们如何在星空中得到永生。

他们在一个晴朗的夜晚可以看到的大约6000颗星星中,只有5颗与太阳和月亮一起在天空移动。希腊人称它们为行星,这是他们表达"游星"的词。行星,实际上还有太阳和月亮,遵循着同样简单的路径划过天穹,而这导致希腊人得出结论,沿着这条路径的星座在某种方式是特殊的。这样一来,黄道十二宫图和占星术就诞生了。

古人是自然的敏锐观察者,而他们看到的最奇怪的事情之一,行星并不相对于恒星均匀地移动。火星、木星和土星都稍微"舞蹈",它们会在天空减慢,会向后移动一会儿,然后继续向前运动。金星和水星没有这么做,这非常令人费解。在他们心目中,行星被附在透明的球面之上——正是它使之悬在空中不下落。(非如此被支持之物都会落到地上。)但是,为什么一个球会缓慢,倒行一会儿,然后再往前走呢?

从我们在地球上的视角看,随着月亮在太阳前面移动,日全食的系列图像。来源:STARMUS

2003 Retrograde

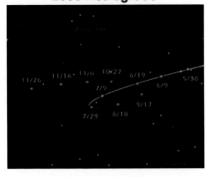

2005 Retrograde

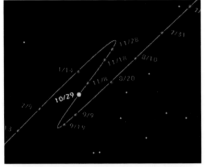

在2003年和2005年"大冲"时火星在天穹的逆行运动。来源：NASA/JPL-CALTECH

大约公元100年，一位名叫托勒密的天文学家提出了本轮的思想，在该学说中行星被附到一个独立的较小的圆，后者又被附到一个较大的轨道圆。（天球的观念在此用不上，不过实际上其残余观念一直维持到1500年以后的伽利略时代。）随着后来1400年观测行星精确度的提高，为了解释观测数据，只好添加越来越多的本轮。据说西班牙国王阿方索十世在1300年左右，在看到一个体系模型后说过，如果全能的主曾与本王磋商过，那朕就会指点一个较简单的体系。

大约这个时期，英国哲学家奥卡姆的威廉，精制了称为奥卡姆剃刀的现代科学指导原则之一。当存在多种相互竞争的可能解释，其中最简单的，做最少假设的就是最合理的，直到它被证明是错误之前。

1514年教皇格里高利十三世的秘书给数学家哥白尼写信，后者正好也是一个牧师，请他调查历法改革。那时教会，即便到现在对于诸如复活节活动等，都还使用基于月球运动的历法。当然，季节是跟随太阳运动，而到了16世纪初的这两个历法积累的差异已经那么远，以至于无法确定圣徒日，而这对于天主教会十分重要。

哥白尼回信说道，在确定太阳和月亮的运动之间的关系之前，理清历法将是不可能的。1514年5月1日，他散发了题为"小评论"的手稿，他在里面提出，地球和其他行星围绕太阳公转。直到他刚去世，他充分发展的模型才得以公布，这表明哥白尼知道他提议的革命性。不过，他并非建立"日心说模型"的第一人。

这一荣誉，至少记录在史书上，是应归于大约公元前270年的希腊萨莫斯的哲学家阿里斯塔克斯。他的理论简单、优雅，并且似乎符合大多数的观测。不过，它确实失败于一个关键测试而被放弃直到哥白尼时代。关键的测试是，随着地球围绕太阳运行，星星在天空中的相对位置应该移动——这就是所谓的视差。

视差的简单演示是往上伸手指，捂住了一只眼睛，并注意相对于背景对象的手指位置。然后关闭那只眼，并睁开另一只。相对于背景对象，手指位置似乎已经移动了。阿里斯塔克斯模型存在的问题是，那时没有观测到视差。当时错过了关键的要素是，人们假定恒星比实际上更接近于地球。现在我们可以测量到视差，但它们远远低于肉眼可以觉察得到的范围。

哥白尼的模式是简单而优雅的——从而满足奥卡姆剃刀——但它不和观测相符，因为他认为行星轨道是圆形的，而它们实际上是椭圆形的。尽管在当时他的模型被广泛讨论，并在同时代有教养的人中得到很大支持，却仍然存在顽固的问题，即最好的本轮模型符合观测数据较好。

后来有两件事情比较接近地发生。开普勒发现上述行星实际沿着椭圆轨道运行——这最符合他的导师第谷·布拉赫的谨慎观测。

还有伽利略用他的望远镜观测夜空。他用望远镜发现了月亮上的山和陨石坑、许多用裸眼看不见的黯淡的恒星、太阳表面上的黑子以及木星有四个围绕着它公转的卫星。

但伽利略支持哥白尼模型的结论性的观测是金星的相位。当金星接近满盈——即天文学家称之为凸月形时——它比处于新月相时较小。对此唯一的解释是，当金星在凸月形阶段距离地球较远，如果它和地球处于太阳的异侧，那就会这样。当地球和金星在太阳的同侧时，就会发生较大的月牙相。这最终证明了金星是由于反射的光而发亮，并且围绕着太阳公转。

艾萨克·牛顿爵士在开普勒和伽利略的工作的基础上，建立并最终制定了运动和万有引力定律。很多人都听过牛顿坐在花园里时得到引力思想的故事。原来，这故事多半是真的，因为2010年英国皇家学会发布的一份手稿有此记录。他看到一只苹果掉落，这让他惊讶为什么一切都垂直地往地面下落。一个简单的问题，却有非常深刻的答案。他完成了概念的——正确的——飞跃，月球在向着地球不断下降，地球向着太阳不断下落。月球不会撞击地球，或者地球不会撞击太阳，其原因是天体拥有的动量——当月球落向地球，它向边侧运动相同的距离。

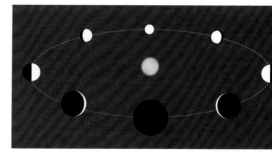

从地球看的金星的相位。来源：NASA

询问有关自然的简单问题，往往导致深刻的答案。爱因斯坦问自己，对于一位骑在光束的人的世界将显出什么样子。对这个问题的深刻答案，就是狭义相对论。

牛顿的万有引力是非常成功的。哈雷使用它发现彗星是周期性的，他的名字被冠于第一颗周期被确定的彗星。观测到的木星和土星离开均匀轨道的偏差导致天王星和海王星的发现。

因此，20世纪初发现水星近日点（行星在该点最接近太阳）的位置变化，和从牛顿引力的预测明显偏离使天文学家感到困扰。这是科学的一个关键因素——当你看到了什么和你预期的有偏差，经常会有一些重要的东西在进行。最优秀的科学家追寻这些偏差并试图理解它们为何发生。

爱因斯坦用广义相对论解决了水星近日点的问题。此图中的爱因斯坦引力的通常表达抓住了一些关键要素。爱因斯坦提出空间被质量所弯曲，其曲率大小依赖于质量（和密度）。物体看起来似乎沿轨道运行，但实际上只是在弯曲空间中的一条直线上移动。因为这个空间曲率，所以光线在通过一个大质量天体附近时应该被偏折。该关键预言在1919年太阳日全食期间，被亚瑟·爱丁顿爵士和他的合作者证实。

不过，爱因斯坦的广义相对论，按照最初提出的那样，预言了一个不断膨胀的宇宙。爱因斯坦插入一个参数，即对抗膨胀的宇宙常数。后来，他称这是他最大的错误。

埃德温·哈勃和乔治·勒梅特(分别)表明，其性质已经争论了50年（充满《自然》杂志多页）的"螺旋星云"，几乎都从我们这里运动离开，它们越黯淡就运动离开得越快。这就是宇宙膨胀的发现，而这个发现把我们从生活在相对小的宇宙里，变换到生活在一个星系中，后者又是一个大得多的宇宙中的许多星系之一。很明显，爱因斯坦的宇宙常数是没有必要的——他的原始方程准确地描述了宇宙，但他忽视了这些方程所告诉他的。即使是最好的科学家也会被自己的答案应是什么的偏见所蒙蔽。

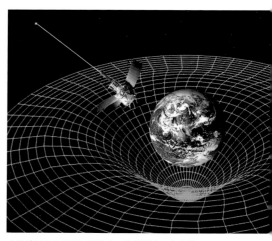

由物质存在引起的时空弯曲。质量越大，弯曲越甚。来源：NASA

哈勃和勒梅特完成了后来被称为的哥白尼革命。对于古人而言，地球是宇宙的中心。然后它被替换成一系列行星之一，但我们还不清楚，我们是否处于宇宙中心的邻近——向所有方向看去都有大略相等数目的恒星，似乎意味着我们也许是在中心。哈勃的和勒梅特的结果揭示了我们在宇宙中真正的位置，我们被发现其实是生活在一个围绕着一颗平均的恒星的很小的行星上，而该恒星本身位于一个完全普通的星系的外围。

当然，如果宇宙正在膨胀，那么其含义便是，它要么是无限的，要么有一个开端。关于宇宙年龄的辩论或多或少与此同时发生。一些天文学家青睐"长的"时期尺度——宇宙约为10^{13}年那么老——而其他人看好"短的"时间尺度，宇宙约为10^{10}年。科学史的学生可能有兴趣知道，维克托·安巴楚勉赞成自然的短期尺度，

在飞马座发现一颗行星。来源：NATURE

做了一个正确的和有先见之明的申辩。他的一个论点是不透明的，第二个基于错误的假设，但第三个是正确的。

弗雷德·霍伊尔爵士是无限观点的主要支持者，甚至制作了所谓"大爆炸"术语来嘲笑其他观点。（然而，使他恼火的是，这个名字一直驱赶不去。）在20世纪60年代中期，贝尔实验室的两个无线电工程师、天文学家努力发展非常敏感的射电接收器，发现存在他们无法跟踪或找到来源并消除的噪声。原来，他们听到的该射电噪声——就是现在所谓的宇宙微波背景——那是从宇宙大爆炸遗留下来的。对霍伊尔的无限宇宙的支持，几乎在一夜之间就崩溃了——这是大爆炸其实发生过的明确证据。（虽然霍伊尔尽其学术余生对大爆炸不满，那也无济于事。这些数据是压倒性的。）

当宇宙非常年轻时，它是物质与光的汤。真正的汤——晃荡的流体。当其温度下降低于约3000开时，电子与质子结合形成氢原子，而辐射开始自由涌流。宇宙微波背景就是该涌流的残余。微波背景辐射的温度微小的差异反映来自当时的宇宙涟漪，而其特征之间的关系能告知我们在宇宙中有多少物质，它膨胀得多么迅速，以及甚至相对于氦存在多少氢。

事实证明，构成了我们的地球、我们的恒星甚至我们身体的东西占宇宙总物质和能量的4%。我们不仅生活在一个平均星系的微小行星上，而且我们生命的一切，以及我们所见的一切，在这一宏大的宇宙观中基本上都是无关紧要的。

下一场革命就发生在我们自己的领地。所有出生于约公元2000年前的人在学校都学到，在太阳系中有九大行星。现在我们知道有八个。究竟怎么回事？

人们知道，冥王星的轨道和其他行星的轨道非常不像。它是很偏心的——有时它甚至比海王星离我们更近——以及高度倾斜的，而其他的行星轨道基本上在一个平面上。这种变化是从20世纪90年代初期发现柯伊伯带天体开始的。这些是海王星之外较大和极冷的天体，它们具有一些小行星的特性，又具有一些彗星的特征。不过正是它们的轨道，引起了天文学家的兴趣——它们是相当偏心的，而且往往高度倾斜。随着越来越多的发现，就越来越明显，冥王星确实只不过是另一个柯伊伯带天体，并且根本不是一颗行星。冥王星的降级毫不冤枉。

从70年代初起，天文学家们许多年来就已经清楚，行星的形成是恒星形成过程中不可避免的一部分，因此人们开始寻找其他恒星周围的行星。早先有相当多令人难堪的宣称，直到米歇尔·迈耶和迪迪尔·魁洛茨在1995年才发现第一颗围绕飞马座51恒星公转的系外行星。

但是，这个行星完全不像所有人预期的任何东西。那是个木星大小的行星，它在离恒星表面不远处公转！这样的行星现在被称为热木星。

既然我们知道，其他恒星周围存在行星，就不可避免地出现了在这些行星上是否有生命的问题。让我们把生命问题分为三类：1）简单的生命，比如地球上约5.6亿年前寒武纪大爆发之前存在了约30多亿年的生命；2）具有智慧和工具制造能力的多细胞生命；3）能够与我们沟通的文明。1960年弗兰克·德雷克，那时还是一个年轻的在绿岸西弗吉尼亚射电望远镜工作的天文学家，想出了以德雷克方程的形式，来表征我们对可能东西的无知。

$$N = R^* \times f_p \times n_e \times f_l \times f_i \times f_c \times L$$

- N是现在能与我们通信的文明数目；
- R 是银河系恒星形成率；
- f_p 是那些拥有行星的恒星的比例；
- n_e 是恒星的行星能够支持生命的比例；
- f_i 是拥有生命的比例；
- f_i 是那些拥有智慧生命的比例；
- f_c 是那些拥有能够和我们通信的文明的比例；
- L是这样的文明存活的时间长度。

奇怪的是，最后两项——尤其是最后一项——现在是最不确定。根据我们正在这个星球上的为所欲为——污染它并使其热化，也许是灾难性的——证据表明，L可能是短暂的。

在搜寻地外智慧计划最近的一次研讨会上，我惊讶地发现，青少年根本并不像我这么老的人那样热心从事搜索外星智慧。但更令人惊讶的是：这不是因为他们不想知道，而是他们已经接受这样的文明存在，只是等待证明。

我们是否终究要前往这些恒星呢？如果狭义相对论的爱因斯坦理论总是成立，那么答案很可能是否定的。但宇宙一次又一次让我们感到吃惊，所以我不愿意对此下任何赌注。

天文学如何改变了我们如何看待自己和我们在宇宙中的位置的关键点的例子，既富有教益，又发人深省。泰勒斯奠定了所有科学赖以建立的基础——即存在对我们看到的万物的解释。阿里斯塔克斯和哥白尼寻找简单性，并且将地球从宇宙中心移开了。伽利略证明了他们的解释是正确的。爱因斯坦对宇宙结构的辉煌洞见被宇宙必须是静态的先入之见引入歧途，仅仅10年之后他就意识到这是他最大的错误。霍伊尔说服了自己，宇宙必须是无限的，尽管所有证据都是相反的。我常常在想，此刻我们正在犯什么错误，以及我们正持有什么成见以根本的方式阻碍着我们更深入地理解。

最后，我想仔细考虑天文学如何影响我们当下的生活。开普勒任务有望在以后几年某时找到以类地轨道围绕一颗类太阳恒星公转的一颗类地行星。当这种情况发生时——而且它一定会发生——我希望它能够帮助人类看到，我们在全球范围内拥有的共同比拥有的分歧要多得多，而我们为了地球的利益，将开始作为单一的种族而思维和行动。

克劳德·尼科里埃尔

尤里·巴图林

谢尔盖·朱可夫

第七卷

新太空人

太空探索的未来将如何？一些项目在跌宕起伏中停止，而有些刚刚才开始踏上征途，空间探索的路通向何方？人类将发现并在财政上广泛支持发现新世界吗？

航天史学家、爱好者、领导者、资深的宇航员谢尔盖·朱可夫以前瞻一个新时代的姿态详尽探讨了俄罗斯空间项目的过去、现在和未来。

瑞士宇航员克劳德·尼科里埃尔拥有丰富的航天飞行经验，包括两次哈勃望远镜维修任务。他描述了他在太空轨道的冒险经历。因为这些任务，哈勃望远镜才能够拍摄无数空前的宇宙图像，以及解开天体物理许多重要的谜团。

俄罗斯宇航员、教授尤里·巴图林展示了航天飞行如何改变人类，并在地球、人类群体以及就我们生活的世界的未来等问题上赋予我们大为开阔的新视角。

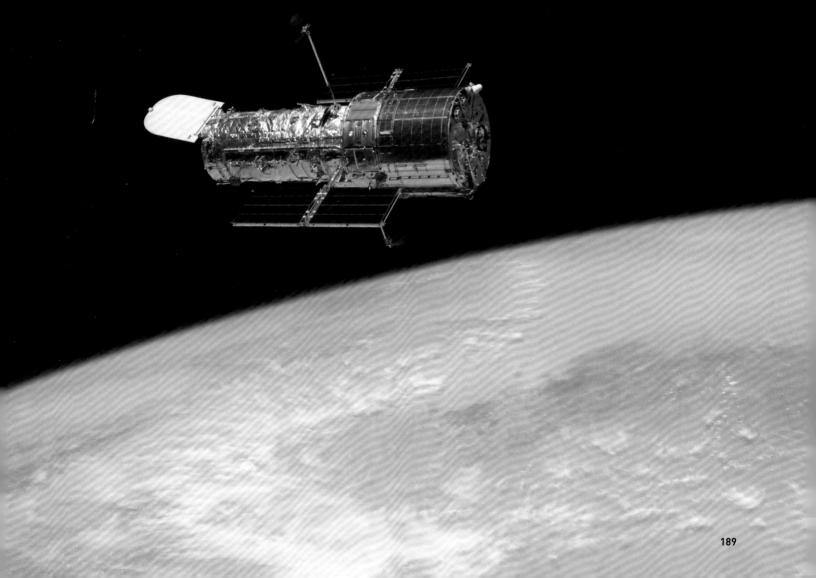

瓦列里·波利亚科夫在看发现号航天飞机与和平号空间站对接。波利亚科夫创造了待在太空240天的纪录。来源：NASA

谢尔盖·朱可夫

俄罗斯宇航学：未来发展趋势

谢尔盖·朱可夫是斯科尔科沃基金会航天技术与远程通信集团的执行董事和俄罗斯航天科学院成员。朱可夫来自哈萨克斯坦杰兹卡兹甘（现俄"联盟"号飞船返回舱的登陆地）。他毕业于莫斯科鲍曼国立技术大学，并进行过有关气体核心核装置在太空领域应用的博士后研究。

谢尔盖·朱可夫在STARMUS

自1990年以来，朱可夫一直是莫斯科太空俱乐部的主席。这是支持国家和国际太空活动的一个非营利性的非政府组织。他促进创建了俄罗斯航天局（成立于1992年），并且自从2003年以来一直是俄罗斯宇航员团队的积极成员。他在加加林航天培训中心上过研究生课，是一名认证合格的测试宇航员。朱可夫还出版过两本诗集，并撰写了几篇科学论文。

国家太空项目是俄罗斯科学、产业和精神遗产的一个交汇点。在半个多世纪以来，我国一直是外层空间的开发和利用的领路者之一。直到最近，俄罗斯宇航事业也还是国家的盈利领域，并使俄罗斯成为领先的发达国家之一。

太空项目的发展加强了俄罗斯国防、加速经济现代化并推动科学和工程社会领域的进步。因此，它是国家社会经济发展、改善民生幸福和国家安全的关键因素。

对太空的利用还能解决通信、电视和电台广播、空间对地遥测、目标和资源的监控、导航和测绘等问题。这为国家领土和国家系统的完整性，为多民族人民信息和精神的统一创造了可靠基础。俄罗斯航天学和航天成就能极大地激起人民对祖国的自豪。

航天的成就增长了科学知识和扩大了视野，使全人类更进一步地了解太空。俄罗斯已经取得的在外太空的成就，帮助提高了我们全面积极参与世界事务的地位。

然而，当前俄罗斯航天计划面临着复杂的科学、技术、经济和体制问题。这些问题中的一些是国家的总体经济形势，特别是20世纪90年代苏联解体的一个合乎逻辑的后果。同时，目前的经济形势已经发生了变化；但工业领域抗拒转型，并在某些方面还在维持苏联时代遗留下来的惯性。

结果，在世界主要国家的快速进步的同时，俄罗斯却在太空技术、质量保障体系和国家工业的盈利能力等方面遭受着退步。人们的纪律和责任感已丧失殆尽。最可悲的是，这世界上最好的科研教育系统之一受到了重大创伤，参与太空事业的老少更替过程几乎荡然无存。

俄罗斯宇航学的成就无疑是辉煌的。俄罗斯火箭维护着国际空间站，维持其航天员的更换以及货物递送。一家俄罗斯企业为美国火箭供应发动机。最近，第一枚"联盟号"火箭在法属圭亚那库鲁附近的航天中心成功发射。我们把超过40%的火箭送入太空，并引导着国际市场。不过，如果我们衡量全世界空间事业的市场（包括卫星通信终端的服务，对地监测等其他应用趋势）价值，会发现它在2010年超过2000亿美元，而俄罗斯的企业在其中的份额数量仅为3%。这种情况亟待改进。

现在俄罗斯航天不可能进一步发展，除非太空发展部门能进行重大改革。太空

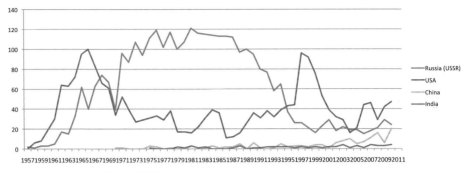

在1957年和2010年之间发射进入轨道的卫星数目。

项目应该成为真正的创新与进步的摇篮，其影响能力应扩大到所有领域，包括国家和私人用户。

50多年前的1957年，苏联发射了第一颗人造卫星，"斯普特尼克"号。此后，又成功发射了6800多颗卫星、载人飞行器，完成了长期太空居住任务和自动化行星际探索任务。

插图显示的是美国、中国、印度与俄罗斯（苏联）太空项目的总结。

图中显示1970年和1991年之间是俄罗斯太空项目的高峰期。苏联曾每年发射大约100颗太空飞行器。后来，这一数量骤降，在第21世纪的头10年俄罗斯只成功发射214枚太空火箭，平均一年21枚多一点。

直到2010年，俄罗斯一共发射了3479个空间飞行器，其中3250个成功进入轨道。因此，俄罗斯实现了93.4%的发射成功率。1957年第一次发射后，俄罗斯的空间飞行器的平均有效寿命不断提高，在20世纪90年代达到最大。然而，目前卫星的平均寿命正在递减，导致近10年俄罗斯在轨卫星数量不断减少。

该图表明，美国在20世纪60年代每年平均大约发射70颗卫星。在这段时间里，美国科学家和工程师不断完善卫星制造技术，卫星平均运行寿命从10年延长到15年；因此，美国减少发射数量至每年30颗。在过去的30年间美国一直能够保持这个平均数。在20世纪90年代末，低轨道卫星通信系统的发展，如铱星、全球星系统、低轨通信卫星等，使美国卫星发射迎来峰值。

从1958年到2010年，美国发射了2402颗卫星，其中2147颗成功进入轨道，等于89.4%的成功率。应该注意到，美国制造业为其他国家制造了超过300颗卫星。

哪些趋势能够代表全球空间项目的现代进程呢？空间和电信集团斯科尔科沃基金会的专家们确定了如下一批趋势。第一，空间技术在大众市场上和相互替代的地面服务的竞争；第二，合作实施太空项目，特别是大型项目的国际合作的增长值；第三，民间资本在太空技术的各个方面的介入；第四，人类对扩展到外层太空共同愿望的降低。

这些趋势已经在不同程度上影响了不同国家。让我们来评估统领俄罗斯航天问题的具体方面。

俄罗斯最先进的太空项目以如下竞争优势为特征：发射以固定基站空间通信和广播满足国家需要、完成全球导航卫星系统（GLONASS）部署以及对国际空间站本国国际义务的履行。不过在其他领域，诸如水文气象观测和地球遥感、基本空间探索轨道手段、个人卫星通信、中继和协助危难对象的救助等方面都处于困难落后状态。

在俄罗斯联邦创建和维护现代电信基础设施的挑战可以通过卫星通信的广泛应用得以解决。卫星在解决边远和恶劣气候条件地区的通信问题时实为上策，诸如高加索、西伯利亚和远东地带等。

现在的民用通信卫星比2000年少5个。由于过去二十年的严重危机，俄罗斯已经几乎无法以其独特的空间技术开发无线电工程卫星组件。这意味着，过去十年的一些通信卫星已经质量低劣并动力不足，除了在外国制造的Gonets低轨通信卫星系统。

与此同时，俄罗斯固定通信和广播卫星，随着空间通信的国有企业的促进，正或多或少稳步地发展，而空间通信的其他两种趋势，如个人通信和中继卫星，情形则远为复杂得多。

在过去十年，地球遥感技术一直稳定而生机勃勃地发展着。空间信息已成为解决政府和当地管理者的实际任务的重要资源。这些来自卫星的数据被用于自然资源探测、自然灾害后患的监测和消除、人为的突发事件、气象学、气候学、城市、森林和农村经济、测绘、地质、地球物理、地球化学、海洋学以及其他地球科学。这些数据已经改变了地球上人类的日常生活。

设备、卫星和技术，以及空间数据处理质量的提高，已经推动在轨地球遥感卫星数量的增长，从而引领着国家或是区域地球遥感项目的发展。在俄罗斯乃至全世界，这是一个新兴的技术，并保持大约15%~25%的年市场增长率。这方面，俄罗斯大约占了10%~15%的世界市场份额。目前，国产的Resurs-Dk1，Meteor-M 1和Elektro-L卫星正在轨运行中。

Resurs-Dk1卫星已从2006年开始运行。俄罗斯正在研制一种改进的Resurs-P 1卫星，预计将在2012年二季度发射。Resurs-P系统将包括两颗类似的卫星。此外，俄罗斯还在开发Kanopus-V空间系统，在广泛使用的英国SSTL公司（已与EADS Astrium公司合并）工程解决方案的基础上，利用两颗卫星监测人为的和自然的紧急事件。

有趣的是，单一的俄罗斯Resurs-Dk1卫星在1996年就开始研制，但直至10年后的2006年才发射。这颗卫星经由无线电实时传输数据。然而，由于一些机载系统的故障，卫星功能受到严重限制。俄罗斯目前只有3颗地球遥感卫星，在这方面落后于其他国家：美国21颗，中国15颗，德国12颗，印度11颗，以及由法国、加拿大、日本、英国、意大利、以色列和其他几个国家控制的几颗。

雷达卫星研制和部署传统上一直由美国、日本、中国、德国、法国、加拿大、意大利、印度、以色列和韩国占优。在雷达空间站方面，俄罗斯落后于国际社会，已失去了苏联科学家在这一领域的以往经验。

因为当前的形势，俄罗斯实际上没有地球遥感系统。原定于2010年发射的监控紧急事件的卫星，诸如Kanopus-V和REP Resurs-P，被推迟到了2011年。

为了利用地球遥感技术的趋势，建立一个独立的远程的地球遥感卫星市场模型似乎是上策。不过我们还应该注意到，数据处理结构的分类冗余已经导致俄罗斯在这一市场中基本丧失了位置，而在21世纪初，当别国寻求我们的彗星（Kometa）

卫星的数据时，这一市场还是存在的。现状迫使我们相信，俄罗斯行业要设法克服开发这些系统的能力滞后情况，就只能借鉴于来自欧洲和美国公司的相关技术和培训。一个可行的替代方案是直接进口这些卫星，而这也反过来将招致我们在这个领域的专业技术的最终流失。

俄罗斯已经部署完成的是全球卫星导航GLONASS系统，这是"全球卫星导航系统"的简称。它在准确性、方便性和性能方面，目前都接近国外同行（GPS）。卫星导航的主要问题是需要把最初面向国防的天基系统整合成民用系统。美国的GPS系统在这方面已经做得很成熟，该系统将来要融入欧洲的"伽利略"系统以及中国和印度的系统。

显然由于预算的原因，利用俄罗斯的火箭发展太空研究仍然不是什么最优选择。在2001年到2010年间，发射了12颗用于研究的卫星。有几颗小卫星和一些大卫星由于火箭事故未能到达预定轨道并开动。Foton-M11卫星在进入轨道时丢失。只有三颗卫星Koronas-F，Foton-M 2和3成功地全程运行。

艺术家渲染的KORONAS-FOTON卫星。
来源：俄罗斯航天局

Koronas-Foton卫星在2009年发射，以便从地球的轨道监测太阳。在执行任务过程中，它采集到相当大量的科学数据。但是，卫星在发射不到一年后由于供电故障而失效。因此，发展用于太空研究的现代长工作周期卫星是俄罗斯航天工业面临的重大挑战。2011年7月的轨道研究天文台Spektr-R的发射任务是一个巨大的成功。但四年后，由拉沃契金设计所设计的，前往火星的卫星"火卫一"的行星际探测器Fobos-Grunt计划，未能从停留的地球轨道开机，结束了俄罗斯的行星际研究在20年长时间停顿后的回光。因此，复杂、独特、非标准的多任务行星际探测任务的发展正成为俄罗斯工业一个明显的挑战。当前用于进行基础空间研究项目的规划的方法应该要快速复兴。

同时，我们还应该注意到，使用基于一次性使用可回收密闭舱的相对廉价的Foton-M飞船，可以获得微重力研究的一系列成果。这些成果的领域包含流体物理新效应、相变与凝聚态物理学、样本的新生理生化现象，以及液相反应中的物理化学参数测量。我们已经拥有了用于电子学、合金及复合物、应对环境挑战的和生产动物饲料的微生物菌株以及应用在临床医学实践的3D组织和软骨结构的参考样本。微重力学科的应用项目为太空研究商业化提供了诸多具有较大潜力的领域。

俄罗斯本国缺乏发射行星际任务的能力时，俄罗斯科学院和俄罗斯大学的科学家参加了一些国际研究项目。他们在国外发射的太空飞行器上安排机上实验。因此，"火星快车"，一个自2003年以来在火星轨道上运行的欧洲航天局的飞行器，配备着俄罗斯的仪器诸如SPICAM-M、OMEGA-M和PFS-M。而"金星快车"，2005年以来在轨的欧洲航天局飞行器，使用俄制仪器SPICAM-V、OMEGA-M和PFS-M进行实验。NASA的探测器"火星奥德赛"自2001年起在火星轨道上运行，并利用俄罗斯制造的HAND仪器进行实验。美国宇航局的月球勘测轨道飞行器使用LEND进行实验，那是一个俄罗斯制造的月球中子探测器。2011年11月26日发射的火星科学实验室（又称"好奇号"）包含了DAN，那是由俄罗斯航天局提供的一台探测设备。

太空探索的新成员——中国、印度、日本和欧盟——在过去十年中带来了太空探索活动的重要复兴。他们的项目和现在的科学研究程度规模惊人。永久性的研究范围涵盖了近地空间环境、太阳系、行星和天体物理过程。月球飞行已成为太空研究前几十年和未来几十年的注目点。火星计划也是必不可少的太空项目。我们希望俄罗斯行星际任务以及天文台将以其独特的方式进入国际合作研究。

　　今天的俄罗斯载人航天计划与国际空间站（ISS）的扩展和运行，以及和在空间站实施的研究和应用活动的综合体相关联。国际空间站自1998年11月起一直在低地球轨道上运行。该站自2000年10月起开始载人。今天，国际空间站由14个主舱组成，包括俄罗斯的5个舱。

　　根据俄罗斯的发展计划，在2013年将在国际空间站增加一个多功能实验舱，并在2014年把一个节点舱装配上去，这样能额外在国际空间站的俄罗斯区加装4个舱室。以后，在2015年至2016年预计还要对接两个科研舱。

　　自2009年5月29日以来，一个包含三位俄罗斯宇航员的六人小队一直在空间站工作。俄罗斯"联盟TMA"飞船和"进步M"号、欧洲运输飞船ATV和日本运输飞船HTV为他们提供运输和技术支持。国际空间站的长期运行证明了建筑和技术方法的高水平的可靠性和灵活性，但也显示存在着一定的组织和技术问题。在国际空间站的建设延误（尤其是俄罗斯段）大大降低了它的预计的使用年限和范围。虽然空间站被尽可能地自动化，但也存在需要有宇航员常年在上面生活这一缺点。空间站对于宇航员而言还不够舒服：虽然有大的密封舱，大部分都是用于放置服务系统和设备。在国际空间站以安全的方式执行某些重要的实验是成问题的，甚至是不可能的。

　　尽管如此，国际空间站俄罗斯区段已获得一些重要的成果。到2010年底，它完成了38项实验，另有55个实验在飞行实施阶段，还有79项实验处于地面准备阶段。这些实验的结果催生了诸多事物的发展，比如为神经系统患者开发的非药物治疗的轴向负载装置；一个第3代有氧睡眠综合设备——用于评价身体夜间睡眠的功能状态，还有检查心血管功能状态的计算机系统。此外，还成功开发出了一种新的药物。在开发油污生物降解剂，还有乙型肝炎疫苗实验批次的克隆隔离方面都得到了可喜的实际结果。

　　一项在国际空间站俄罗斯区段进行的对胰岛素晶体结构进行研究的结晶实验，其结果使得俄罗斯可开始大规模生产经基因工程改造的胰岛素药品，用于治疗严重糖尿病。

　　在一项对等离子晶体实验的研究中，科研人员揭示了带强电微粒等离子体的一些全新效应。

　　教育和科普项目是国际空间站活动的最重要目的。诸如Ten'-Mayak（灯塔号卫星）、MAI-75、MATI-75和其他这类项目可能吸引来自俄罗斯和全世界学校的孩子和学生参与空间实验。

　　尽管在国际空间站俄罗斯段研究和试验如此多姿多彩，可它在重要的科学和应用的结果方面出产效率却不够高。这个事实和国际空间站的俄罗斯新舱体的创造、有限的资源和国际空间站对某些科学和应用研究不适合（微重力、能量、辐射等）都相关。在国际空间站实现商业应用研究计划会成为创新活动的一个重要领域。

　　大多数俄罗斯火箭尽管在市场上还保持着竞争力，却也已经过时了。目前几乎所有使用的运载火箭和发射基地都在20年或更早以前就已投入运行。火箭用的是过时的组件建造的，地面站的一些配件则都已经经历了无数次拆解、检修。此外，不管是轻型和重型火箭，仍然都使用含有毒成分的燃料。

　　联邦航天2015项目，是一个政府的构想，计划基于诸如Proton-M、Rus和Ankara这样的运载火箭发展新的发射飞行器系统。这一计划的最优先领域是在普列

国际空间站星辰号服务舱由PROTON火箭发射升空。
来源：NASA

谢茨克航天发射场完成对Soyuz-2火箭的发展和性能测试，该火箭使用Fregat火箭作为上级。从2013年开始，我们就需要利用Ankara火箭从这个航天发射场发射未来的航天器。

当前已经开始设计建造的是一个通用的运输舱，它将使用一个太阳能电力推进装置和一个核动力推进装置。预计2015年后将启动其飞行试验。科学家们同时已经细化了可重复使用的，被称为MRKS-1的第一级太空火箭系统的开发技术方案。概念设计的抉择结果预计将在2012年公布。

现在，俄罗斯拜科努尔航天发射场仍然是用于载人发射和把飞行器发射到地球同步轨道的主要发射场。2007年4月在俄罗斯联邦的总统指导下的会议上，俄罗斯的新航天器发射场开始动工。人们决定在阿穆尔地区的斯沃博德尼区建造一个新的发射设施。因此，在2007年11月6日总统签署了建设东方港发射基地的命令。

这个新的航天器发射场建设的首要任务是建造一个工业基地，没有它就很难在规定的日期建造必要的地面站航空基础设施。在航天发射场提供的一系列服务的商业化运作和在施工及运营期间发展公私合营是中期发展有前途的方向之一。

新的航天发射场将使俄罗斯实现其太空政策，从自己国土发射载人飞船和太空飞行器到地球同步轨道上。俄罗斯总统于2009年11月19日批准了几个太空项目。它们包括：第一，发展GLONASS服务市场。第二，建造动态物体监测以及控制系统。第三，建造用于监测和控制复杂技术设备情况的智能系统。第四，创造一个制造新一代太阳能电池的整个技术周期。第五，在地面上为兆瓦级原子能驱动装置创造一个运送能量舱。

有四位参与者作为太空游客还参观了国际空间站，他们全部来自美国和加拿大，其中一人是第二次。

创新活动以及载人航天综合体长期运作的经验累积，允许我们启动低地球轨道以外的，甚至是月球和火星的联合项目。自2008年11月以来，一项称为"火星500"的实验召集了三名俄罗斯志愿者，一名法国志愿者，一名意大利志愿者和一名中国志愿者，进行飞往这颗红色星球的模拟飞行。这个项目成为实际载人火星飞行准备的第一步，而只有强大的国际合作才有可能使它得以实施。

太空探索的资金分析显示，2010年俄罗斯的民用太空计划资金首次超过1000亿卢布，成为一个新纪录。在21世纪的第一个十年，民用太空活动经费已超过130亿美元。

根据俄罗斯经济发展部调查，在俄罗斯航天工业的劳动生产率远远落后于世界发达国家。数据显示，该国的火箭和航天工业的创收是每人每年14800美元，而欧洲的工人是126800美元，美国每个员工是493500美元。这种情况下作为一个整体，以使用过的成熟的俄罗斯太空飞行器的定量和定性的水平和层次上的滞后为特征。

苏联时期建造的用于进行大规模不同用途太空飞行器的太空工业，其生产、科研和技术潜力需要进行认真重建，为的是克服俄罗斯越来越多科学技术上相对于其他国家的落后。

除了建造和运行航天器上存在的明显问题，体制问题又对俄罗斯航天事业现状雪上加霜。它们包括项目和目标规划；制度的发展和设计文件的公众支持；缺乏发展太空活动战略问题的国家目标的协同系统；太空活动的政治、规划和计划基础的信息封闭；公众讨论和独立审查的机制不成熟；客户和承包商之间的角色分配的持久的不确定性；太空机构缺乏战略眼光；在航天器的运行中缺乏大中型企业。

在地面太空基础设施的领域，我们没有和国际上保持一致的速度和连接标准的地面站全国网点。在空间活动成果应用到经济的组织领域，我们缺乏好的太空服务供应商，他们能为消费者在相应的市场，比如地球遥感，提供服务。

在功能性空间技术的领域，我们需要把分离的卫星装置系统和航天器作为一个整体进行长期生产。我们需要发展更先进的未来航天器，向新的统一的空间站进行更好的过渡，以及发展电子元件的改善条件。

在法律安全性领域，我们需要在太空活动领域更多的创业投资。

在火箭和航天工业以及生产技术领域，我们在产业竞争、保留生产力和储备项目智库诸方面都具有持续的不确定性。我们在如下方面都落后于其他国家：技术能力、资本生产率和劳动生产率水平较低，缺乏良好的产业制度系统，合格的专家数量不足，员工平均年龄偏高，以及一个在各个层面都有待发展的员工培训系统。

应该更充分地考虑该行业的人力资源配置问题。就像国民经济的其他高科技产业，航天产业在1991年国家权力变化期间受到挫伤。在20世纪90年代，太空计划的资金不足之前的1/12。因此，从1992年到1999年，从20岁到40岁的人员增加很少，导致全盘消极的影响。

现在的首要问题是如何替换一整代构成当前俄罗斯航天工业的全体现有人员的苏联科学家（平均年龄为60岁）、工程师和高级技工（平均年龄超过50岁）。不幸的是，这个问题与俄罗斯国情十分相关，不仅涉及太空工业，也涉及其他技术、科学和工程人员。这就是为什么火箭和太空工业的专业人才无处可寻。

分析表明，如果在接下来的5~7年，俄罗斯不能和太空事业引领者（美国和欧洲），或至少与二线的后起之秀——中国和印度弥合航天工业差距，那么它将永远做不到这一点了。

这么说来，俄罗斯航天的现状还是能提供一些积极的东西的。这包括独特的地理位置和良好的国家内权利和资源的分配；火箭建造、特殊材料、载人航天器的部件和系统以及长运行周期轨道空间站的制造中具有的竞争性生产；有助于建立一个新的太空服务工作系统的经济决策。此外，俄罗斯还积累了许多与西方高科技合作伙伴合作的经验。除了这些，还有很多"友好"储量——俄罗斯在国内外的社会责任意识给人们留下了积极的印象。

政府还制定了一份未来的战略远景文件，这可以从这里看到：HTTP：／／WWW.FEDERALSPACE.RU/ 354 /。

斯科尔科沃基金会及其空间和电信集团也起着重要的作用。1957年为了应对苏联发射第一颗人造地球卫星，美国建立了国防高级研究计划局（DARPA），计划负责监督太空探索的高层次技术开发。之后美国开始针对新的国际现状和新的科技生活进行青年教育培训大改革。在我看来，在体系化和加强技术突破方面，我们现在应该起一个俄罗斯高级研究计划局的作用。我们也应该创造一个"未来的学校"，在其中航天的过往成就和未来可能性应形成为从中学到研究生课程的自然科学教育的基础。这将给我们一个通往光明未来的基础。

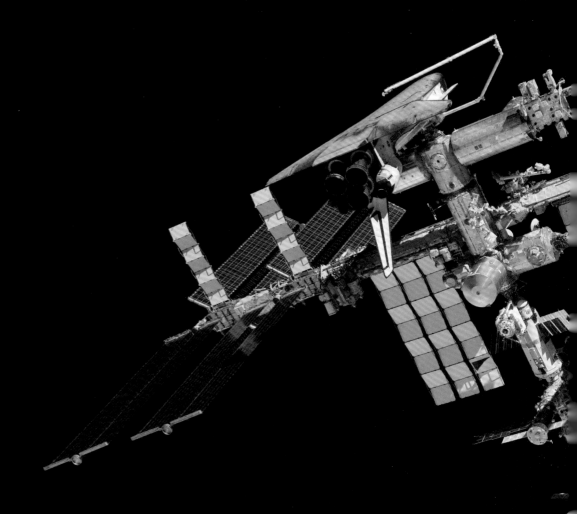

携带欧洲的自动转移飞行器（ATV2）和奋进号航天飞机的国际空间站。来源：欧洲航天局

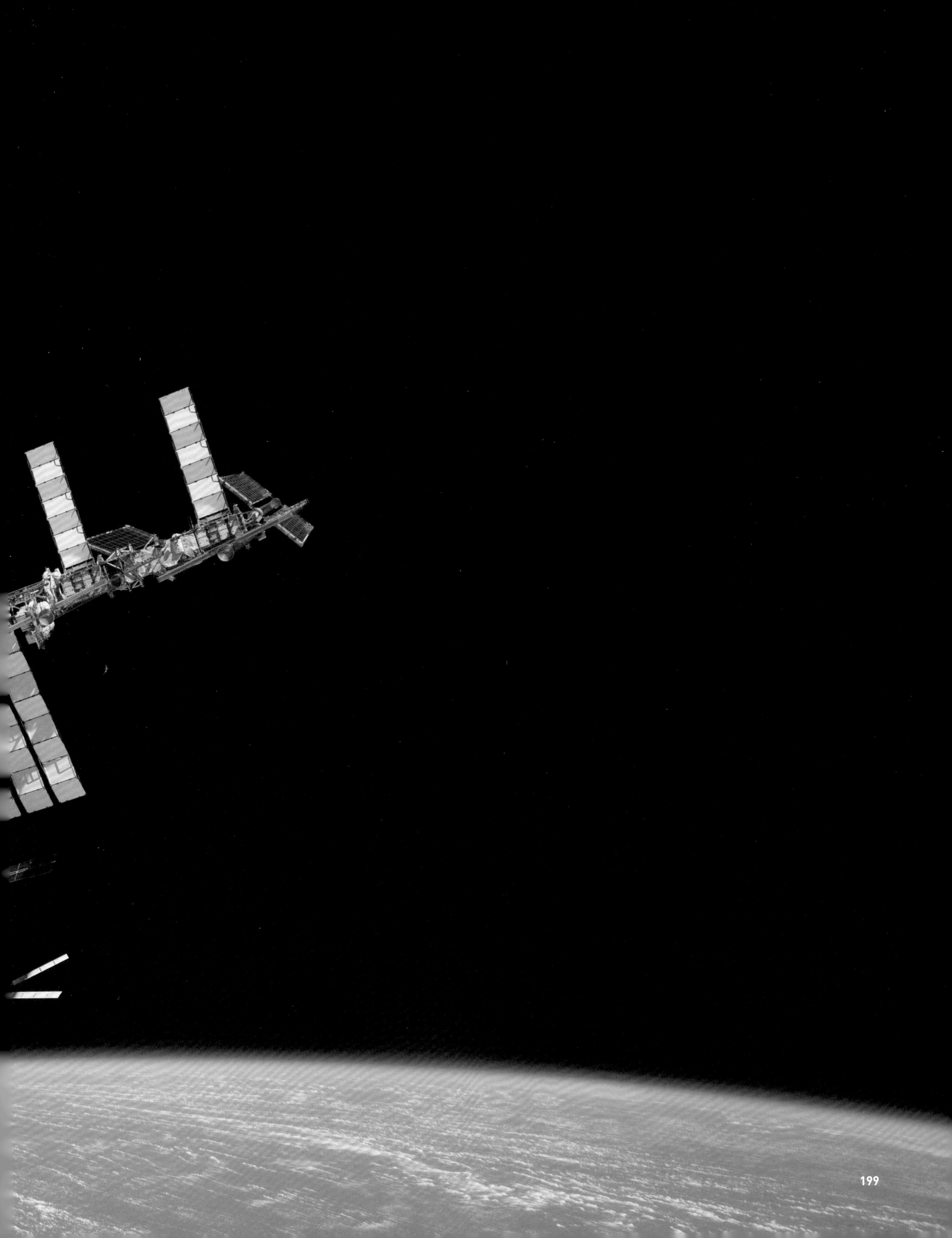

克劳德·尼科里埃尔在第一次哈勃维修任务的第五次太空行走。来源：NASA

克劳德·尼科里埃尔

重温哈勃

克劳德·尼科里埃尔于1944年9月2日出生在瑞士沃韦。他是瑞士的第一个航天员，并完成了四次航天飞机飞行任务，第一次是1992年（STS-46），而最后一次是1999年。他参加了两次哈勃太空望远镜的维修任务。

尼科里埃尔在洛桑大学研习物理并于1970年毕业，然后搬到日内瓦，在日内瓦天文台和大学的天文研究所当研究生，他于1975年获得天体物理学硕士学位。他还是一名飞行员，担任瑞士空军的机长，他有5600小时的记录飞行时间。

尼科里埃尔在太空度过了1000多小时，包括一次持续8小时10分钟的太空行走。他获得许多荣誉和奖牌，包括国际宇航联合会尤里·加加林金牌。尼科里埃尔在哈勃太空望远镜安装著名的第二代广域和行星照相机（WFPC2）。这部相机在1995年被用来拍摄哈勃深场图像，1996年拍摄沙漏星云和蛋星云，1998年拍摄哈勃深场南部，以及许多其他重要的天体。

克劳德·尼科里埃尔在STARMUS

我是一名航天员，但没有像这里的许多同事一样去过月球。我参与的是航天飞机计划，并作为一个欧洲航天局(ESA)的航天员驻在休斯敦的约翰逊航天中心。我有幸参加了哈勃太空望远镜的两次任务（维修任务1和3A），去执行维修和改善绕地轨道的天文台的科学研究能力。

那时我们共有七个船员登上航天飞机，因此，我与同伴们以及给予我们很多支持的休斯敦任务控制中心的地面团队分享这次活动！

不像我在阿波罗计划中的同事，我们距离地球表面不是太远，但在太空环境中操作复杂而精密的科学仪器却是个挑战。同时，操作有翼航天器在低地球轨道飞行也存在许多复杂性和危险性。然而，航天飞机是何等高超的技术和工程成果！这也使得哈勃和国际空间站项目成为可能。

近地轨道（LEO）是个超赞的去处，正如在这张图片中看到的。我们没能抵达如尼尔和巴兹以及阿波罗号的所有航天员那样去过的，约400000千米远的月球。我们到达的是近地轨道，基本上也就在近地球环境里工作。这里天空是黑色的，一颗明亮的恒星每隔1小时就在太空闪耀1次：那是太阳！我一直惊讶的是，当你在太空遨游，太阳看起来就像一颗恒星一颗非常邻近的恒星！如果你用拇指遮住太阳，那么你看到在它周围明亮的行星和一些闪亮的恒星。这的确震撼人心。

哈勃太空望远镜的光学系统差不多相当于地面的反射望远镜，2.4米的主镜，以及R-C结构（两个双曲面）。然而，它以大块遮光罩减少杂散光。科学仪器、照相机和光谱仪，在主镜背后排列成被称为轴向仪器的一组。我们还有另外三个放射状安装的仪器，一个广域相机，以及其他三个优质精密导星传感器。在望远镜的制造过程中，主镜的形状做得非常精确，但不幸存在非常小的光学偏差，而因此望远镜遭受了相当显著的球面像差，这是直到望远镜已经放到轨道上后才被发现。

近地轨道（LEO）环境。来源：NASA

1990年4月航天飞机STS-31任务发射了哈勃太空望远镜。这个任务的飞行员是查利·博尔登，他是NASA第9批宇航员中我的同学——我们从1980年起就已经开始一道进行过航天员训练。查利目前是美国国家航空航天局局长。望远镜被安装在600

千米的高度，28.5°轨道倾角（对应了佛罗里达州肯尼迪航天中心的发射场纬度）。

我们的计划是每3~4年维修望远镜一次，以履行需要的维修或维护，或者更换焦面科学仪器，使哈勃作为现代科学仪器和高产的天文研究的设施能维持超过20年的计划寿命。这样的任务已执行了五次。望远镜发射升空后，NASA发现了光学问题，对哈勃第一次维修显然的首要目标是安装一个光学矫正器服务于所有轴向科学仪器，以及更换放射状安装的广域相机。此外，还更换了太阳帆板；安装了一个协处理器，以增加望远镜的主计算机内存容量；替换了太阳能电池组的驱动线路；还执行了其他一些的维护任务。

第一次维修任务是在1993年12月，第二次在1997年，第三次在1999年，第四次在2002年，最终，2009年是最后一次。最后一次任务由于接着2003年2月哥伦比亚号及其船员损失之后，要权衡这一使命的收益和（对飞机及其机组的）风险，所以经历了长时间的犹豫后才进行。在第四次和最后一次维修哈勃期间发生了很多事，希望望远镜还能无故障地再运行10年，直到出现它的继任者，詹姆斯·韦伯太空望远镜，将被安装并运行在日-地系统的L2拉格朗日点。

哈勃太空望远镜维修任务1的航天员。来源：NASA

我有幸成为第一次（SM1）和第三次（SM3A）哈勃维修任务的成员。第一次任务要求成功对航天员是极高的压力。船员包括指挥官迪克·科维、飞行员肯·鲍尔索克斯，以及任务专家斯托里·马斯格雷夫、杰夫·霍夫曼、汤姆·阿克斯、凯蒂·松顿和我。左图是我们为此使命设计修补方案后不久，但还没有开始训练时拍摄的。训练用了约一年的时间，从1992年底到1993年底，而发射是在1993年12月2日。

第一次维修任务培训的强度是非常高。我们从未用过机械臂和在太空行走，从未在太空做复杂科学仪器的修复工作，所以它的确是史上第一次。我们用虚拟现实来弄清楚如何去接入望远镜上不同的工作点和用怎样的身体方向，才能够做所需要的每一项工作。在后一阶段，在阿拉巴马州汉茨维尔市马歇尔太空飞行中心，我们在浸入一个大水箱中的一台全尺寸的望远镜样机上训练。

此外，我们紧张训练与航天飞机相关的任务，如上升、轨道上的重新配置、舱内生活，重返大气层和最终接近并着陆。这些培训消耗大量的时间，至少对于有些船员、指挥官、飞行员和飞行工程师而言是这样的，而后者正是我在这次飞行中的职位。

我们训练了一年多一点的时间，然后，在发射前3天乘四架T-38教练机编组赶到肯尼迪航天中心（KSC）。我们在KSC航天员宿舍度过了最后的夜晚，然后准备好出发。在12月2日凌晨2点，小面包车把我们从船员宿舍带到发射台。奋进号沐浴在灯光中的景象，真的令人难以忘怀！在倒计时的最后2.5小时，我们登机进行系统和设备的常规检验，随后于早晨4:26咆哮鸣响，前往哈勃。我们按计划在48小时内同望远镜交会，从目标的下后方靠近，慢慢地增加我们轨道的能量（高度），逐步地最后配合到望远镜的状态矢量（位置和速度矢量）去。

最后的接近是由迪克·科维熟练地进行的，交会得天衣无缝。我们达到相对于望远镜的正确的位置和姿态，紧密配合着以28000千米每小时的速度飞行。哈勃凭着它那巨大的外形——大约航天飞行载重舱的大小——以及其稍弯曲的、完全展开的太阳能板，令人印象极其深刻。我用机器人手臂抓住了哈勃，并按计划小心地把它安装在载重舱后的小平台上，正如我们已经在模拟器训练多次的那样。现在我们的维修工作已经准备就绪，准备在五次太空行走中分次执行，每天一次——在飞行计划中每天是24小时——在捕获和安装望远镜之后。

在维修任务期间大多数时候，我们的载重舱朝着下面的地球，利用从我们的星球来的红外辐射轻微地温暖着我们的工作地。每次太空行走都由两位航天员执行，一个在机械臂的末端的一个小平台上，他由机械臂操作员（我）带到所需要的工作点，另一位是"自由漂浮者"负责自己所有的移动，他通常借助载荷舱里和望远镜的表面的黄色扶手行动。这是我们在训练时的方法，并在实际中很管用，为每一次太空行走提供必要的安全系数和效率。我们在望远镜上使用专门的工具工作。这些工具由工具专家和技术员开发、制造，并逐步完善为超级便捷精妙的工具，我们在长达12个月的训练中一直参与它们的完善。

在这繁忙的五次太空行走中，我们遇到了一些困难，但我们早已在训练中习惯于面对问题或设备故障。有时候，任务控制中心专家能提供点小帮助。终于，我们完成了100%的维修计划和望远镜设备的更换，包括对其光学性能的恢复和太阳能板的替换。在这个图中你可看到我们在第五次太空行走期间的载荷舱、望远镜和两位太空行者——在机械臂上的斯托里·马斯格雷夫，他正在整理工具，在载荷舱的"自由漂浮者"杰夫·霍夫曼。图中的太阳帆板已被替换，但尚未展开。这张照片是我们经过澳大利亚时拍的。你可以看到望远镜和机械臂的垂直部分之间的阿德莱德半岛。

维修任务1无疑是一个巨大的成功，整个团队将策略落实到位，加上大量训练和按纪律执行，再加上一些运气，终于得到了巨大的回报。从那时起，望远镜获得了充分的科学数据收集能力，而优异的结果开始源源不断流向马里兰州绿带的哥达德太空飞行中心的望远镜控制室，以及巴尔的摩太空望远镜科学研究所。

1998年底，我很高兴地返回训练中，这次是作为第三次访问哈勃望远镜的四位太空步行者之一。这个任务最初是在2000年计划的，后被一分为二，第一部分是3A维修任务，要求"尽快执行"，因为速度传感器有多个故障。除了望远镜的主计算机之外一个精密制导传感器，或指向照相机也必须替换。这一次我们在休斯敦有一个浮力设备用于训练太空行走，以及浸没的望远镜高仿真模型。我们还采用了在戈达德太空飞行中心的一个干净的房间中的哈勃高仿真机械模拟设备。这被证明对在非常拥挤的太空中掌握连接器和戴着手套使用特殊的工具都很有价值。

经过一系列的延误，我们终于在1999年12月19日升空，并被允诺在新年前回到地面上。美国宇航局没有把握在千年更替之际飞行航天飞机。再次，我们用了约48小时与哈勃交会（它已在几周前失去姿态控制能力），捕捉，并在载荷舱后面安装。然后我们准备好了再次太空行走。我开始了三次太空行走的第二次，和我一起的是迈克·福勒，一起执行望远镜的主计算机替换和指向摄像机2号的更换，正如200页图像所示。

本次太空行走持续了很长时间，超过8小时，由于精密制导传感器插入遇到一个严重问题。我们因为导轨摩擦太多插不进去。任务控制中心的支持团队的替代方案的援助很快解除了我们的焦急，最后我们完成了工作，但多用了1小时。

第三次太空行走后，我们达到了所有目的。然后，我们在几次绕地球转动的时间内，让太阳帆板面向太阳给望远镜的电池充电，接着在1999年圣诞节释放了望远镜让它自由运行。对我们来说，这是一番何等的景象，一个多么美妙的圣诞礼物！又一次，完成了这次维修任务后我们重新拥有一台完好运行的望远镜。它赋予我们如此深刻的满足，是令人何等欣慰！

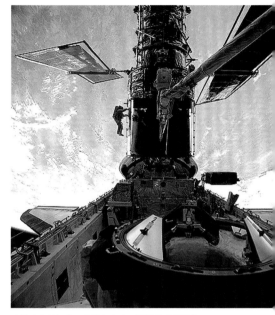

哈勃太空望远镜3A维修任务中，更换精确导星传感器2号。来源：NASA

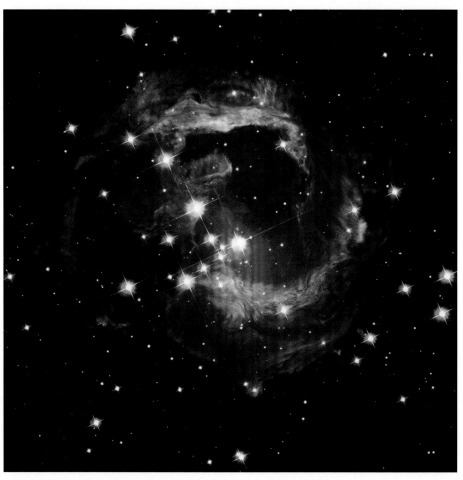

麒麟座V838变星在尘埃云结构包围下产生回光效应。来源：NASA，HUBBLE 和ACS

　　后来又有两次哈勃维修任务。2002年，一个全新的相机安装在科学仪器集群轴上，那是一台先进的巡天相机（ACS），它从此提供令人惊叹的哈勃图片中的大多数，其中之一是这张图所显示的。这个任务还包括安装新的太阳帆板，比原先的较小，却是硬板的，而且更高效。

　　2009年5月哈勃进行了最后一次维修。机组人员安装了一台新的科学仪器，宇宙起源摄谱仪（COS），而且ACS的故障也得到了修复。电池和速度传感器单元进行了更换，试图赋予望远镜10年左右额外的完好运行周期。除了望远镜和仪器的维修及改进，机组人员还把一个对接口安装在望远镜的基座上，如205面所示。这个装置将对接一个机器人航天器（还没有设计和建造），以便在望远镜的使用寿命结束后执行受控脱离轨道。人们还有大量的时间做这个。由于哈勃处于地球表面以上600千米高轨道上，哈勃的在轨侵蚀非常缓慢，它仍然会有几十年时间停留在上面。

　　在2016年或2017年，哈勃的继承者，詹姆斯·韦伯太空望远镜（JWST），一个有6.5米反射主镜的红外望远镜，将部署在日-地系统的L2拉格朗日点。这个新望远镜的主要目标是要比哈勃看得更深且时间回溯更久远。JWST，是美国宇航局、欧洲航天局和加拿大空间局之间的合作产物，将由阿丽亚娜5型火箭从法国圭亚那库鲁航天发射场发射。我们希望用这台非常强大的仪器在未来做出大量新发现！

　　同时，在以后十年间，哈勃将继续其精彩的探索之旅。对我来说，我觉得非常荣幸，通过参加两次哈勃太空望远镜维修任务，为科学服务做出了贡献。这个非常能干的"发现机器"也服务于大众,因为它为我们所有人提供了天体非同寻常的照片,这些照片具有最高的审美价值和教育价值。

在第五次维修任务结束后最后释放哈勃——可以看到在这次任务中安装到望远镜底部的对接口。来源:NASA

联盟号TMA-2飞船对接国际空间站。来源：NASA

尤里·巴图林

航天员的地球使命

尤里·巴图林在STARMUS

尤里·米哈伊洛维奇·巴图林于1949年6月12日出生于莫斯科。1997年被选为航天员，他作为研究宇航天员搭乘联盟号TM-28/TM-27(这项空间站任务由于首次搭载付费的太空游客丹尼斯·蒂托而著名)，并在2001年作为飞行工程师搭乘联盟号TM-32/TM-31。他的丰富学术资历包括：1973年毕业于莫斯科物理和技术研究所，1980年从莫斯科大学法律研究所获得法律博士学位。他曾是位政治家，一直担任国家安全的首领，曾就职于国家国防委员会。巴图林是莫斯科国立大学教授和俄罗斯科学院通信院士。他是S.I.瓦维罗夫科学和技术史研究所所长。

最初，在地球上的居住是一个零星的事件；这曾是一个分散居住的世界。航海活动使地球各处连接起来。航空的出现显著增加了地球各地间的连接程度。通信系统添加了最后一笔，使地球空间成了紧密的整体。

地球空间的发展阶段只能大致按世纪的精度进行划分。然而，太空的质的转换却是瞬间发生——就在我们眼前——我们甚至知道这个事件的确切日期。1961年4月12日，太空向人类开放。太空不仅为人类打开，而且其广度成为无限的。

那一天，尤里·加加林进行了历史上第一次太空飞行。"他邀请了我们所有人进入太空。"美国航天员尼尔·阿姆斯特朗是这样说到加加林的。在1967年的外层空间条约里，航天员被视为人类的特使。这条准则似乎确保了航天员受到法律保护，他们由于降落不准确，可能会发现自己落在另一个国家的领土上。然而，精确的准则也总隐藏着新的含义。

太空任务完成，而航天员返回地球后，他们作为人类的使节的使命仍在继续。这个使命是什么呢？

建立一个空间站意味着创建一个有自己大气、舒适气候和自己人口的小地球——尽管非常小。事实上，这是一个"神的任务"。人类已经非常成功地解决了这一任务。他们把他们的使节发送到这个地球小模型上。他们在太空生活和工作，就像是在陆地上一样，使用先进的设备并受人造系统保护。

国际空间站的大小令人难以置信，新世界的物理疆域——空间基地——非常小。并且这个世界的人口非常稀少，不仅每个人都知道其他人，并且每天都会相互交流。

如果同机的航天员未能妥善固定一个小螺丝，它可能飘移到另一个航天员的呼吸系统，这是非常危险的。如果醒来你没有向你的同伴说"早上好"，这将会破坏和平的气氛，并不可避免地影响到工作。在地球上如此普遍存在的，一切事都围绕着你旋转的这种以自我为中心的世界观，被多极中心所取代——即使你是空间站的指挥官。

航天员很清楚地知道，如果他病倒了，这就等于船员被减少了三分之一或六分之一，他的工作就必须由他或她的同伴来承担。这意味着你必须好好照顾自己的健康。

航天员有时发现，相比较花时间学习重要的生命支持系统的设备，他们更应该

穿太空服的尤里·巴图林。
来源：尤里·巴图林个人档案

花更多的时间来学习技术设备——当他们发现这些设备受损可能会扰乱正常的飞船生存条件时。而只有在这种情况下他们才会开始意识到，空间站的每一个系统，从某种意义上说，都是一个生命保障系统。

在这个小世界里，任何他(和他同伴)的微小行动都可能导致大的后果。从某种程度上说，他会给自己世界带来的威胁，其危险程度和陨石来袭不相上下。

世界边界的戏剧性缩小导致人的精神和感官的关系被包含在航天员在地球上学会的技术关系的系统之中。例如，如果资深航天员对新手摆架子，而非指导他，后者将不可避免地消极反应，这将影响船员的团队精神。这样的问题应该在解决各种专业任务和日常生活问题时妥协解决。太空飞行不再是一次训练，不再是一场"游戏"，而是一项非常危险的事业，在此期间，航天员会感觉到整体相连、个体互相关联，以及这一地球以外的他们工作的小世界的整体性。可以说，太空飞行触发人们人性一面的发展。

有时候我们不需要太空飞行去感觉世界的完整性。我们在地球上就可以感觉到它，但我们为此需要一个悲剧。例如，福岛1号核电站事故。海啸(自然)摧毁了机器(反应堆)，随即就给人们的生活带来灾难性影响。

当航天员返回地球时，他或她会变得和飞行前不同。他们的经验会让他们更适合生活在地球上。这是人们和在太空中工作过的人交流时感觉(但没意识)到的。这是航天员令其他人感到有趣的地方。人们在航天员身上下意识地感觉他们需要某种东西——生活在地球上所需要的东西。航天员是这样的一类人，他们在一个"简单"的宇宙中生活过，而这个宇宙的相互关系和规则被充分可辨，因此他们知悉使生活变得既安全又有趣的生活基本规则。这就能解答航天员在地球上的使命是什么。

世界是整体的：人、环境和人创造的机器都是相互关联的。人、精神和感官关系被嵌入技术关系系统。两者都依赖于自然环境。

生命的价值是无条件的。在这整体的世界中，一个人应该寻求和谐。接受世界的本真——不要异想天开，不要欺骗自己。尽善尽美完成每一个任务。如果你很好地做你的工作，你将会生存下来。别以自我为中心，尊重你的伴侣，约束自己，寻求妥协，照顾你自己，看到世界的美丽，等等。

这些都是简单的真理。但只有曾在充满危险的路途艰辛旅行过的航天员，才开始真正理解，世界上的一切取决于其余的一切，才会去从心底尊重任何生物的生命形式。你看到甲壳虫爬在地上，你会慢下你的动作，并挪开脚避免踩到甲壳虫。因为你不是它生命的主宰者！你不能将它剥夺！

外太空改变了去过那里的每个人。它能改变人格——包括那些先天的、后天的因素，以及他或她灵魂的状态。当然，许多人否认灵魂的存在。但我知道没人会说"我没有灵魂"。

在我看来，一名航天员有三重人格：太空飞行之前，太空飞行期间，以及太空飞行之后。当所有这些人性和谐互存时，那么在太空飞行后，航天员可被认为已经完美了。接着这些人类特使已经准备就绪，继续他或她在地球上的使命。

最早的航天员热衷于他们的使命，追随过它并仍然追随它。后来，太空飞行技术准备的复杂性使这一使命屈从于这个背景。并非每个航天员在今天能思考到这一点。

欧洲航天员团队的航天员为我们树立了一个很好的榜样，他们遵守的章程将任务表述成："我们传递我们的太空任务的远景、目标、经验和结果，以便欧洲人共享。"

地球上存在很多诸如涉及大量人员伤亡的自然灾害的情况，这时候联合国一般将足球运动员或演员或歌手作为亲善使节送到受影响的国家，来吸引人们关注受害者的需求、筹集资金等。让航天员做这样的行动也将会非常有帮助。从1961年4月12日迄今飞过太空的宇航员和航天员的总数比500多一点。不幸的是，他们当中的很多人已经过世。几百人在全部人类中实在微不足道。他们也不是所有人都愿意执行特定的国际功能——但他们所有人都从"外头"看到过地球，并且认为应该保护它免受战争和环境灾害。他们所有人，由于其独特的经历，能按照整个行星角度来思考问题，并且其个人能受到全球的尊重。

许多国际组织使用各种代理人服务。国际法院在题为"关于联合国服务中受伤人员的赔偿问题"的1949年4月1日的顾问意见中，首先提出这种代理人的定义，这份文件陈述道："法院以最广泛的意义理解'代理人'的意义，也就是说，任何人，不管是否是领薪水的官员，也不管是否为永久雇用的，被组织的单位指定去实施或帮助实施其功能之一，简而言之，即通过他和她起作用的任何人。"

这个广泛的定义不仅包括国际工作人员，也包含外交机构、顾问和专家，还包括那些参与执行临时任务者。来自世界各地的宇航员和航天员可以作为这样的顾问、专家和中介。赋予他们以各自的特权和豁免权，以及发给他们相应的联合国文件，使之允许免签证跨越国界旅行，所有这些都是好主意。航天员已经自由地飞越过各国的疆域，而为了人类的和平与利益只有赋予他们以这样的权利才会是公平的。

尤里·加加林曾经说过，"在飞船绕地球飞行之际，我看到我们的星球是多么美丽。人类，让我们保护和增加这个美丽，而不是摧毁它!"

加加林是第一个到达外层太空的人类特使。他也是执行这个任务的第一人，他完美地做到了。

"联盟"号TM-32的航天员（从左到右）：丹尼斯·蒂托——太空游客，塔尔加特·穆萨巴耶夫——指挥官，尤里·巴图林——飞行工程师。来源：NASA

加里克·伊色雷列 后记

出版这部书的动机产生于2011年STARMUS期间。在去参加拉帕尔玛岛上的天文台的"108分钟"圆桌讨论会的车上，我坐在尼尔·阿姆斯特朗的边上。我问尼尔，他是否认为，我们应该出版一部包含节日期间讲演的书，他立即回答："那当然！这将是一部献给尤里·加加林飞行50周年独特的书。你一定要去做！"然后，正如往常那样，这位谦逊负责的完美典范，阿姆斯特朗先生成为首位发电子演讲手稿给我的作者。2012年2月20日，尼尔给我电邮了如下信息：

> 你好，加里克，
> 　这是我给这部书的文稿。
> 　如果你对这个稿件有任何问题，请让我知道，我们会进行修正。
> 　祝你好运！
>
> 　　　　　　　　　　　　　　　尼尔·A

我很骄傲地在他的演讲标题里发现"STARMUS"这个词——这确保节日的名字永远不会消失。在后来许多更进一步的电子邮件往来的最后一次交流中，他祝贺我新的研究文章在《科学日报》杂志上广受关注。但我没意识到这会是他给我的最后一条消息……

这位首次踏上月球的人几个月后就离开了我们。我深感悲哀，因为我们失去了这颗星球上最智慧的和最忠诚的人。我听说过很多关于尼尔的专业技能和坚强性格的传说，但我对他的个人感觉和印象将永远留在我的身边。布莱恩·梅和我十分荣幸地和尼尔·阿姆斯特朗，阿列克谢·列奥诺夫以及吉姆·洛弗尔在拉帕尔玛天文台同桌共进晚餐，共享当地最好的白葡萄酒。节日期间，尼尔从不谈论阿波罗11号。但是突然，在这种轻松的气氛中，他开始描述他登上月球的第一步，还有他当时的感受；接着列奥诺夫讲述他在深知自己生存机会不到1%时执行的第一次太空行走；接着吉姆·洛弗尔平静地告诉我们关于阿波罗13号的"休斯敦，我们遇到了麻烦……"。

布莱恩和我都感到……"这是难以想象的!"

我电邮尼尔，问他为何不将阿波罗11号任务纳入他的演讲中。

他回答说："我没有谈论我的飞行和经验。我试图把眼光放得更远些。我认为这很重要，而我不想使用STARMUS这个名头或STARMUS这部书作为自传材料的载体。"

这就是他。他总是思考和强调他的第一步的功绩应该是成千上万参加了阿波罗计划的人们的共同的贡献。此外，他还告诉我，它同时也应归功于自亚里士多德以来的许多代的科学家们，是他们创造了物理、数学等学科的知识。这就是他的观点。

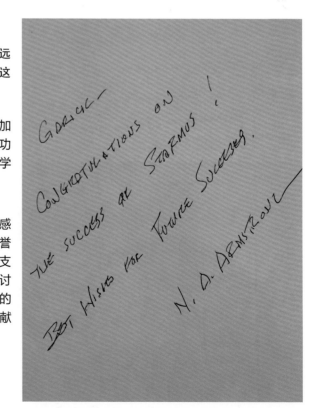

带着2012年失去尼尔·阿姆斯特朗的悲伤，布莱恩和我强烈地感到，除了原先把STARMUS献给加加林外，我们还应该把这个特别荣誉献给阿姆斯特朗。若非这位伟人的出席和对所有活动的无条件的支持，STARMUS永远不会成为现在这样子，这包括他的演讲和圆桌讨论。他与STARMUS这个独特节日的形式和精神紧密相关。我们所有的作者后来都一致同意，现在这部书应该不仅献给尤里·加加林，还应该献给尼尔·阿姆斯特朗。

译后记

从得知 *Starmus* 一书有望出版的信息那一刻起，我便成了 *Starmus* 发行的热切关注者。将*Starmus* 首次捧在手上的那番激动感觉我经久难忘。Starmus是一个神奇的词汇，它并不存在于现今的英语中，而是由一次特殊的科学盛会创造出的新词汇。它的前半部分是我们熟悉的Star，星星，其后半部Mus则取自音乐的英文单词（music）的词头。中文可以表述为"天穹乐音"。这部辉煌之作，是展现人类探索宇宙的勇气、激情和卓越成就的交响史诗。

其实，这个词汇具有极深远的历史和哲学涵义。诸多先贤，比如毕达哥拉斯、柏拉图和开普勒早已意识到壮丽的宇宙存在着和谐，所有天体乃至整个宇宙的运行就是一部伟大的交响乐。挚爱音乐的爱因斯坦在音乐和科学这两种不同的事物中感受到了它们相通的气息，他认为："音乐和物理学领域的研究工作在起源上是不同的，可是被共同的目标联系着，这就是对表达未知东西的企求。"

2011年是人类科学史上的特殊年份。我们迎来了人类首次超越地球大气层，进入太空的50周年的庆典，6月22至25日在大西洋美丽的加那利群岛的特内里费岛举行了一次举世瞩目的盛会，这是一次奇迹般的大会，与会的不仅有天文学家、宇宙学家、物理学家、生物学家、哲学家，还有宇航员、音乐家、艺术家等各个领域的专家。他们共同庆祝人类进入太空50年，在那里回顾太空时代最初50年的成就，也展望太空探索的未来。

这次大会极其精彩的部分是大会演讲，站在演讲台上的有太空时代伟大的先驱人物们，如第一个进行太空行走的阿列克谢·列奥诺夫、第一个踏上月球的尼尔·阿姆斯特朗以及与他一起到达月球的巴兹·奥尔德林，阿波罗13号指令长吉姆·洛弗尔，以及成功进行哈勃太空望远镜修复的克劳德·尼克里埃尔等。

演讲明星中还有许多声名显赫的、成就卓越的科学家。他们是生物学家和遗传学家诺贝尔奖获得者杰克·绍斯塔克、进化生物学家理查德·道金斯、第一颗围绕主序星的系外行星的发现者米歇尔·迈耶、研究宇宙微波背景辐射的诺贝尔奖获得者乔治·斯穆特、黑洞和广义相对论权威基普·索恩等。这些演讲出自最高成就者的心灵，既深入浅出、言简意赅，又文采绚丽、激情四溢。这些里程碑式的科学成就，犹如来自太空的天籁之音，给予人类灵魂无穷尽的享受，并深刻影响着后世的科学发展。

这些演讲稿由加那利群岛特内里费岛天体物理学研究所（IAC）的天体物理学家加里克·伊色雷列和天体物理博士布莱恩·梅为主编，汇编成*Starmus*一书。这位布莱恩·梅博士就是著名的皇后摇滚乐队吉他手、歌唱家兼作曲家布莱恩·梅本尊。他也依然活跃于演艺界，在近日的第91届美国奥斯卡金像奖开场表演中，他协皇后乐队其他成员献唱了经典曲目，再次引发轰动。

值得注意的是，索恩在这里演讲中关于探测两颗黑洞碰撞引起引力波辐射的设想，在2015年由他和合作者在LIGO上实现，证实了引力波的存在。这正是爱因斯坦被证实的最后一个预言，恰好发生在他发表引力波论文的百年之后。这无疑是我们这个星球上生命的智慧和勇气的一个里程碑。索恩因此获得2017年诺贝尔物理学奖。

伟大的物理学家，《时间简史》的作者史蒂芬·霍金为本书写序。霍金是Starmus盛会的国际组织者之一。这个盛会已经举办了4届，最近一届是在挪威举行的。其论题已经扩大到我们星球文明的前景以及整个宇宙的命运。

本书在亚马逊网上以满分5星的成绩成为全球畅销书。本书是部包罗太空探索、天体物理、生物学、地学、宇宙学万象的巨著。对于科学工作者、科学爱好者，尤其是青少年都是一本难得之作。

我工作于杭州高级中学，这是一所历史悠久、文化底蕴深厚，英才辈出的百年名校。在我的40多年教育生涯中极其难忘的是在杭高天文社工作的时光，这个中学生天文团队在国内外各类天文赛事中频获佳绩，在优秀人才的培养方面颇有成效，因而在教育界备受瞩目。在带领学生仰望星空探索宇宙奥秘的活动中，*Starmus*中这些声名显赫的科学巨人以非凡经历、辉煌成就的真实故事奇迹般地引领学生们进入科学的殿堂，遨游于知识的海洋，分享着他们的智慧、勇气和成就。当我拿到 *Starmus* 的第一个念头就是把它翻译成中文，让更多的读者有机会分享它的美妙。

当*Starmus*的中译版《天穹乐音：人类飞向太空50年》出版之年，我们又迎来了国际天文联合会（IAU）成立100年和人类登月50周年盛大活动。《天穹乐音》也将推动它的传播，迎来更庞大的读者群。

在*Starmus*发行时登月第一人尼尔·阿姆斯特朗离开了我们，*Starmus*译书《天穹乐音》发行之际，当今关于宇宙及其历史和演化的顶尖科学家霍金教授也于2018年3月14日即爱因斯坦139年诞生日逝世，现已长眠于伦敦西敏寺牛顿墓旁。而《天穹乐音》也以他们与天文学家、宇宙学家、物理学家、生物学家、哲学家，还有宇航员、音乐家、艺术家等各个领域传奇人物的首次跨界合作、也是绝版合作，成为传世经典之作。

《天穹乐音》这部星光璀璨的演讲集，横跨科学、艺术、航天、工程等众多领域。杭州高级天文社的同学们是译稿的第一批读者。已经在国内外进入各个学科前沿工作、研究和学习的学生们对译稿进行了细致的校对，在此表示深切的感谢。

林岚
2019年2月26日于杭州

2002年8月，霍金访问杭州

图书在版编目（CIP）数据

天宫乐音：人类飞向太空50年 / （美）尼尔·阿姆斯特朗等著；林岚译. — 长沙：湖南科学技术出版社，2019.5
ISBN 978-7-5357-9960-9

Ⅰ.①天… Ⅱ.①尼… ②林… Ⅲ.①空间探索 – 文集 Ⅳ.①V11-53

中国版本图书馆CIP数据核字(2018)第226943号

Starmus:50 Years of Man In Space © STARMUS
All Rights Reserved
著作权合同登记号 18-2015-020

TIANQIONG YUEYIN:RENLEI FEIXIANG TAIKONG 50 NIAN
天宫乐音：人类飞向太空50年

著　者：[美]尼尔·阿姆斯特朗 等著
译　者：林 岚
责任编辑：李 蓓　杨 波　吴 炜　孙桂均
出版发行：湖南科学技术出版社
社　址：长沙市湘雅路276号
　　　　http://www.hnstp.com
　　　　湖南科学技术出版社天猫旗舰店
网　址：http://hnkjcbs.tmall.com
邮购联系：本社直销科 0731-84375808
印　刷：湖南天闻新华印务有限公司
　　　　（印装质量问题请直接与本厂联系）
厂　址：长沙望城雷锋大道银星路8号湖南出版科技园
邮　编：410219
版　次：2019年5月第1版
印　次：2019年5月第1次印刷
开　本：889mm×1194mm　1/12
印　张：19
字　数：236000
书　号：ISBN 978-7-5357-9960-9
定　价：118.00元
（版权所有·翻印必究）